免费提供微课和程序源码

微课学西门子 S7 - 1200/1500 PLC 编程

李方园　等编著

机械工业出版社

本书以"实例驱动,动手操作"为出发点,通过 34 个实例,结合博途软件最新版本详细介绍了西门子 S7-1200/1500 PLC 的基础知识、指令规则和工程实例。从 S7-1200 PLC 基本指令应用到各种数据运算及实际工程应用,从 KTP 精简触摸屏的基本组态、西门子自动化仿真到数组和 Struct 结构体的使用实例,从函数与函数块的应用、SCL 及其综合应用到模拟量输入/输出与 PID 控制、高速脉冲输出与运动控制等各个方面都进行了详细阐述。最后从构成一个完整的大中型 S7-1500 PLC 运行系统出发,介绍了大中型 PLC 的硬件配置、通信与工艺指令编程。

本书理论和实战合二为一,做到学以致用,不仅适合广大从事自动化、智能制造、工业机器人的技术人员阅读,也可以作为职业院校相关专业的教材。

图书在版编目(CIP)数据

微课学西门子 S7-1200/1500 PLC 编程/李方园等编著. —北京:机械工业出版社,2021.6(2023.1 重印)

ISBN 978-7-111-68407-7

Ⅰ. ①微… Ⅱ. ①李… Ⅲ. ①PLC 技术-程序设计 Ⅳ. ①TM571. 61

中国版本图书馆 CIP 数据核字(2021)第 107858 号

机械工业出版社(北京市百万庄大街 22 号 邮政编码 100037)

策划编辑:林春泉 责任编辑:林春泉 赵玲丽

责任校对:王 延 封面设计:马若濛

责任印制:常天培

北京机工印刷厂有限公司印刷

2023 年 1 月第 1 版第 2 次印刷

184mm×260mm·20 印张·490 千字

标准书号:ISBN 978-7-111-68407-7

定价:89. 00 元

电话服务

客服电话:010-88361066

010-88379833

010-68326294

封底无防伪标均为盗版

网络服务

机 工 官 网:www.cmpbook.com

机 工 官 博:weibo.com/cmp1952

金 书 网:www.golden-book.com

机工教育服务网:www.cmpedu.com

前　言

西门子 S7 – 1200 作为中小型 PLC 的佼佼者，S7 – 1500 作为中大型 PLC 的杰出代表，两者均采用博途软件，因此无论在硬件配置、软件编程和以太网通信上都具有强大的优势。本书以"实例驱动，动手操作"为出发点，通过 34 个实例，结合博途软件最新版本详细介绍了西门子 S7 – 1200/1500 PLC 的基础知识、指令规则和工程实例。

本书共分为 7 章。第 1 章是西门子 S7 – 1200 PLC 入门，主要介绍了 S7 – 1200 PLC 的硬件组成、博途软件的使用、S7 – 1200 PLC 的初次使用、PLC 的数据类型、数据存储地址区及寻址方式和程序块等基础知识。第 2 章介绍了 S7 – 1200 PLC 基本指令应用，主要包括触点和线圈指令，位操作指令和位检测指令；同时还介绍了定时器和计数器指令以及比较、运算和移动指令，并用于各种数据运算及实际工程应用，如交通灯控制、加热控制等。第 3 章是触摸屏组态与复杂数据类型的应用，包括西门子精简触摸屏的初步应用、西门子自动化仿真，以及复合数据类型应用、Struct 的使用实例。第 4 章是 S7 – 1200 PLC 综合控制与编程，主要从函数与函数块的应用、SCL 及其综合应用、模拟量输入/输出与 PID 控制、高速脉冲输出与运动控制等方面进行充分阐述。第 5 章从构成一个完整的大中型 S7 – 1500 PLC 运行系统出发，介绍了 CPU、电源、数字量输入/输出模块、模拟量输入/输出模块等硬件接线，同时在博途软件的设备或网络视图中对各种 PLC、HMI 以及驱动相关联设备和模块进行排列、设置和联网等硬件配置进行了详细阐述。第 6 章是 S7 – 1500 PLC 通信与工艺指令编程，包括 S7 – 1500 PLC 通信基础、I – Device 智能设备、计数和测量模块功能与编程、运动控制模块功能与编程。

本书主要由浙江工商职业技术学院李方园编写，吕林锋、李霁婷、陈亚玲共同参与编写，同时西门子公司、宁波市自动化学会的相关技术人员给予了很多帮助，并提供了很多实例，在此一并致谢。

编　者

2021 年 2 月 16 日

目　　录

第 1 章

西门子S7-1200 PLC入门

经过近 60 年的发展和完善，PLC 的编程概念和控制思想已为广大的自动化行业人员所熟悉，这是一个目前任何其他工业控制器（包括 DCS 和 FCS 等）都无法与之相提并论的巨大知识资源。西门子 S7 - 1200 作为中小型 PLC 的佼佼者，无论在硬件配置和软件编程上都具有强大的优势。尤其是基于以太网编程和通信的特点，给 S7 - 1200 PLC 的应用带来了无限的想象力。

1.1 S7 - 1200 PLC 的硬件组成

1.1.1 概述

1. PLC 定义

PLC（即 Programmable Logic Controller 的简称），又称可编程逻辑控制器，是以微处理器、嵌入式芯片为基础，综合了计算机技术、自动控制技术和通信技术发展而来的一种新型工业控制装置，是工业控制的主要手段和重要的基础设备之一。

国际电工委员会（IEC）于 1982 年 11 月和 1985 年 1 月颁布了 PLC 标准的第一稿和第二稿，对 PLC 作了如下的定义："PLC 是一种数字运算操作的电子系统，专为在工业环境下应用而设计。它采用可编程序的存储器，用来在其内部存储执行逻辑运算、顺序控制、定时、计数和算术运算等操作的命令，并通过数字式、模拟式的输入和输出，控制各种类型的机械和生产过程。PLC 及其有关设备，都应以易于与工业控制系统联成一个整体，易于扩充功能的原则而设计。"

在西门子工厂自动化系统中，最核心的就是 PLC，它通过在现场层、控制层和管理层分别部署 PLC 的硬件产品和对应软件，实现了管理、控制一体化。西门子目前主流的 PLC 产品为 S7 系列 PLC，包括 S7 -200SMART、S7 - 1200 PLC、S7 - 300 PLC、S7 - 400 PLC、S7 - 1500 PLC 等，具有外观轻巧、速度敏捷、标准化程度高等特点，同时借助优秀的网络通信能力和标准，可以构成复杂多变的控制系统。

本书主要介绍了 S7 – 1200/1500 系列 PLC，共用博途软件平台。从图 1-1 可以知道，与 S7 – 1200 PLC 相比，S7 – 1500 PLC 的应用更具复杂性且系统性能更高，从这个角度上看，S7 – 1500 PLC 是高级控制器，S7 – 1200 PLC 则是基本控制器。

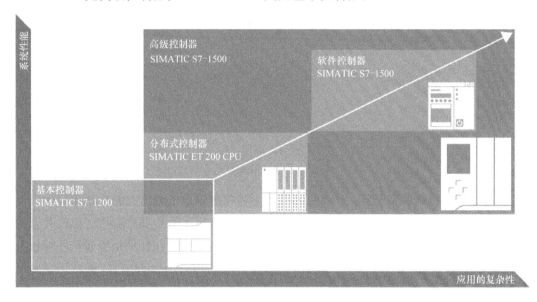

图1-1　S7 – 1200/1500 PLC 的对比

2. 西门子 S7 – 1200 PLC

如图 1-2 所示，西门子 S7 – 1200 PLC 模块包括 CPU、电源、输入信号处理回路、输出信号处理回路、存储区、RJ45 端口和扩展模块接口。

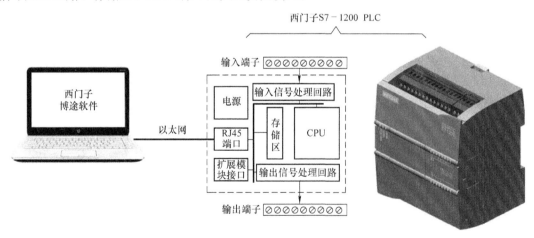

图1-2　S7 – 1200 PLC 模块

根据 PLC 的定义，S7 – 1200 PLC 的本质为一台计算机，负责系统程序的调度、管理、运行和自诊断，承担将用户程序做出编译解释处理以及调度用户目标程序运行的任务。与之前西门子 S7 – 200 系列 PLC 模块最大的区别在于它标准配置了以太网接口 RJ45，并可以采用一根标准网线与安装有博途软件的 PC 进行编程组态和工程应用。

1.1.2 S7-1200 PLC 系统的基本构成

图1-3所示为S7-1200 PLC系统，它包括CPU模块、SM（信号模块）、CM（通信模块）、电源模块和其他附件。

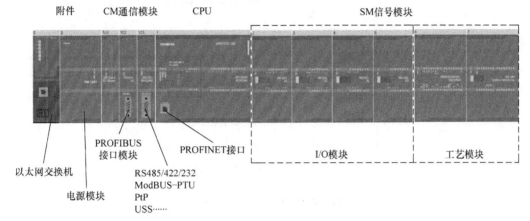

图1-3 S7-1200 PLC 系统

1. CPU 模块

目前，西门子公司提供CPU1211C、CPU1212C、CPU1214C、CPU1215C、CPU1217C等多种类型的CPU模块。表1-1所示为CPU模块的技术指标，包括型号、物理尺寸、用户存储器、本地集成I/O、信号模块扩展、高速计数器、脉冲输出、PROFINET接口等。如CPU1214C有75KB工作存储器、4MB装载存储器、10KB保持型存储器、8192个字节位存储器，并可以扩展8个模块，配置3个左侧信号模块扩展，具有4路100kHz脉冲输出和1个PROFINET接口等。

表1-1 CPU 模块的技术指标

S7-1200 CPU 特性	CPU 1211C	CPU 1212C	CPU 1214C	CPU 1215C	CPU 1217C
本机数字量I/O点数	6入/4出	8入/6出	14入/10出	14入/10出	14入/10出
本机模拟量I/O点数	2入	2入	2入	2入/2出	2入/2出
工作存储器/装载存储器	50KB/1MB	75KB/1MB	100KB/4MB	125KB/4MB	150KB/4MB
信号模块扩展个数	无	2	8	8	8
最大本地数字量I/O点数	14	82	284	284	284
最大本地模拟量I/O点数	13	19	67	69	69
高速计数器点数	3点	5点	6点	同前	6点
单相	3点/100kHz	3点/100kHz,1点/30kHz	3点/100kHz,3点/30kHz	同前	4点/1MHz,2点/100kHz
正交相位	3点/80kHz	3点/80kHz,1点/20kHz	3点/80kHz,3点/20kHz	同前	3点/1MHz,3点/100kHz
脉冲输出（最多4点）	100kHz	100kHz 或 20kHz	100kHz 或 20kHz	同前	1MHz 或 100kHz
上升沿/下降沿中断点数	6/6	8/8	12/12	14/14	14/14
脉冲捕获输入点数	6	8	14	14	14
传感器电源输出电流/mA	300	300	400	400	400
外形尺寸/mm	90×100×75	90×100×75	110×100×75	130×100×75	150×100×75

图 1-4 所示是 CPU 模块的型号说明。

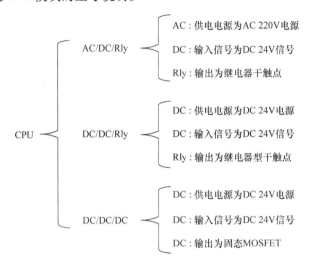

图 1-4　CPU 模块的型号说明

2. 扩展模块概述

S7 – 1200 PLC 的扩展模块设计方便并易于安装，无论安装在面板上还是标准 DIN 导轨上，其紧凑型设计都有利于有效利用空间。使用模块上的 DIN 导轨卡夹将设备固定到导轨上（见图 1-5a），这些卡夹还能掰到一个伸出位置，以提供将设备直接安装到面板上的螺钉安装位置。

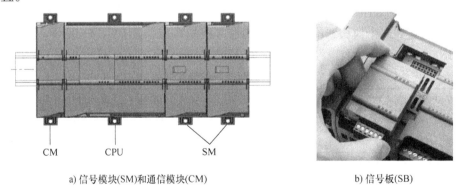

a) 信号模块(SM)和通信模块(CM)　　　　　　　b) 信号板(SB)

图 1-5　扩展模块的安装位置

S7 – 1200 PLC 有 3 种类型的模块：

1）信号板（SB）。仅为 CPU 提供几个附加的 I/O 点，SB 安装在 CPU 的前端（见图 1-5b）。

2）信号模块（SM）。提供附加的数字或模拟 I/O 点，这些模块连接在 CPU 右侧。

3）通信模块（CM）。为 CPU 提供附加的通信端口（RS232 或 RS485），这些模块连接在 CPU 左侧。

表 1-2 为常见 S7 – 1200 PLC 的扩展模块类型。

表1-2　扩展模块的类型

模块类型	扩展说明
信号模块（SM）	8和16点DC和继电器型（8I、16I、8Q、16Q、8I/8Q）
	模拟量（4AI、8AI、4AI/4AQ、2AQ、4AQ）
	16I/16Q继电器型（16I/16Q）
通信模块（CM）	CM 1241 RS232和CM 1241 RS485

规划安装时，还需要注意以下指导原则：

1）将设备与热辐射、高压和电噪声隔离开；

2）留出足够的空隙，以便冷却和接线；

3）必须在设备的上方和下方留出25mm的发热区，以便空气自由流通。

3. 信号模块（SM）

信号模块用于扩展PLC的输入和输出点数，可以使CPU增加附加功能，信号模块连接在CPU模块右侧（见图1-6）。

4. 信号板（SB）

信号板（Signal Board）为S7-1200 PLC所特有的，通过信号板（SB）给CPU模块增加I/O。每一个CPU模块都可以添加一个具有数字量或模拟量I/O的SB，SB连接在CPU的前端，如图1-7所示信号板。

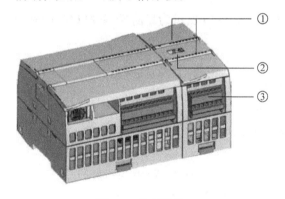

图1-6　信号模块

①信号模块的I/O的状态LED　②总线连接器

③可拆卸用户接线连接器

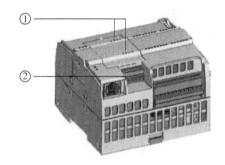

图1-7　信号板

① SB上的状态LED

② 可拆卸用户接线连接器

5. 通信模块（CM）

通信模块安装在CPU模块的左侧，用于RS232、RS485、MODBUS通信。图1-8所示为CM连接示意。

6. 内存模块

内存模块主要存储用户程序，有的还为系统提供辅助的工作内存，在结构上内存模块都是附加于CPU模块之中，其功能如下：

1）作为CPU的装载存储区，用户项目文件可以仅存储在卡中，CPU中没有项目文件，离开存储卡无法运行。

2）在有编程器的情况下，作为向多个 S7 - 1200 PLC 传送项目文件的介质。

3）忘记密码时，清除 CPU 内部的项目文件和密码。

4）24M 卡可以用于更新 S7 - 1200 CPU 的固件版本。

要插入存储卡，需打开 CPU 顶盖（见图1-9），然后将存储卡插入到插槽中。推弹式连接器可以轻松地插入和取出。存储卡要求正确安装。

图1-8　CM 连接示意

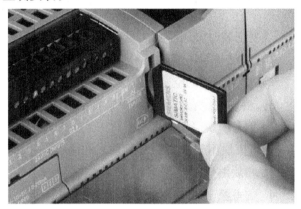

图1-9　存储卡安装

7. 相关模块的订货号

西门子产品采购时采用非型号参数订购（即专有订货号订购），产品订货号都是唯一的，该订货号可通过选型样本或选型软件查询获得。图1-10 所示为目前 S7 系列 PLC 产品的订货号描述。

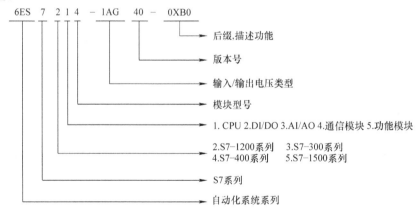

图1-10　S7 系列 PLC 订货号描述

1.2　博途软件的使用

1.2.1　TIA Portal 软件概述

TIA Portal 是西门子重新定义自动化概念、平台以及标准的自动化软件工具，它分为两部分：STEP 7 和 WinCC。

TIA 是 Totally Integrated Automation 的简称，即全集成自动化；Portal 是入口，即开始的地方。TIA Portal 又称为"博途"，寓意全集成自动化的入口。

TIA Portal 体系是一款注重用户体验的工业工程工具，它在一个平台上完成从过程控制到离散控制、从驱动到自动化以及 HMI、SCADA 等和工业控制相关的所有工具，就像它的中文名字"博途"一样，前途是非常广阔的。

博途软件自从 2009 年发布第一款 SIMATIC STEP7 V10.5（STEP 7 basic）以来，已经发布的版本有 V10.5、V11、V12、V13、V14、V15、V16、V17 等，支持西门子最新的硬件 SIMATIC S7-1200/1500 系列 PLC，并向下兼容 S7-300/400 等系列 PLC 和 WinAC 控制器。

截至现在，博途的版本最高为 V17，项目文件都有 TIA 图标 **TIA POR**，各个版本之间的项目名区别见表 1-3，高版本兼容低版本。

表 1-3　各个版本之间的项目名

版本	项目后缀名	文件类型
V13	.AP13	SIEMENS TIA Portal V13 project (.ap13)
V13 SP1	.AP13_1	SIEMENS TIA Portal V13_1 project (.ap13_1)
V14	.AP14	SIEMENS TIA Portal V14 project (.ap14)
V14 SP1	.AP14_1	SIEMENS TIA Portal V14_1 project (.ap14_1)
V15	.AP15	SIEMENS TIA Portal V15 project (.ap15)
V15 SP1	.AP15_1	SIEMENS TIA Portal V15_1 project (.ap15_1)
V16	.AP16	SIEMENS TIA Portal V16 project (.ap16)
V17	.AP17	SIEMENS TIA Portal V17 project(.ap17)

1.2.2　博途软件的安装

这里以最为典型的博途软件 V16 为例进行介绍安装过程，其他版本可以参考。软件安装的具体步骤如下：

1）首先是欢迎画面，如图 1-11 所示。

2）在要求选择安装语言的对话框，选择需要安装的语言（在这里选择简体中文），如图 1-12 所示。

3）在安装程序文件的解压缩文件夹之后，选择如图 1-13 所示的安装路径。

4）在图 1-14 所示中，选择要安装的产品配置，并接受所有许可证条款如图 1-15 所示。

如果安装成功，计算机屏幕会显示成功安装的消息，会提示用户进行计算机重启。如果安装时有错误发生，将会显示错误消息，可从中知道错误的类型，同时可以利用安装程序进行修改、修复或卸载。成功安装后将会出现 Totally Intergrated Automation 软件和 Automation License Manager 软件两个程序的快捷启动图标。

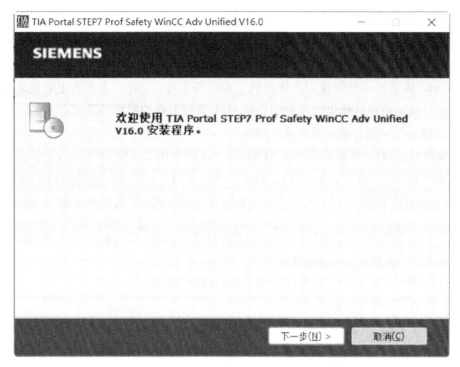

图1-11　TIA Portal 软件安装过程之欢迎画面

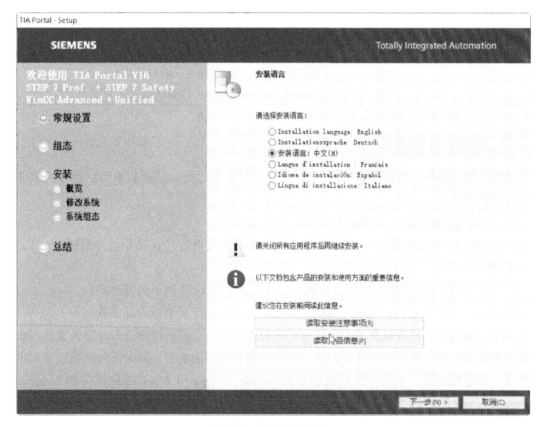

图1-12　选择安装语言

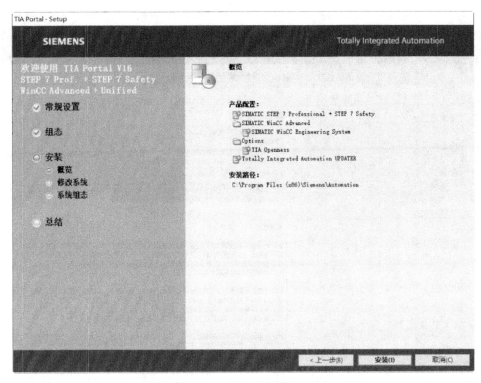

图1-13　安装概览

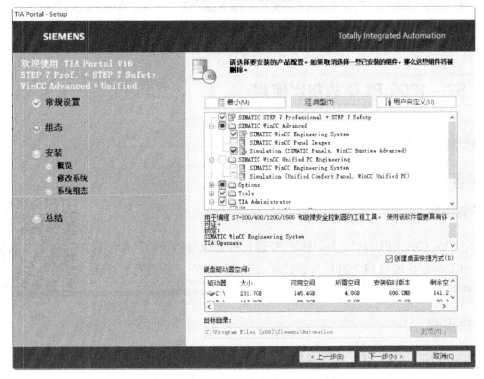

图1-14　选择要安装的产品配置

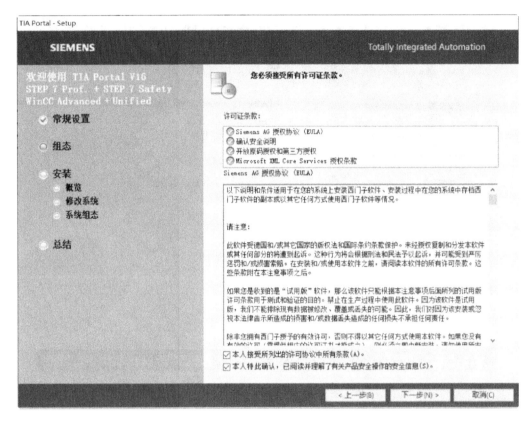

图 1-15 接受许可证条款

1.3 S7 – 1200 PLC 的初次使用

1.3.1 程序编辑与下载

【实例 1-1】 电动机起停控制的程序编辑与下载

 任务说明

采用 S7 – 1200 CPU1215C DC/DC/DC 进行控制电路的设计，即用启动按钮 SB1 和停止按钮 SB2 进行自锁控制（见图 1-16），并进行程序编辑与下载。

ex1-1

 解决步骤

STEP1：S7 – 1200 PLC 电气接线

这里采用 S7 – 1200 CPU1215C DC/DC/DC 进行接线与编程，具体接线示意如图 1-17 所示。

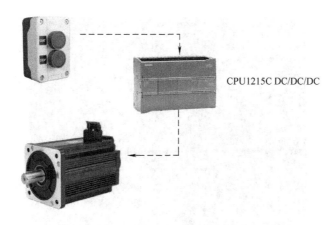

图 1-16   电动机起停控制示意

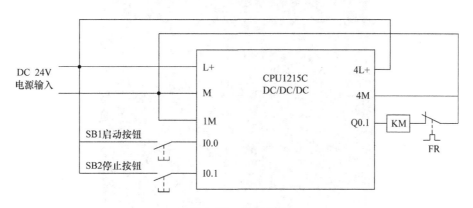

图 1-17   电气接线

STEP2：在博途软件中进行硬件配置

博途软件可用来帮助用户实施自动化解决方案，其解决步骤依次为创建项目→配置硬件→设备联网→对 PLC 编程→装载组态数据→使用在线和诊断功能。

1）创建新项目，输入项目名称及存放路径。对于本实例来说，首先要在图 1-18 所示的起始视图中创建一个新项目，然后输入项目名称，比如"电动机 1"，并单击 [.......] 图标输入存放路径（见图 1-19）。

创建完新项目名称后，就会看到"新手上路"提示（见图 1-20）。它包含了创建完整项目所必需的"组态设备""创建 PLC 程序""组态 HMI 画面"或"打开项目视图"等步骤。新手可以一步步地走下来，也可以直接打开项目视图，这里选择"打开项目视图"。

2）组态设备。S7 - 1200 PLC 提供了完整的硬件配置，从项目树中，选择"添加新设备"，如图 1-21 所示，选择 SIMATIC S7 - 1200，并依次点开 PLC 的 CPU 类型（本案例为 CPU1215C DC/DC/DC），最终选择所选用的"6ES7215 - 1AG40 - 0XB0"，其中版本号根据实际情况来选择。

单击"确定"后，就会出现图 1-22 所示的完整设备视图。

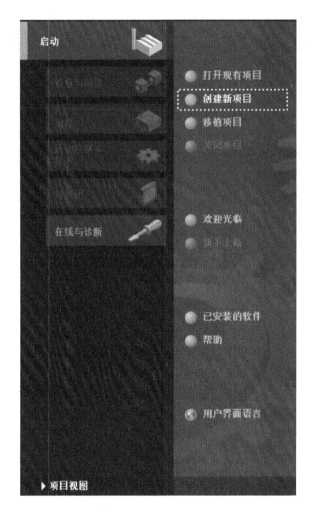

图 1-18　创建新项目

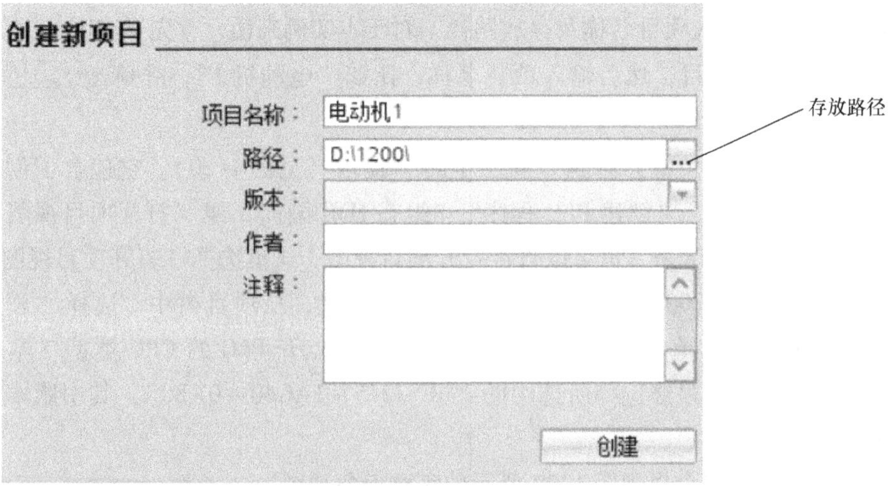

创建新项目

项目名称：	电动机1
路径：	D:\1200\
版本：	
作者：	
注释：	

存放路径

创建

图 1-19　创建新项目

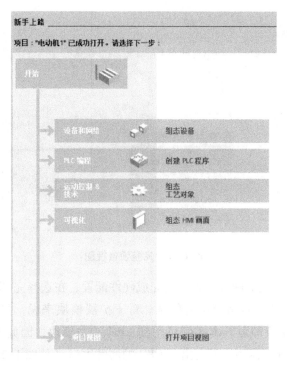

图1-20 新手上路

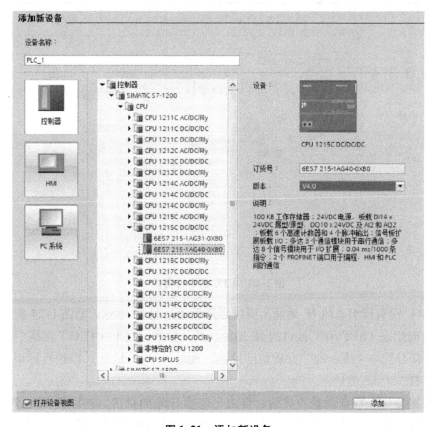

图1-21 添加新设备

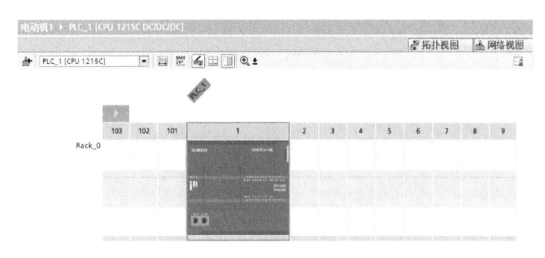

图1-22　完整设备视图

3）定义设备属性，完成硬件配置。要完成硬件配置，在选择完 PLC 的 CPU 外，还需要添加和定义其他扩展模块、网络等重要信息。对于扩展模块来说，只需要从右边的"硬件目录"中拖入相应的模块即可。本实例只用到 CPU 一个模块，因此不用再添加其他模块。在设备视图中，单击 CPU 模块，就会出现 CPU 的属性窗口（见图1-23）。

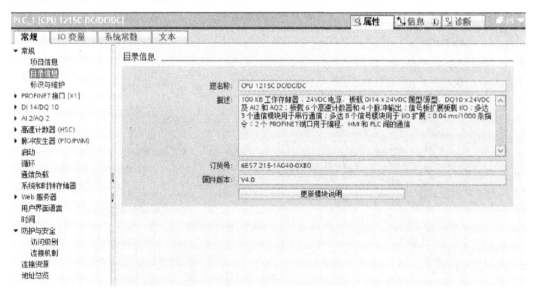

图1-23　CPU 的属性窗口

因为 CPU 没有预组态的 IP 地址，所以必须手动分配 IP 地址。如图1-24 所示，在组态 CPU 的属性时组态 PROFINET 接口的 IP 地址与其他参数。在 PROFINET 网络中，制造商会为每个设备都分配一个唯一的"介质访问控制"地址（MAC 地址）以进行标识。每个设备也都必须具有一个 IP 地址。

硬件配置的一个特点就是：灵活、自由，包括寻址的自由。在以往 S7 – 200 PLC 中，CPU 及扩展模块的寻址是固定的，但是 S7 – 1200 系列 PLC 则提供了自由地址的功能，如

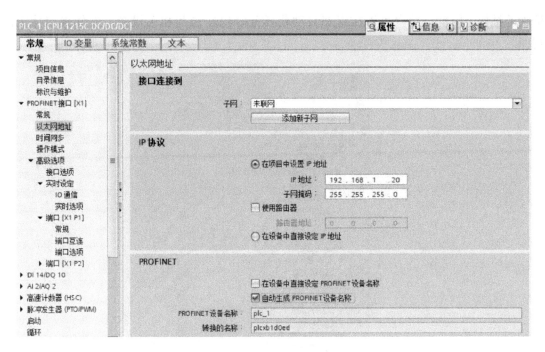

图1-24 PROFINET接口属性

图1-25所示，它可以对I/O地址进行起始地址的自由选择，如0-1023均可以。

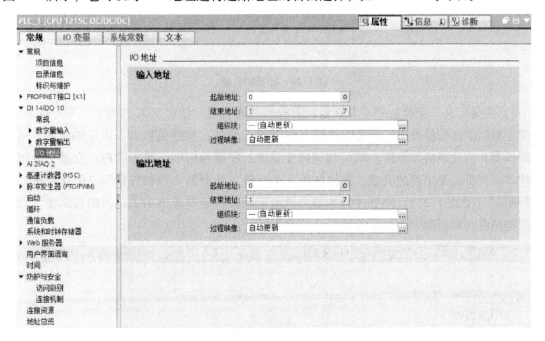

图1-25 I/O地址

STEP3：在博途软件中进行梯形图编程

1）打开项目树　如图1-26所示为项目树全貌。对于S7-1200 PLC和后面章节介绍的人机界面来说，其项目树都是统一的。即使在复杂的工程组态项目中，项目树仍然可以保持清晰的结构。因此，用户可以在组态自动化任务时快速访问相关设备、文件夹或特定的视图。

图1-26　项目树全貌

2）变量定义　变量是PLC I/O地址的符号名称。用户创建PLC变量后，TIA Portal软件将变量存储在变量表中。项目中的所有编辑器（例如，程序编辑器、设备编辑器、可视化编辑器和监视表格编辑器）均可访问该变量表。在项目树中，单击"PLC变量"就可以创建本实例所需要用到的变量，具体使用3个变量，分别是"启动按钮""停止按钮"和"接触器"（见图1-27）。需要注意的是，这里采用默认数据类型为Bool，即布尔量（具体数据类型将在本后续中进行介绍）。

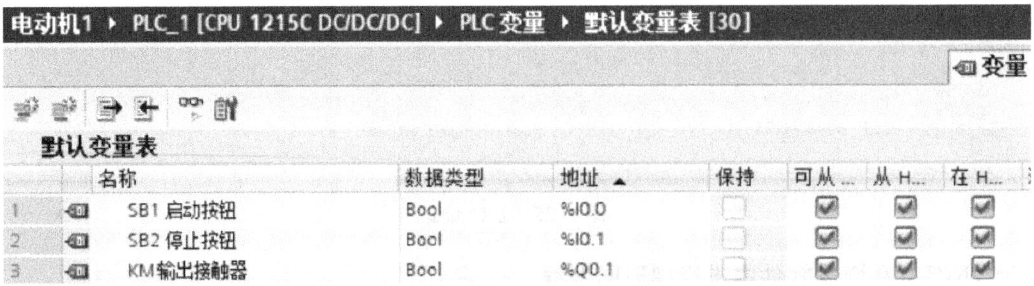

电动机1 ▸ PLC_1 [CPU 1215C DC/DC/DC] ▸ PLC 变量 ▸ 默认变量表 [30]

◀❏变量

默认变量表

		名称	数据类型	地址 ▲	保持	可从…	从 H…	在 H…
1		SB1 启动按钮	Bool	%I0.0	☐	☑	☑	☑
2		SB2 停止按钮	Bool	%I0.1	☐	☑	☑	☑
3		KM 输出接触器	Bool	%Q0.1	☐	☑	☑	☑

图1-27　变量定义

3）梯形图编程　博途软件提供了包含各种程序指令的指令窗口（见图1-28），共包括收藏夹、基本指令、扩展指令、工艺、通信和选件包，其中基本指令按功能分组为常规、位逻辑运算、定时器操作、计数器操作等。

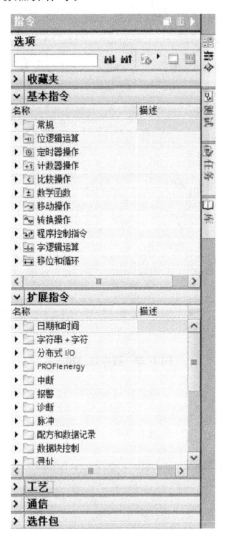

图1-28　指令窗口

用户要创建程序，只需将指令拖动到程序段即可。比如本实例，先要使用常开触点时，从收藏夹只将常开触点直接拉入程序段1。如图1-29所示，程序段1出现■符号，标识该程序段处于语法错误状态。

博途软件的指令编辑具有可选择性，比如单击功能框指令黄色角，以显示指令的下拉列表，比如常开、常闭、P触点（上升沿）、N触点（下降沿）向下滚动列表并选择常开指令（见图1-30）。

在选择完具体的指令后，必须输入具体的变量名，最基本的方法就是：双击第一个常开触点上方的默认地址＜??.?＞，直接输入固定地址变量"%I0.1"，这时就会出现图1-31

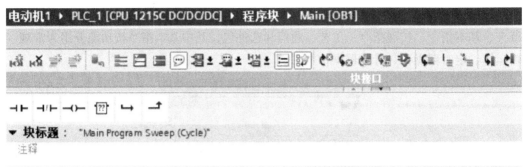

图1-29　程序段编辑一

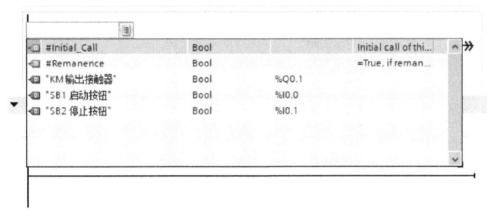

图1-30　显示指令的下拉列表

所示的"停止按钮 %I0.1"注释。

图1-31　使用固定地址输入变量

需要引起注意的是：博途软件默认的是 IEC 61131 –3 标准，其地址用特殊字母序列来指示，字母序列的起始用%符号，跟随一个范围前缀和一个数据前缀（数据类型）表示数据长度，最后是数字序列表示存储器的位置。其中范围前缀：I（输入）、Q（输出）、M（标志，内部存储器范围）；长度前缀：X（单个位）、B（字节，8 位）、W（字，16 位）、D（双字，32 位）。

比如：

%MB7	标志字节 7；
%MW1	标志字 1；
%MD3	标志双字 3；
%I0.0	输入位 I0.0。

除了使用固定地址外还可以使用变量表，用户可以快速输入对应触点和线圈地址的 PLC 变量，具体步骤如下：

1）双击第一个常开触点上方的默认地址 <?? .? >；

2）单击地址右侧的选择器图标，打开变量表中的变量；

3）从下拉列表中，为第一个触点选择"停止按钮%I0.1"。

根据以上规则，输入第二个常开触点"%I0.0"，并根据梯形图的编辑规律，使用图标

→ 打开分支，输入接触器自保触点"%Q0.0"。最后使用图标 ↱ 关闭分支，最后使

用图标 —( )— 选择输出触点"%Q0.0"。

完成以上编辑后，就会发现图 1-32 中程序段 1 的 ✗ 符号不见了。

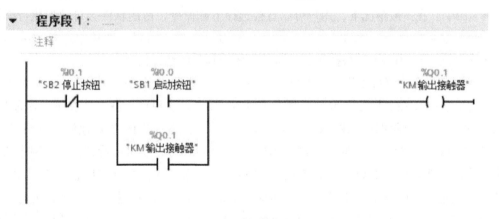

图1-32　程序段编辑二

STEP4：编译与下载

将 IP 地址下载到 CPU 之前，必须先确保计算机的 IP 地址与 PLC 的 IP 地址相匹配，确保在同一个频段内。如图 1-33 所示，在计算机的本地连接属性窗口中，选择"Internet 协议版本 4（TCP/IPv4）属性"，将协议地址从自动获得 IP 地址修改为手动设置 IP 地址

192.168.1.160，确保与 PLC 在 "192.168.1.*" 频段内且不重复。

图 1-33　手动设置 IP 地址

在编辑阶段只是完成了基本编辑语法的输入验证，但是要完成程序的可行性还必须执行 "编译" 命令。在一般情况下，用户可以直接选择下载命令，博途软件会自动先执行编译命令。当然，也可以单独选择编译命令，如图 1-34 所示，在 "编辑" 菜单中选择 "编译" 命令，或者使用 "CTRL + B" 快捷键，就可获得整个程序的编译信息。

在编译完成后，就可以将 S7 – 1200 PLC 的硬件配置和梯形图软件下载。下载可以选择两个命令，即 "下载到设备" 或 "扩展的下载到设备"。这两种下载方式在第一次使用时，都会出现图 1-35 所示的以太网联网示意。不仅可以看到程序中的 PLC 地址，看到用于 PC 连接的 PG/PC 接口情况（这对于多网卡用户来说非常重要），还可以看到目标子网中的所有设备。当用户选择指定的设备时，单击 ___闪烁 LED___ 图标，就会看到实际设备会黄灯闪烁，以让用户确定是否该设备需要进行配置和程序下载。需要注意的是，第一次联机时，存在 PLC 的 IP 地址与 PC 的 IP 地址不在同一个频段、PLC 的 CPU 第一次使用 IP 地址无等情况，因此，需要在 "选择设备目标" 时，不能选择 "显示地址相同的设备"，而是 "显示所有兼容的设备"。第一次使用的 CPU 联机情况，其接口类型为 ISO，访问地址是 MAC 地址，此时可以连接该 CPU，等下载结束后，再次联机，就会出现正常联机情况。

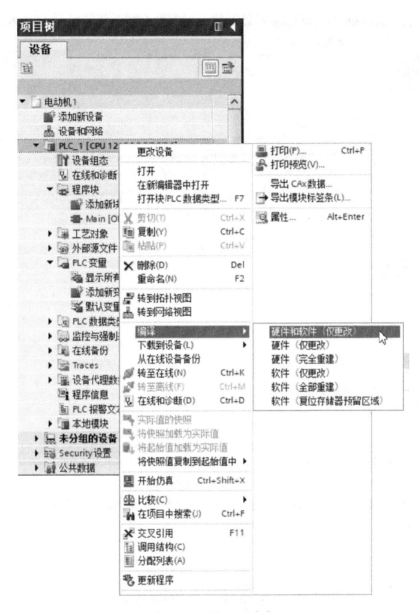

图 1-34　选择编译命令

STEP5：PLC 在线与程序调试

在 PLC 的程序与配置下载后，就可以将 PLC 切换到运行状态进行运行。但是，很多时候用户需要详细了解 PLC 的实际运行情况，并对程序进行一步步调试时，就要进入"PLC 在线与程序调试"阶段。图 1-36 所示为下载预览需要注意其中的"停止模块"选项，否则将无法下载。

首先选择 ![转至在线]，转到在线后，项目树就会显示黄色的 ![图标]图标，动画过程就是表示在线状态（见图 1-37），这时可以从项目树各个选项的后面了解其各自的情况，出现蓝色的 ![对勾] 和 ![圆点] 图标表示为正常，否则必须进行诊断或重新下载。

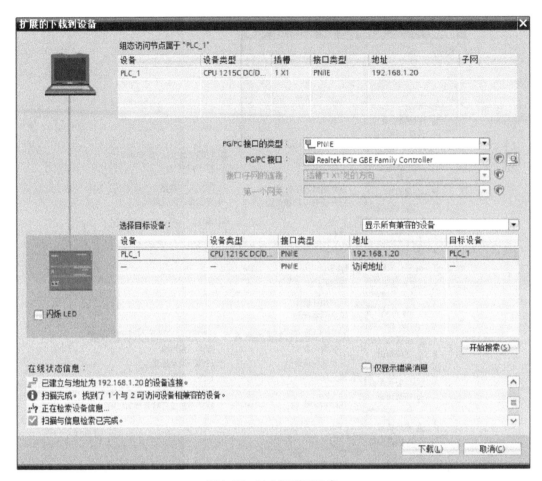

图1-35　以太网联网示意

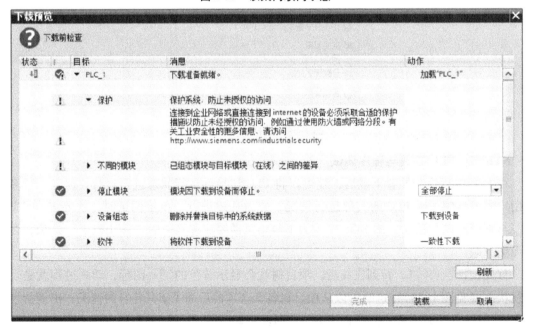

图1-36　下载预览

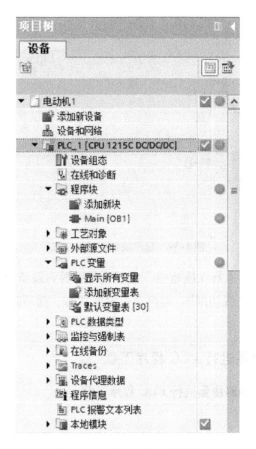

图1-37　项目树的在线阶段

在本实例中，选择程序块的在线监控（见图1-38），选择 图标，即可进入监控阶段，分别为绿色实线表示接通，蓝色虚线表示断开。从图中，可以看到停止按钮%I0.1常开触点为接通状态，这也解释了在编辑阶段为何输入常开而不是常闭的原因。当启动按钮%I0.0按下时，程序进入自保阶段（见图1-39）。

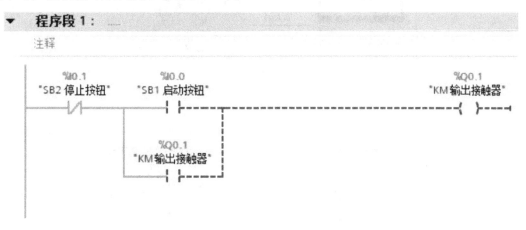

图1-38　程序块的在线监控一

▼ 程序段1： ....

注释

```
        %I0.1          %I0.0                                    %Q0.1
     "SB2 停止按钮"    "SB1 启动按钮"                          "KM 输出接触器"
      ──┤/├──────────┬──┤ ├── ── ──────────────────────────────( )──
                     │
        %Q0.1        │
     "KM 输出接触器"  │
      ──┤ ├──────────┘
```

图1-39 程序块的在线监控二

当然，PLC 变量还可以进行在线监控，选择即可看到最新的监视值。

在项目树中，选择"在线访问"，即可看到诊断状态、循环时间、存储器、分配 IP 地址等各种信息。

1.3.2 采用无线路由器进行 PLC 程序下载

【实例1-2】 采用无线路由器进行 PLC 程序下载

ex1-2

📋 **任务说明**

S7 – 1200 CPU1215C DC/DC/DC 进行编程一般都采用有线的方式与装有博途软件的 PC 进行相连，现在要采用无线方式与 PLC 相连（见图1-40），请选择合适的方式完成程序下载与监控。

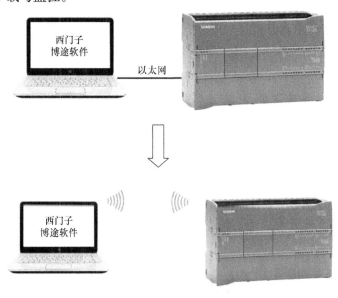

图1-40 有线连接变为无线连接

解决步骤

STEP1：无线路由器的连接

将 PLC1、PLC2（如果有多台的话）、无线路由器、装有博途软件的编程计算机，按照如图 1-41 所示进行连接。其中，PLC 是接在无线路由器的 LAN 口，而不是 WAN 口。

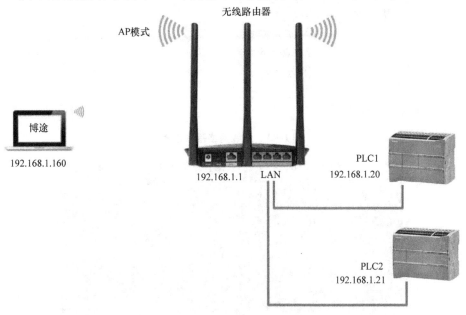

图 1-41　无线路由器的连接

STEP2：无线路由器的设置

如图 1-42 所示进行无线路由器 AP 模式的设置，首先是 LAN 口设置，如本例中设置 IP 地址为 192.68.1.1，这个是大部分无线路由器的默认地址，可以根据实际情况进行设置。

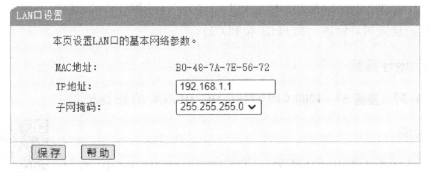

图 1-42　LAN 口设置

如图 1-43 所示进行无线路由器 LAN 口设置，如 SSID 号（便于辨识的，如 S7 - 1200WIFI 等）、自动信道、模式、频段带宽等。

完成以上设置后，重启无线路由器，并在编程计算机中找到该无线信号后连接，如图 1-44所示。

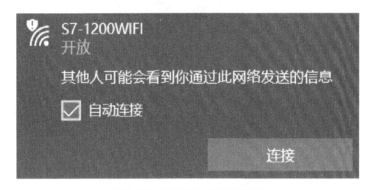

图1-43　无线网络基本设置

图1-44　连接S7-1200WIFI

STEP3：博途软件的设置

在"转至在线"窗口中设置 PG/PC 接口为编程计算机的无线网卡，如图 1-45 所示的
"Realtek 8821CE Wireless LAN 802.11ac PCI-E NIC"（不同计算机无线网卡都不一样）。此
时就可以找到目标 PLC 设备（如 PLC1 和 PLC2）。

1.3.3 IP 地址重置

【实例1-3】　重置 S7-1200 CPU1215C DC/DC/DC 的 IP 地址

📋 **任务说明**

对原来已经设置了 IP 地址的 S7-1200 CPU1215C DC/DC/DC 恢复
出厂设置，重置 IP 地址。

🔧 **解决步骤**

ex1-3

STEP1：选择在线和诊断功能

将该台 PLC 与博途软件相连，如图 1-46 所示选择"在线和诊断"功能。单击"转到在

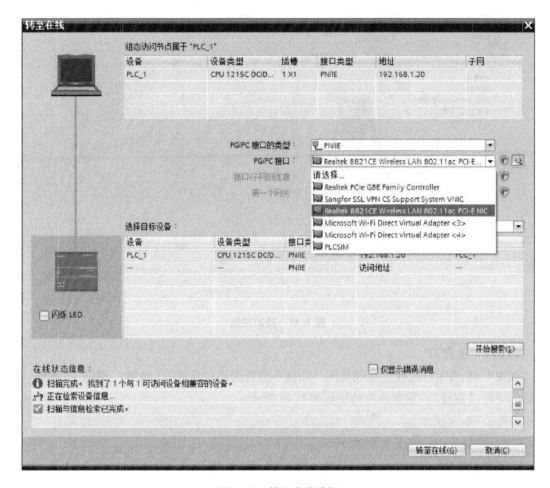

图 1-45　转至在线选择

线"，如图 1-47 所示。

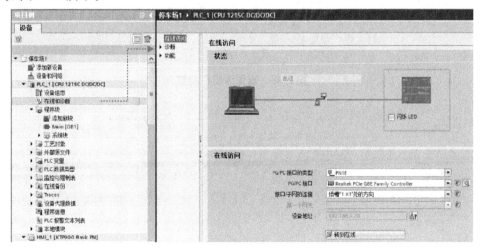

图 1-46　在线和诊断

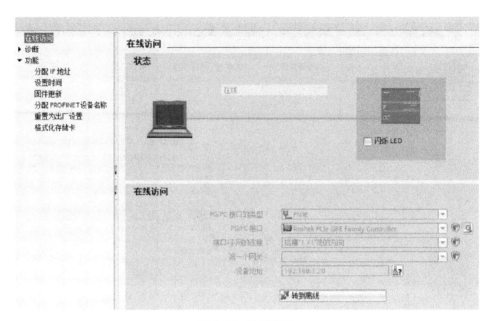

图1-47　转到在线

STEP2：重置IP

如图1-48所示，选择"在线访问→功能→重置为出厂设置"，选择"删除IP地址"选项后，进行"重置"。重置后的结果如图1-49所示。

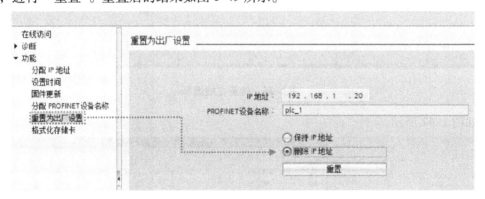

图1-48　重置为出厂设置

图1-49　完成重置后的IP地址

1.4　PLC 的数据类型

1.4.1　S7 系列 PLC 的基本数据类型

S7 系列 PLC（这里包括 S7 – 1200 PLC 和 S7 – 1500 PLC）的数据类型主要分为基本数据类型、复合数据类型、参数类型、系统数据类型和硬件数据类型等。基本数据类型分为位数据类型、数学数据类型、字符数据类型、时间数据类型。每一个基本数据类型数据都具备关键字、数据长度、取值范围和常数表达格式等属性。基本数据类型的关键字、长度、取值范围和常数表示方法举例见表 1-4。

表 1-4　基本数据类型的关键字、长度、取值范围和常数表示方法举例

数据类型	数据长度	取值范围	常数表示格式举例
Bool（位）	1bit	True 或 False	True
Byte（字节）	8bit	十六进制表达：B#16#0 ~ B#16#FF	B#16#10
Word（字）	16bit	二进制表达：2#0 ~ 2#1111_ 1111_ 1111_ 1111	2#0001
		十六进制表达：W#16#0 ~ W#16#FFFF	W#16#10
		十进制序列表达：B# (0, 0) ~ B (255, 255)	B# (10, 20)
		BCD（二进制编码的十进制数）表达：C#0 ~ C#999	C#998
DWord（双字）	32bit	二进制表达： 2#0 ~ 2#1111_ 1111_ 1111_ 1111_ 1111_ 1111_ 1111_ 1111	2#1000_ 0001 0001_ 1000 1011_ 1011 0111_ 1111
		十六进制表达：DW#16#0 ~ DW#16#FFFF_ FFFF	DW#16#10
		十进制序列表达：B# (0, 0, 0, 0) ~ B# (255, 255, 255, 255)	B# (1, 10, 10, 20)
LWord（长字）	64bit	二进制表达： 2#0 ~ 2#1111_ 1111_ 1111_ 1111_ 1111_ 1111_ 1111_ 1111_ 1111_ 1111_ 1111_ 1111_ 1111_ 1111_ 1111_ 1111	2#0000_ 0000_ 0000_ 0000_ 0001_ 0111_ 1100_ 0010_ 0101_ 1110_ 1010_ 0101_ 1011_ 1101_ 0001_ 1011
		十六进制表达： LW#16#0 ~ LW#16#FFFF_ FFFF_ FFFF_ FFFF	LW#16#0000_ 0000_ 5F52_ DE8B
		十进制序列表达： B# (0, 0, 0, 0, 0, 0, 0, 0) ~ B# (255, 255, 255, 255, 255, 255, 255, 255)	B# (127, 200, 127, 200, 127, 200, 127, 200)
SInt（短整数）	8bit	有符号整数 – 128 ~ 127	+44, SINT# – 43
Int（整数）	16bit	有符号整数 – 32768 ~ 32767	12

（续）

数据类型	数据长度	取值范围	常数表示格式举例
DInt （双整数，32 位）	32bit	有符号整数 $-L\#2147483648 \sim L\#2147483647$	L#12
USInt （无符号短整数）	8bit	无符号整数 $0 \sim 255$	78 USINT#78
UInt （无符号整数）	16bit	无符号整数 $0 \sim 65535$	65295，UINT#65295
UDInt （无符号双整数）	32bit	无符号整数 $0 \sim 4294967295$	4042322160， UDINT#4042322160
LInt （长整数）	64bit	有符号整数 $-9223372036854775808 \sim +9223372036854775807$	$+154325790816159$， LINT# $+154325790816159$
ULInt （无符号长整数）	64bit	无符号整数 $0 \sim 18446744073709551615$	154325790816159， ULINT#154325790816159
Real （浮点数）	32bit	$-3.402823E+38 \sim -1.175495E-38$，$0$， $+1.175495E-38 \sim +3.402823E+38$	$1.0e-5$，REAL#$1.0e-$ 51.0；REAL#1.0
LReal （长浮点数）	64bit	$-1.7976931348623158e+308 \sim 2.2250738585072014e-3080$， 0，0，$+2.2250738585072014e-308 \sim$ $+1.7976931348623158e+308$	$1.0e-5$，LREAL#$1.0e-$ 51.0；LREAL#1.0
Time （IEC 时间）	32bit	IEC 时间格式（带符号），分辨率为1ms； $-$T#24D_ 20H_ 31M_ 23S_ 648MS $\sim$ T#24D_ 20H_ 31M_ 23S_ 648MS	T#0D_ 1H_ 1M_ 0S_ 0MS
LTime （长时间）	64bit	信息包括天（d）、小时（h）、分钟（m）、 秒（s）、毫秒（ms）、微秒（μs）和纳秒（ns） LT# $-$106751d23h47m16s854ms775us808nsLT# $+$ 106751d23h47m16s854ms775us807ns	LT#11350d20h25m 14s830ms652us315ns LTIME#11350d20h25m 14s830ms652us315ns
DATE （IEC 日期）	16bit	IEC 日期格式，分辨率 1 天： D#1990 $-$ 1 $-$ 1 $-$ D#2168 $-$ 12 $-$ 31	DATE#1996 $-$ 3 $-$ 15
Time_ OF_ Day （TOD，一天 毫秒时间）	32bit	24 小时时间格式，分辨率1ms TOD#0：0：0：0 $\sim$ TOD#23：59：59：999	TIME_ OF_ DAY#1： 10：3.3
Date_And_Time （DT，日期 毫秒时间）	8byte	年 $-$ 月 $-$ 日 $-$ 小时：分钟：秒：毫秒 DT#1990 $-$ 01 $-$ 01 $-$ 00：00：00：000 $\sim$ DT#2089 $-$ 12 $-$ 31 $-$ 23：59：59：999	DT#2008 $-$ 10 $-$ 25 $-$ 8： 12：34.567， DATE_ AND_ TIME#2 008 $-$ 10 $-$ 25 $-$ 08： 12：34.567

（续）

数据类型	数据长度	取值范围	常数表示格式举例
LTime_ Of_ Day（LTOD，一天纳秒时间）	8byte	时间（小时：分钟：秒：纳秒） LTOD#00：00：00：000000000 ~ LTOD#23：59：59：999999999	LTOD#10：20：30. 400_ 365_ 215，LTIME_ OF_ DAY#10：20：30. 400_ 365_ 215
Date_ And_ LTime（DTL，日期长时间）	8byte	存储自1970年1月1日以来的日期和时间信息（单位为纳秒） ［D］T#1970 - 01 - 01 - 0:0:0. 000000000 ~ ［D］T#2263 - 04 - 11 - 23:47:15. 854775808	［D］T#2008 - 10 - 25 - 8: 12: 34. 567
Char（字符）	8bit	ASCII 字符集 'A'、'b'等	'A'
WChar（宽字符）	16bit	Unicode 字符	'你'

1.4.2 位数据类型

位数据类型主要有布尔型（Bool）、字节型（Byte）、字型（Word）、双字型（DWord）和长字型（LWord）。在位数据类型中，只表示存储器中各位的状态是0（FALSE）还是1（TURE）。其长度可以是一位（Bit）、一个字节（Byte，8位）、一个字（Word，16位）、一个双字（Double Word，32位）或一个长字（Long Word，64位），分别对应Bool、Byte、Word、DWord和LWord类型。位数据类型通常用二进制或十六进制格式赋值，如2#01010101、16#283C等。需注意的是，一位布尔型数据类型不能直接赋常数值。

位数据类型的常数表示需要在数据之前根据存储单元长度（Byte、Word、DWord、LWord）加上B#、W#、DW#或LW#（Bool型除外），所能表示的数据范围见表1-5。

表1-5　位数据类型表示的数据范围

位数据类型	数据长度	数值范围
Bool	1bit	Ture，False
Byte	8bit	B#16#0 ~ B#16#FF
Word	16bit	W#16#0 ~ W#16#FFFF
DWord	32bit	DW#16#0 ~ DW#16#FFFFFFFF
LWord	64bit	LW#16#0 ~ LW#16#FFFFFFFFFFFFFFFF

图1-50所示为Word数据类型的表达方法，其值为16#1234。

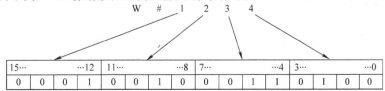

图1-50　Word数据类型的表达方法

1.4.3 数学数据类型

数学数据类型主要有整数类型和实数类型（浮点数类型）。

1. 整数类型

整数类型又分为有符号整数类型和无符号整数类型。有符号整数类型包括短整数型（SInt）、整数型（Int）、双整数型（DInt）和长整数型（LInt）；无符号整数类型包括无符号短整数型（USInt）、无符号整数型（UInt）、无符号双整数型（UDInt）和无符号长整数型（ULInt）。

短整数型、整数型、双整数型和长整数型数据为有符号整数，分别为8位、16位、32位和64位，在存储器中用二进制补码表示，最高位为符号位（0表示正数、1表示负数），其余各位为数值位。而无符号短整数型、无符号整数型、无符号双整数型和无符号长整数型数据均为无符号整数，每一位均为有效数值。

图1-51所示为Int正整数类型的表达方法，其值为+34。图1-52所示为Int负整数类型的表达方法，其值为−34。

图1-51 Int正整数类型的表达方法

图1-52 Int负整数类型的表达方法

2. 实数类型

实数类型具体包括实数型（Real）和长实数型（LReal），均为有符号的浮点数，分别占用32位和64位，最高位为符号位（0表示正数、1表示负数），接下来的8位（或11位）为指数位，剩余位为尾数位，共同构成实数数值。实数的特点是利用有限的32位或64位可以表示一个很大的数，也可以表示一个很小的数。

一个Real类型的数占用4个字节的空间。S7系列PLC中的Real数据类型符合IEEE754标准的浮点数标准，包括符号位S、指数e和尾数m，分别占用的位数如图1-53所示。指数e和尾数m的权值见表1-6。

图1-53 Real数据类型表达方法

表 1-6　指数 e 和尾数 m 的权值

项目	位号	权值
指数 e	30	2^7
…	…	…
指数 e	24	2^1
指数 e	23	2^0
尾数 m	22	2^{-1}
…	…	…
尾数 m	1	2^{-22}
尾数 m	0	2^{-23}

1.4.4　字符数据类型

字符数据类型（Char）长度为 8 bit，操作数在存储器中占一个字节，以 ASCII 码格式存储单个字符。常量表示时使用单引号，例如，常量字符 A 表示为'A'或 CHAR#'A'。表 1-7 列出了 Char 数据类型的属性。

表 1-7　Char 数据类型的属性

数据长度	格式	取值范围	输入值举例
8bit	ASCII 字符集	ASCII 字符集	'A'，CHAR#'A'

S7 系列 PLC 还支持宽字符类型（WChar），其操作数据长度为 16 bit，即在存储器中占用 2B，以 Unicode 格式存储扩展字符集中的单个字符，但只涉及整个 Unicode 范围的一部分。常量表示时需要加 WCHAR#前缀及单引号，例如，常量字符 a 表示为 WCHAR#'a'。控制字符在输入时，以美元符号表示。表 1-8 列出了 WChar 数据类型的属性。

表 1-8　WChar 数据类型的属性

数据长度	格式	取值范围	输入值示例
16bit	Unicode 字符串	\$0000 ~ \$D7FF	WCHAR#'a'，WCHAR#'\$0041'

1.4.5　时间数据类型

时间数据类型主要包括时间（Time）和长时间（LTime）数据类型。

1. 时间（Time）数据类型

时间（Time）数据类型为 32 位的 IEC 定时器类型，内容用毫秒（ms）为单位的双整数表示，可以是正数或负数，表示信息包括天（d）、小时（h）、分钟（m）、秒（s）和毫秒（ms）。表 1-9 列出了 Time 数据类型的属性。

表1-9 Time 数据类型的属性

数据长度	格式	取值范围	输入值举例
32bit	有符号的持续时间	T# −24d20h31m23s648ms ~ T#24d20h31m23s648ms	T#10d20h30m20s630ms, TIME#10d20h30m20s630ms
	十六进制的数字	16#00000000 ~ 16#7FFFFFFF	16#0001EB5E

2. 长时间（LTime）数据类型

长时间（LTime）数据类型为64位IEC定时器类型，操作数内容以纳秒（ns）为单位的长整数表示，可以是正数或负数。表示信息包括天（d）、小时（h）、分钟（m）、秒（s）、毫秒（ms）、微秒（μs）和纳秒（ns）。常数表示格式为时间前加LT#，如LT#11ns。

1.5 数据存储地址区及寻址方式

1.5.1 PLC 的寻址方式

PLC 的寻址方式是对数据存储区进行读写访问的方式，S7 系列 PLC 的寻址方式有立即数寻址、直接寻址和间接寻址 3 大类。立即数寻址的数据在指令中以常数或常量的形式出现；直接寻址，又称符号寻址，是指在指令中直接给出要访问的存储器或寄存器的名称和地址编号，直接存取数据；间接寻址是指使用地址指针间接给出要访问的存储器或寄存器的地址。直接寻址是平常编程中使用最多的一种寻址方式。地址区域内的变量均可以进行直接寻址，S7 系列 PLC 地址区可访问的单位及表示方法见表1-10。

表1-10 S7 系列 PLC 地址区

地址区域	可访问的地址单位	S7 符号及表示方法（IEC）
过程映像输入区	输入（位）	I
	输入（字节）	IB
	输入（字）	IW
	输入（双字）	ID
过程映像输出区	输出（位）	Q
	输出（字节）	QB
	输出（字）	QW
	输出（双字）	QD
标志位存储区	存储器（位）	M
	存储器（字节）	MB
	存储器（字）	MW
	存储器（双字）	MD
定时器	定时器（T）	T
计数器	计数器（C）	C

（续）

地址区域	可访问的地址单位	S7 符号及表示方法（IEC）
数据块	数据块，用 OPN DB 打开	DB
	数据位	DBX
	数据字节	DBB
	数据字	DBW
	数据双字	DBD
	数据块，用 OPN DI 打开	DI
	数据位	DIX
	数据字节	DIB
	数据字	DIW
	数据双字	DID
本地数据区	局部数据位	L
	局部数据字节	LB
	局部数据字	LW
	局部数据双字	LD

1.5.2 位寻址方式

位寻址是对存储器中的过程映像输入区（I）、过程映像输出区（Q）和其他区域的某一位进行读写访问。

1. 过程映像输入区（I）

过程映像输入区位于 CPU 的系统存储区。在循环执行用户程序之前，CPU 首先扫描输入模块的信息，如图 1-54 所示，并将这些信息记录到过程映像输入区中，与输入模块的逻辑地址相匹配。使用过程映像输入区的好处是在一个程序执行周期中保持数据的一致性。S7 系列 PLC 使用地址标识符"I"（不分大小写）访问过程映像输入区。

2. 过程映像输出区（Q）

过程映像输出区位于 CPU 的系统存储区。在循环执行用户程序中，CPU 将程序中逻辑运算后输出的值存放在过程映像输出区。在程序执行周期结束后更新过程映像输出区，如图 1-55 所示，将所有输出值发送到输出模块，以保证输出模块

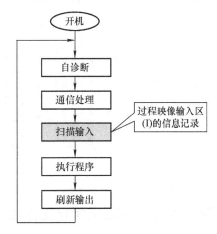

图 1-54　过程映像输入区（I）的信息记录

输出的一致性。S7 系列 PLC 中所有的输出信号均在输出过程映像区内。使用地址标识符"Q"（不分大小写）访问过程映像输出区，在程序中表示方法与输入信号类似。

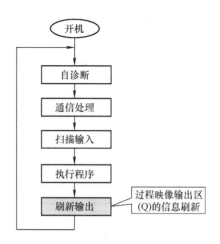

图1-55 过程映像输出区（Q）的信息刷新

输入模块与输出模块分别属于两个不同的地址区，所以模块逻辑地址可以相同。

根据IEC61131-3标准，直接变量用百分数符号%开始，随后是位置前缀符号；如果有分级，则用整数表示分级，并用小数点符号"."分隔的无符号整数表示直接变量（见表1-11）。

表1-11 直接变量

前缀符号		定义	举例
位置前缀	I	输入单元位置	%I0.4
	Q	输出单元位置	%Q4.1
	M	存储器单元位置	%M10.0

如%I2.3，首位字母表示存储器标识符，I表示输入过程映像区（见图1-56）。

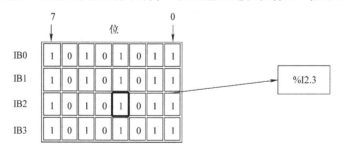

图1-56 I2.3的位置部分

1.5.3 字节、字及双字寻址方式

对于系统存储器中的I、Q、M和L存储区，是按字节进行排列的，对其中的存储单元进行的直接寻址方式包括位寻址、字节寻址、寻址和双字寻址。对I、Q、M和L存储区也可以以1B或2B或4B为单位进行次读写访问。

格式：地址标识符长度类型字节起始地址

其中，长度类型包括字节、字和双字，分别用"B"（Byte）、"W"（Word）和"D"（Double Word）表示。

例如，IB100 表示过程映像输入区中的第 100 字节，IW100 表示过程映像输入区中的第 100 和 101 两字节，ID100 表示过程映像输入区中的第 100、101、102 和 103 4 字节。需要注意，当数据长度为字或双字时，最高有效字节为起始地址字节。图 1-57 所示为 IB100、IW100、ID100 所对应访问的存储器空间及高低位排列的方式。

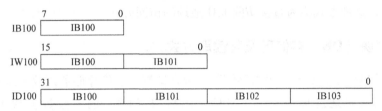

图1-57　存储器空间及高低位排列的方式

如图 1-58 所示为位、字节、字和双字对同一地址存取操作的比较，可以看出 MW100 包括 MB100 和 MB101 这 2 字节；MD100 包含 MW100 和 MW102，即 MB100、MB101、MB102 和 MB103 这 4 字节。值得注意的是，这些地址是互相交叠的。

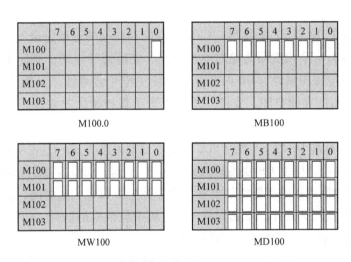

□：表示占用的空间

图1-58　位、字节、字和双字对同一地址存取操作的比较

除了输入 I、输出 Q 和中间寄存器 M 之外，还有表示局部数据暂存区的 L 变量，如 LD20 表示从第 20 个字节开始，包括 4 个字节的存储空间，即 LB20、LB21、LB22 和 LB23 4 字节。

1.5.4 I/O 外设寻址方式

对于 I/O 外设，也可以使用位寻址、字节寻址、寻址和双字寻址。例如 IB0：P，表示输入过程映像区第 0 字节所对应的输入外设存储器单元；再如 Q1. 2：P，表示输出过程映像区第 1 字节第 2 位所对应的输出外设存储器单元。

如果将模块插入到站点中，其逻辑地址将位于 SIMATIC S7 系列 PLC CPU 的过程映像区中（默认设置）。在过程映像区更新期间，CPU 会自动处理模块和过程映像区之间的数据交换。

如果希望程序直接访问模块（而不是使用过程映像区），则在 I/O 地址或符号名称后附加后缀 "：P"，这种方式称为直接访问 I/O 地址的访问方式。

1.5.5 数据块（DB）存储区及其读取方式

在 S7 系列 PLC 中，数据块可以存储于装载存储器、工作存储器以及系统存储器中（块堆栈），共享数据块地址标识符为 "DB"，函数块（FB）的背景数据块地址标识符为 "IDB"。

数据块分两种，一种为优化的 DB，另一种为标准 DB。每次添加一个新的全局 DB时，其默认类型为优化的 DB。可以在 DB 块的属性中修改 DB 的类型。背景数据块 IDB 的属性是由其所属的 FB（函数块）决定的，如果该 FB（函数块）为标准 FB（函数块），则其背景 DB 就是标准 DB；如果该 FB（函数块）为优化的 FB（函数块），则其背景 DB 就是优化的 DB。

优化 DB 和标准 DB 在 S7 系列 PLC CPU 中存储和访问的过程完全不同。标准 DB 掉电保持属性为整个 DB，DB 内变量为绝对地址访问，支持指针寻址；而优化 DB 内每个变量都可以单独设置掉电保持属性，DB 内变量只能使用符号名寻址，不能使用指针寻址。优化的 DB 块借助预留的存储空间，支持 "下载无需重新初始化" 功能，而标准 DB 则无此功能。

图 1-59 所示为标准 DB 在 S7 系列 PLC 内的存储及处理方式。①表示的意思如下：CPU在读取 S7 系列 PLC 中，标准 DB 块编码方式与 CPU 不同，CPU 在进行读取/存储数据到标准 DB 块时，需要颠倒变量的高低字节或字，这需要花费 CPU 大量时间，访问速度慢。②表示的意思如下：S7 系列 PLC 中，如需对标准 DB 块中位信号的访问，CPU 需要先访问该字节，再对其中的某一位进行处理，访问速度慢。

图 1-60 所示为优化 DB 在 S7 系列 PLC 内的存储及处理方式。①表示的意思如下：S7 系列 PLC 中，优化的 DB 块编码方式与 CPU 相同，CPU 在对优化的 DB 块内变量进行读取/存储时，无需颠倒该变量的高低字节或字，访问速度快。②表示的意思如下：S7 系列 PLC 中，如需对优化的 DB 块中位信号的访问，CPU 直接对存储该位信号的字节进行访问，访问速度快。"保留" 的意思如下：优化的 DB 块通过预留的存储空间实现下载，无需初始化功能。

从图 1-59 和图 1-60 可知，S7 系列 PLC CPU 处理标准 DB 块内的数据时，要额外消耗CPU 的资源，导致 CPU 效率下降，所以推荐使用优化 DB。在优化 DB 中，所有的变量以符号形式存储，没有绝对地址，不易出错，且数据存储的编码方式与 S7 系列 PLC CPU 编码方式相同，效率更高。

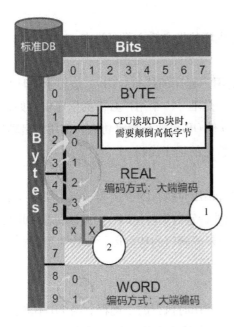

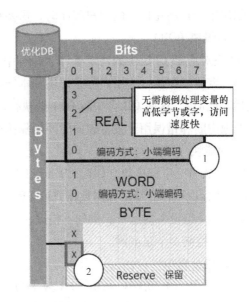

图1-59　标准 DB 块及其读取方式　　　图1-60　优化 DB 及其读取方式

1.6　程序块

1.6.1　程序块类型

在 S7 系列 PLC 中，CPU 支持 OB、FC、FB、DB 块，使用它们可以创建有效的用户程序结构，具体介绍如下：

1）组织块（OB）定义程序的结构。OB 具有预定义的行为和启动事件，用户也可以创建具有自定义启动事件的 OB。

2）功能（FC）和功能块（FB）包含与特定任务或参数组合相对应的程序代码。每个 FC 或 FB 都提供一组输入和输出参数，用于与调用块共享数据。FB 还使用相关联的数据块（称为背景数据块）来保存执行期间的值状态，程序中的其他块可以使用这些值状态。

3）数据块（DB）存储程序块可以使用的数据。包括背景数据块和共享数据块，前者是与 FB 调用有关，在调用时自动生成，作为 FB 块的存储区；后者是全局数据块，用于存储用户数据，其数据格式可以由用户定义。

用户程序的执行顺序是：从一个或多个在进入 RUN 模式时运行一次的可选启动组织块（OB）开始，然后执行一个或多个循环执行的程序循环 OB。OB 也可以与中断事件（可以是标准事件或错误事件）相关联，并在相应的标准或错误事件发生时执行。

1.6.2 用户程序的结构

创建用于自动化任务的用户程序时，需要将程序的指令插入程序块中:

1. 组织块（OB）

OB 块对应于 CPU 中的特定事件，并可中断用户程序的执行。OB 1 是用于循环执行用户程序的默认组织块，为用户程序提供基本结构，是唯一一个用户必需的程序块。如果程序中包括其他 OB，这些 OB 会中断 OB1 的执行。其他 OB 可执行特定功能，如用于启动任务、用于处理中断和错误用于按特定的时间间隔执行特定的程序代码。

2. 功能块（FB）

FB 是从另一个程序块（OB、FB 或 FC）进行调用时执行的子例程。调用块将参数传递到 FB，并标识可存储特定调用数据或该 FB 实例的特定数据块（DB）。更改背景 DB 可使通用 FB 控制一组设备的运行。例如，借助包含每个泵或阀门的特定运行参数的不同背景 DB，一个 FB 可控制多个泵或阀。

3. 功能（FC）

FC 是从另一个程序块（OB、FB 或 FC）进行调用时执行的子例程。与 FB 不同，FC 不具有相关的背景 DB。调用块将参数传递给 FC。FC 中的输出值必须写入存储器地址或全局 DB 中。

根据实际应用要求，可选择线性结构或模块化结构用于创建用户程序（见图 1-61）。

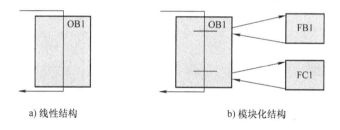

a) 线性结构   b) 模块化结构

图 1-61　用户程序的结构

线性结构程序按顺序逐条执行用于自动化任务的所有指令，通常，线性程序将所有程序指令都放入用于循环执行程序的 OB 中（即 OB 1）。

模块化结构程序调用可执行特定任务的特定程序块。要创建模块化结构，需要将复杂的自动化任务划分为与过程的工艺功能相对应的更小的次级任务，每个程序块都为每个次级任务提供程序段，通过从另一个块中调用其中一个程序块来构建程序。

通过创建可在用户程序中重复使用的通用程序块，可简化用户程序的设计和实现。使用通用程序块具有许多优点:

1）可为标准任务创建能够重复使用的程序块，如用于控制电机或泵。也可以将这些通用程序块存储在可由不同的应用或解决方案使用的库中。

2）将用户程序构建到与功能任务相关的模块化组件中，可使程序的设计更易于理解和管理。模块化组件不仅有助于标准化程序设计，也有助于使更新或修改程序代码更加快速和容易。

3）创建模块化组件可简化程序的调试。通过将整个程序构建为一组模块化程序段，可在开发每个程序块时测试其功能。

4）创建与特定工艺功能相关的模块化组件，有助于简化对已完成应用程序的调试，并减少调试过程中所用的时间。

1.6.3　使用块构建程序

通过设计 FB 和 FC 块执行通用任务，可创建模块化程序块，然后可通过由其他程序块调用这些可重复使用的模块来构建程序，调用块将设备特定的参数传递给被调用块，具体如图 1-62 所示。当一个程序块调用另一个程序块时，CPU 会执行被调用块中的程序代码。执行完被调用块后，CPU 会继续执行该块调用之后的指令。

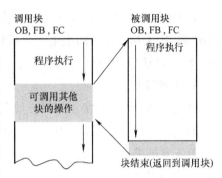

图 1-62　块调用示意

如图 1-63 所示，可嵌套块调用，以实现更加模块化的结构。

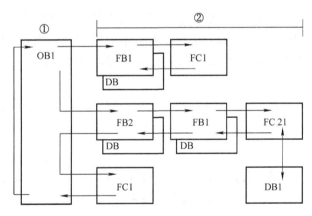

图 1-63　可嵌套块

①—循环开始　②—嵌套深度

1.6.4　组织块（OB）的实现功能

OB 控制用户程序的执行，每个 OB 的编号必须唯一。CPU 中的特定事件将触发组织块的执行。OB 无法互相调用或通过 FC 或 FB 调用。只有启动事件（例如，诊断中断或时间间隔）可以启动 OB 的执行。CPU 按优先等级处理 OB，即先执行优先级较高的 OB，然后执行优先级较低的 OB。最低优先等级为 1（对应主程序循环），最高优先等级为 26（对应时间错误中断）。

OB 控制以下操作：

1. 程序循环

在 CPU 处于 RUN 模式时循环执行，主程序块是程序循环 OB。用户在其中放置控制程序的指令以及调用其他用户块。允许使用多个程序循环 OB，它们按编号顺序执行。OB 1 是默认循环 OB。

2. 启动

在 CPU 的工作模式从 STOP 切换到 RUN 时执行一次，包括处于 RUN 模式时和执行 STOP 到 RUN 切换命令时上电。之后将开始执行主"程序循环"OB。允许有多个启动 OB。OB 100 是默认启动 OB。

3. 时间延迟

通过启动中断（SRT_ DINT）指令组态事件后，时间延迟 OB 将以指定的时间间隔执行。延迟时间在扩展指令 SRT_ DINT 的输入参数中指定。指定的延迟时间结束时，时间延迟 OB 将中断正常的循环程序执行。

4. 循环中断

循环中断 OB 将按用户定义的时间间隔（如每隔 2s）中断循环程序执行。每个组态的循环中断事件只允许对应一个 OB。

5. 硬件中断

在发生相关硬件事件时执行，包括内置数字输入端的上升沿和下降沿事件以及 HSC（高速脉冲计数器）事件。硬件中断 OB 将中断正常的循环程序执行来响应硬件事件信号。可以在硬件配置的属性中定义事件。每个组态的硬件事件只允许对应一个 OB。

6. 时间错误中断

在检测到时间错误时执行。如果超出最大循环时间，时间错误中断 OB 将中断正常的循环程序执行。最大循环时间在 PLC 的属性中定义。OB 80 是唯一支持时间错误事件的 OB。

7. 诊断错误中断

在检测到和报告诊断错误时执行。如果具有诊断功能的模块发现错误（如果模块已启用诊断错误中断），诊断 OB 将中断正常的循环程序执行。

第2章

Chapter 2

S7-1200 PLC基本指令应用

S7-1200 PLC 的位逻辑指令处理对象为二进制位信号，主要包括触点和线圈指令、位操作指令和位检测指令，这些都是实现复杂逻辑控制的基本指令。S7-1200 PLC 可以使用定时器指令创建可编程的延迟时间，如具有预设宽度时间的脉冲 TP、接通延迟定时器 TON、关断延迟定时器 TOF 和保持型接通延迟定时器 TONR；还可以使用加计数器（CTU）、减计数器（CTD）和加减计数器（CTUD）等软计数器。本章还介绍了比较、运算和移动指令，用于各种数据运算及实际工程应用，如交通灯控制、加热控制等。

2.1 位逻辑指令

2.1.1 概述

位逻辑指令是实现 PLC 控制的基本指令，即按照一定的控制要求对"0""1"两个布尔操作数（BOOL）进行逻辑组合，可以构成"与""或""异或"等基本逻辑操作，也可以构成"置位""复位""上升沿检测""下降沿检测"等复杂逻辑操作，并将其结果送入存储器状态字的逻辑操作结果（RLO）。

表 2-1 所示为常见的位逻辑指令汇总，主要包括触点和线圈指令，具体说明如下：

1. 取反指令

取反指令（⊣NOT⊢、⊣( )⊢）改变能流输入的状态，将 RLO 的当前值由 0 变 1，或由 1 变 0。如图 2-1 中，左右母线是一个直流电源的正负极，左母线是接正极，右母线接负极，能流（电流）沿着梯形图，从左母线流到右母线，形成一条回路。如果采用⊣( )⊢线圈取反指令，如图 2-2 所示，则输出结果与图 2-1 刚好相反。

2. 边沿检测指令

边沿信号在 PLC 程序中比较常见，如电动机的起动、停止、故障等信号的捕捉都是通过边沿信号实现的。如图 2-3 所示，上升沿检测指令检测每一次 0 到 1 的正跳变，让能流接通一个扫描周期；下降沿检测指令检测每一次 1 到 0 的负跳变，让能流接通一个扫描周期。

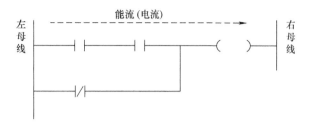

图2-1　能流的概念

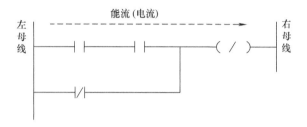

图2-2　线圈取反指令

3. 置位/复位指令

当触发条件满足（即 RLO = 1）时，置位指令将一个线圈置1；当触发条件不再满足（即 RLO = 0）时，线圈值保持不变，只有触发复位指令时才能将线圈值复位为 0。单独的复位指令也可以对定时器、计数器的值进行清零。梯形图编程指令中 RS、SR 触发器带有触发优先级，当置位、复位信号同时为 1 时，将触发优先级高的动作，如 RS 触发器，S（置位在后）优先级高。

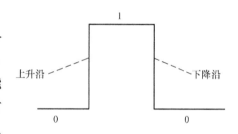

图2-3　边沿检测示意

表2-1　位逻辑指令汇总

类型	LAD	说　　明
触点指令	─┤ ├─	常开触点
	─┤/├─	常闭触点
	─┤NOT├─	信号流反向
	─┤P├─	扫描操作数信号的上升沿
	─┤N├─	扫描操作数信号的下降沿
	P_TRIG	扫描信号的上升沿
	N_TRIG	扫描信号的下降沿
	R_TRIG	扫描信号的上升沿，并带有背景数据块
	F_TRIG	扫描信号的下降沿，并带有背景数据块

（续）

类型	LAD	说　明
线圈指令	—( )—	结果输出/赋值
	—(/)—	线圈取反
	—(R)—	复位
	—(S)—	置位
	SET_BF	将一个区域的位信号置位
	RESET_BF	将一个区域的位信号置位
	RS	复位置位触发器
	SR	置位复位触发器
	—(P)—	上升沿检测并置位线圈一个周期
	—(N)—	下降沿检测并置位线圈一个周期

2.1.2 输送带起停控制的两种编程应用

【实例2-1】 用自锁实现输送带起停控制

📝 任务说明

ex2-1

采用S7-1200 CPU1215C DC/DC/DC来进行输送带起停控制电路的设计，即用启动按钮SB1控制输送带电动机运行，带动BOX物品从右向左运行，当达到最左侧的接近开关附近时，接近开关感应到物品，输送带电动机停止；急停按钮可以随时按下来，停止输送带电动机；指示灯的运行和停止指示与电动机的动作一致。请用自锁控制来进行梯形图编程，并进行程序编辑与下载。输送带起停控制示意如图2-4所示。

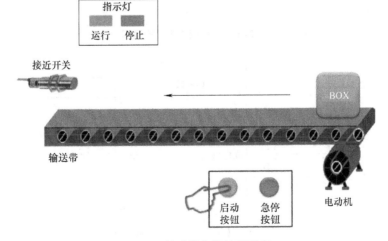

图2-4　输送带起停控制示意

🛠 **解决步骤**

STEP1：定义输入/输出元件

输送带起停控制涉及按钮、接近开关、电动机和指示灯等元件，表2-2所示为本实例的输入/输出元件及控制功能。

表2-2　输入/输出元件及控制功能

	PLC 软元件	元件符号/名称
	I0.0	SB1/启动按钮
输入	I0.1	SQ1/接近开关
	I1.0	SB2/急停按钮（紧急停止）
	Q0.0	KM/接触器
输出	Q0.1	HL1/运行指示
	Q0.2	HL2/停止指示

STEP2：电气接线

本实例采用 S7 – 1200 PLC 中的 CPU1215C DC/DC/DC，具体接线图如图 2-5 所示。为了更加直观地反映输入/输出情况，将电源部分略作修改后的接线图如图 2-6 所示（本书后续实例主要采用这种画法）。

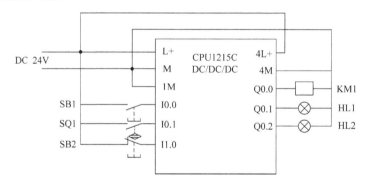

图 2-5　【实例 2-1】接线图

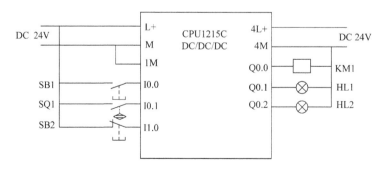

图 2-6　【实例 2-1】接线简化图

STEP3：PLC 梯形图编程

PLC 的梯形图编程方法可以采用传统的"继电器-接触器"思路，如本实例中的"自锁控制"方法，当按下按钮 I0.0 后，Q0.0 线圈闭合；此时 Q0.0 的触点动作，持续接通Q0.0 线圈，形成自锁控制。当 I1.0 紧急停止动作或 I0.1 接近开关动作，Q0.0 线圈断开，自锁失效。在编程中，还需要注意 Q0.2 输出和 Q0.1 刚好相反，可以采用取反线圈一(/)一实现。

输送带起停梯形图如图 2-7 所示。

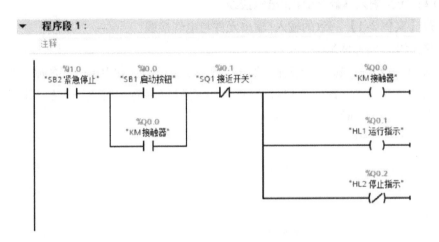

图 2-7   输送带起停梯形图

STEP4：PLC 调试

将图 2-7 所示的梯形图程序经编译下载到 PLC 后，可以进行在线监控，如图 2-8 所示。需要注意的是 SB2 急停按钮在接线上是常闭触点，因此在梯形图编程中画的是常开，正常情况实际的在线监控也是接通的，只有当按下急停按钮后，I1.0 信号才断开。

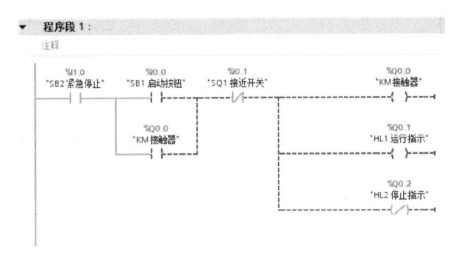

图 2-8   在线监控示意

【实例2-2】 用 SR 触发器控制输送带

📝任务说明

输送带控制跟【实例2-1】一样，不同的是要用启动按钮 SB1 和急停按钮 SB2，用 SR 触发器进行编程控制。

ex2-2

🔧解决步骤

STEP1：定义输入/输出元件和电气接线

采用跟【实例2-1】一致的输入/输出元件与电气接线。

STEP2：PLC 梯形图编程

采用 SR 触发器进行梯形图编程，如图 2-9 所示。触发器 SR 或 RS 的唯一区别是优先级，本实例中是 R 优先，即使 S 端信号 ON，此时 R1（注意此时优先级的下标多了一个数字"1"）端信号为 ON 时，输出 Q 为 OFF。

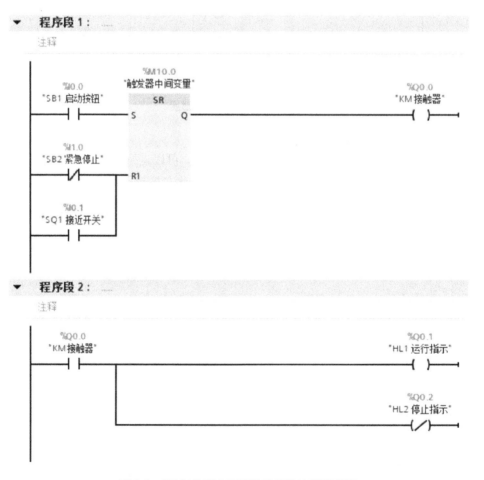

图 2-9　SR 触发器实现输送带起停控制梯形图

2.2 定时器与时钟存储器

2.2.1 定时器种类

使用定时器指令用以创建可编程的延迟时间，表 2-3 所示为 S7 - 1200 PLC 的定时器指令，最常用的 4 种定时器如下：

1）TP：脉冲定时器，可生成具有预设宽度时间的脉冲。

2）TON：接通延迟定时器，输出 Q 在预设的延时过后设置为 ON。

3）TOF：关断延迟定时器，输出 Q 在预设的延时过后重置为 OFF。

4）TONR：保持型接通延迟定时器，输出在预设的延时过后设置为 ON。在使用 R 输入重置经过的时间之前，会跨越多个定时时段一直累加经过的时间。

表 2-3 定时器指令

LAD	说明
TP	生成脉冲（带有参数）
TON	接通延时（带有参数）
TOF	关断延时（带有参数）
TONR	记录一个位信号为 1 的累计时间（带有参数）
—(TP)	启动脉冲定时器
—(TON)	启动接通延时定时器
—(TOF)	启动关断延时定时器
—(TONR)	记录一个位信号为 1 的累计时间
—(RT)	复位定时器
—(PT)	加载定时时间

2.2.2 TON 指令

TON 指令就是接通延时定时器输出 Q 在预设的延时过后设置为 ON，其指令形式见图 2-10 所示，参数及其数据类型见表 2-4。参数 IN 从 0 跳变为 1 将启动定时器 TON。

PT（预设时间）和 ET（经过的时间）值以表示毫秒时间的有符号双精度整数形式存储在存储器中（见表 2-5）。Time 数据使用 T# 标识符，可以简单时间单元"T#200ms"或复合时间单元"T#2s_ 200ms（或 T#2s200ms）"的形式输入。

图 2-10 TON 指令

49

表2-4　TON 参数及数据类型

参数	数据类型	说明
IN	Bool	启用定时器输入
PT	Bool	预设的时间值输入
Q	Bool	定时器输出
ET	Time	经过的时间值输出
定时器数据块	DB	指定要使用 RT 指令复位的定时器

表2-5　Time 数据类型

数据类型	大小	有效数值范围
Time	32bit 存储形式	T# −24d_ 20h_ 31m_ 23s_ 648ms 到 T#24d_ 20h_ 31m_ 23s_ 647ms −2，147，483，648ms 到 +2，147，483，647ms

如图 2-11 所示，在指令窗口中选择"定时器操作"中的 TON 指令，并将之拖入到程序段中（见图 2-12），这时就会跳出一个"调用数据块"窗口，选择自动编号，则会直接生成 DB1 数据块；也可以选择手动编号，根据用户需要生成 DB 数据块。

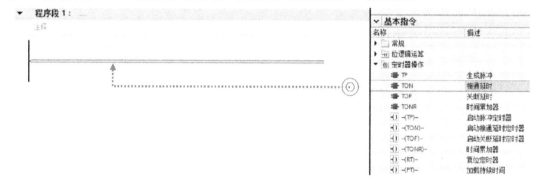

图 2-11　选择 TON 定时器操作

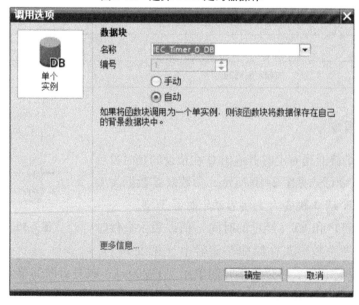

图 2-12　TON 指令调用数据块

在项目树的"程序块"中，可以看到自动生成的 IEC_ Timer_ 0_ DB［DB1］数据块，生成后的 TON 指令调用如图 2-13 所示。

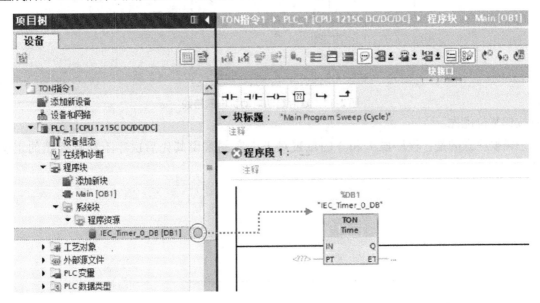

图 2-13 TON 指令调用示意

【实例 2-3】 用 TON 指令延时起动电动机

任务说明

某电动机在启动按钮 SB1 动作后 10s 之后才起动，在停止按钮 SB2 动作后立即停止，请用 TON 指令进行编程。

ex2-3

解决步骤

STEP1：定义输入/输出元件和电气接线

表 2-6 所示的输入元件包括 SB1 启动按钮和 SB2 停止按钮，均采取常开触点接线；输出元件包括接触器 KM1。具体电气接线如图 2-14 所示。

表 2-6 输入/输出元件及控制功能

	PLC 软元件	元件符号/名称
输入	I0. 0	SB1/启动按钮
	I0. 1	SB2/停止按钮
输出	Q0. 0	KM/接触器

STEP2：PLC 梯形图编程

图 2-15 所示为延时起动电动机 PLC 梯形图编程示意。

程序段 1：对中间变量 M10. 1 电动机起动信号定时 10s，输出为 Q0. 0。

程序段 2：采用启动按钮和停止按钮的 SR 触发器，输出为 M10. 1 电动机起动信号，停

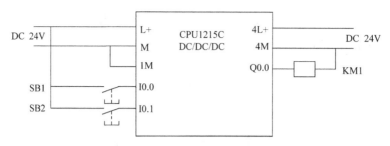

图 2-14　延时起动电动机电气接线

止按钮复位优先。

需要注意的是：程序段 1 和 2 的位置对于本实例来说其先后次序不影响程序的正确执行。

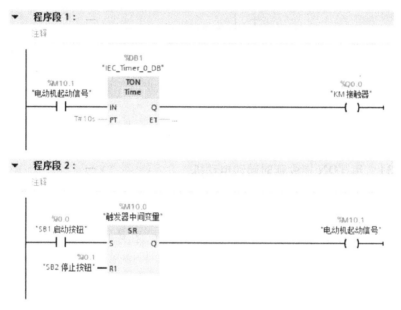

图 2-15　延时起动电动机 PLC 梯形图

STEP3：调试

为了更好地理解 TON 指令，图 2-16 所示为程序下载后的实时监控，即在 DB1 中实时读取当前的延时时间，如 T#3S_ 110MS。

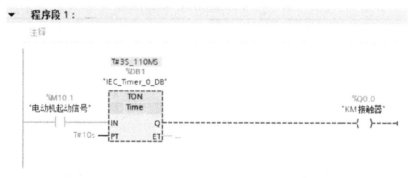

图 2-16　TON 指令实时监控

2.2.3 TOF 定时器

TOF 关断延时定时器指令的参数与 TON 相同，区别在于 IN 从 1 跳变为 0 将启动定时器。

【实例 2-4】 用 TOF 指令延时停止电动机

任务说明

某电动机在启动按钮 SB1 动作后立即起动，在停止按钮 SB2 动作后 10s 才停止，请用 TOF 指令进行编程。

ex2-4

解决步骤

STEP1：定义输入/输出元件和电气接线

与【实例 2-3】相同。

STEP2：PLC 梯形图编程

在【实例 2-3】的基础上，直接修改 TON 为 TOF 即可，其余不变，如图 2-17 所示。

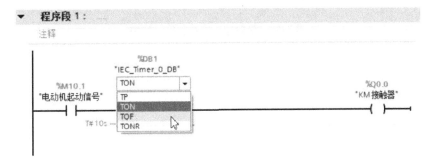

图 2-17 修改 TOF 指令

STEP3：调试

把程序下载到 PLC 后，可以进行在线监控，在电动机运行时按下停止按钮 SB2，M10.1 马上断开，TOF 定时器进行计时，但此时 Q0.0 仍处于接通状态（见图 2-18）。

2.2.4 TP 脉冲定时器

TP 脉冲定时器指令虽然参数格式与 TON、TOF 一致，但含义与接通延时和断电延时不同，它是在 IN 输入从 0 跳变到 1 之后，立即输出一个脉冲信号，其持续长度受 PT 值控制。图 2-19 所示为【实例 2-4】中修改 TOF 为 TP，其余语句不变。

图 2-20 所示为 TP 指令时序图，从图中可以看到：即使 TON 的 IN 信号还处于"1"状态，TP 指令输出 Q 在完成 PT 时长后，就不再保持为"1"；即使 TON 的 IN 信号为多个"脉冲"信号，输出 Q 也能完成 PT 时长的脉冲宽度。

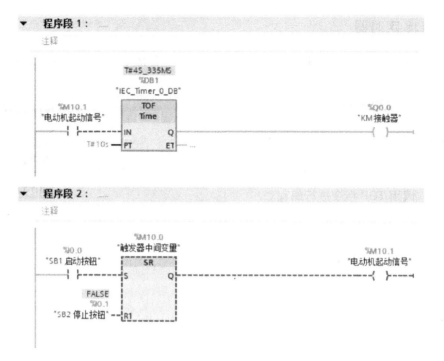

图 2-18　延时停止电动机实时监控

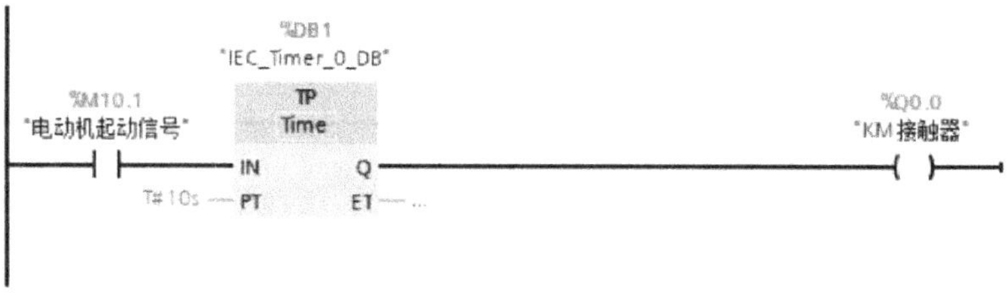

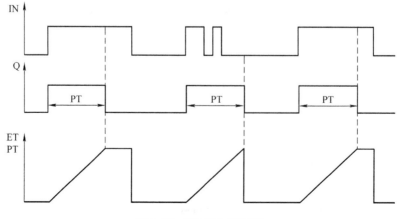

图 2-19　TP 指令应用

图 2-20　TP 指令时序图

2.2.5 TONR 时间累加器

TONR 指令如图 2-21 所示，与 TON、TOF、TP 相比增加了参数 R，相关的参数及数据类型见表 2-7。

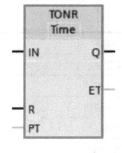

定时器数据块

图 2-21 TONR 指令

表 2-7 TONR 参数及数据类型

参数	数据类型	说 明
IN	Bool	启用定时器输入
R	Bool	将 TONR 经过的时间重置为零
PT	Bool	预设的时间值输入
Q	Bool	定时器输出
ET	Time	经过的时间值输出
定时器数据块	DB	指定要使用 RT 指令复位的定时器

图 2-22 所示为 TONR 的时序图，当 IN 信号不连续输入时，定时器 ET 的值一直在累计，直到定时时间 PT 到，ET 的值保持为 PT 值；当 R 信号 ON 时，ET 的值复位为零。

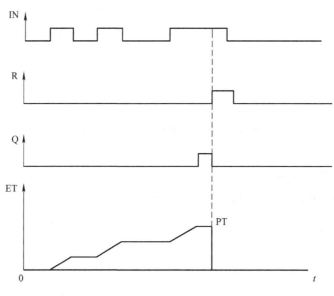

图 2-22 TONR 时序图

【实例 2-5】 用 TONR 指令统计设备运行时间

 任务说明

某设备所用的电动机在运行 100min 后要进行计时到指示，以便于维护人员进行停机检查。请用 TONR 指令进行编程。

ex2-5

🛠 解决步骤

STEP1：定义输入/输出元件和电气接线

表2-8所示为统计设备运行时间的输入/输出元件及控制功能，包括3个输入信号的按钮和输出接触器、指示灯。电气接线如图2-23所示。

表2-8　输入/输出元件及控制功能

	PLC 软元件	元件符号/名称
输入	I0.0	SB1/启动按钮
	I0.1	SB2/停止按钮
	I0.2	SB3/计时复位按钮
输出	Q0.0	KM/接触器
	Q0.1	HL1/运行累计时间到指示

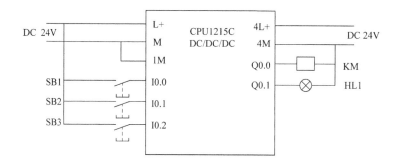

图2-23　统计设备运行时间电气接线

STEP2：PLC 梯形图编程

如图2-24所示为统计设备运行时间的梯形图。

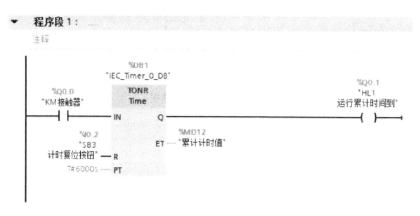

图2-24　统计设备运行时间梯形图

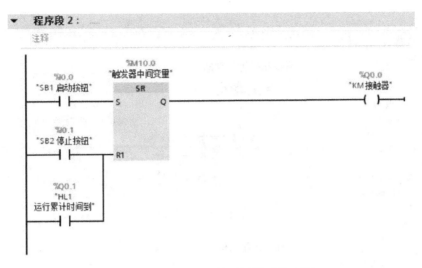

图2-24　统计设备运行时间梯形图（续）

程序段1：调用TONR对输入信号Q0.0（即接触器KM1）进行累计定时，100min时间一到即输出HL1指示灯Q0.1，该定时器可以通过SB3进行复位。

程序段2：调用SR触发器对输入信号SB1进行Q0.0置位，对停止按钮SB2和运行累计时间到信号HL1进行Q0.0复位，其中复位优先。

2.2.6　系统和时钟存储器的选用

在报警指示中经常会碰到"闪烁"的频率概念，用TON等定时器可以完成，但更便捷的方式就是采用博途软件自带的PLC"系统和时钟存储器"。

在图2-25中，选中PLC属性中所示的"系统和时钟存储器"，单击右边窗口的复选框"启用系统存储器字节"和"启用时钟存储器字节"，采用默认的MB1、MB0作为系统存储器字节、时钟存储器字节，也可以修改该2字节的地址。

将MB1设置为系统存储器字节后，该字节的M1.0～M1.3的意义如下：

1）M1.0（FirstScan）：仅在进入RUN模式的首次扫描时为1状态，以后为0状态。

2）M1.1（DiagStatusUpdate）：诊断状态已更改。

3）M1.2（Always TRUE）：总是为1状态，其常开触点总是闭合或高电平。

4）M1.3（Always FALSE）：总是为0状态，其常闭触点总是闭合或低电平。

时钟脉冲是一个周期内0状态和1状态所占的时间各为50%的方波信号，以M0.5为例，其时钟脉冲的周期为1s，如果用它的触点来控制接在某输出点的指示灯，指示灯将以1Hz的频率闪动，亮0.5s、熄灭0.5s。

因为系统存储器和时钟存储器不是保留的存储器，用户程序或通信可能改写这些存储单元，破坏其中的数据。应避免改写这两个M字节，保证它们的功能正常运行。指定了系统存储器和时钟存储器字节后，这些字节不能再作它用，否则将会使用户程序运行出错，甚至造成设备损坏或人身伤害。

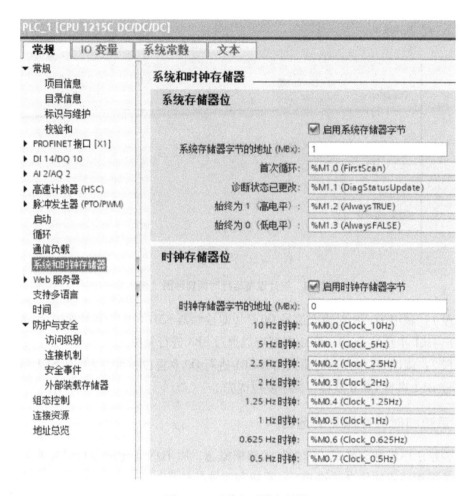

图2-25 系统和时钟存储器

【实例2-6】 用时钟存储器来编程指示灯闪烁

📝任务说明

如图2-26所示的指示灯HL1有两种闪烁方式，一种是当SB1按下时进行快闪，另外一种是当SB2按下时进行慢闪。当两个按钮同时按下时，指示灯HL1灭掉，然后进入待机状态，即按下SB1或SB2继续处于两种闪烁状态。请用时钟存储器来进行编程。

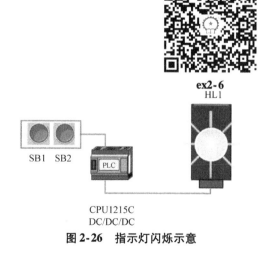

ex2-6

图2-26 指示灯闪烁示意

🔧解决步骤

STEP1：定义输入/输出元件和电气接线

指示灯闪烁实例包括2个按钮输入和1

个指示灯输出（见表2-9）。电气接线如图2-27所示。

表2-9 输入/输出元件及控制功能

	PLC 软元件	元件符号/名称
输入	I0.0	SB1/快闪按钮
	I0.1	SB2/慢闪按钮
输出	Q0.0	HL1/指示灯

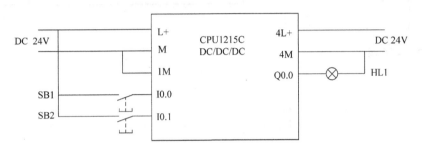

图2-27 指示灯闪烁电气接线

STEP2：PLC 梯形图编程

图2-28所示为指示灯闪烁梯形图，采用M0.2来作为快闪的时钟存储器，M0.7来作为慢闪的时钟存储器。

程序段1：按下SB1快闪按钮，则置位快闪中间变量M10.0，复位慢闪中间变量M10.1。

程序段2：按下SB2慢闪按钮，则置位慢闪中间变量M10.1，复位快闪中间变量M10.0。

程序段3：同时按下2个按钮时，则复位M10.0和M10.1，同时置位M10.2（即复位中间变量）。

程序段4：用2.5Hz表示快闪，用0.5Hz表示慢闪，在两种状态下输出指示灯。

程序段5：在同时按下2个按钮情况下，过2s后自动激活，运行再次进行慢闪或快闪动作。

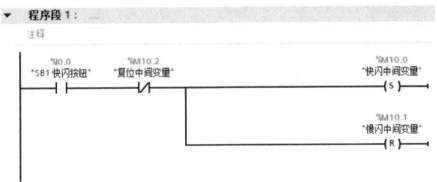

图2-28 指示灯闪烁梯形图

▼ 程序段 2：

注释

```
   %I0.1              %M10.2                                              %M10.1
"SB2 慢闪按钮"      "复位中间变量"                                        "慢闪中间变量"
   ─┤ ├──────────────┤/├────────────┬──────────────────────────────────────( S )──
                                     │
                                     │                                     %M10.0
                                     │                                     "快闪中间变量"
                                     └──────────────────────────────────────( R )──
```

▼ 程序段 3：

注释

```
   %I0.0              %I0.1                                               %M10.2
"SB1 快闪按钮"      "SB2 慢闪按钮"                                        "复位中间变量"
   ─┤ ├──────────────┤ ├────────────┬──────────────────────────────────────( S )──
                                     │
                                     │                                     %M10.1
                                     │                                     "慢闪中间变量"
                                     ├──────────────────────────────────────( R )──
                                     │
                                     │                                     %M10.0
                                     │                                     "快闪中间变量"
                                     └──────────────────────────────────────( R )──
```

▼ 程序段 4：

注释

```
   %M10.0             %M0.2                                               %Q0.0
"快闪中间变量"      "Clock_2.5Hz"                                         "HL1 指示灯"
   ─┤ ├──────────────┤ ├────────────┬──────────────────────────────────────( )───
                                     │
   %M10.1             %M0.7          │
"慢闪中间变量"      "Clock_0.5Hz"    │
   ─┤ ├──────────────┤ ├────────────┘
```

▼ 程序段 5：

注释

```
                        %DB1
                    "IEC_Timer_0_DB"
   %Q0.0              ┌──────────┐                                        %M10.2
"HL1 指示灯"          │   TON    │                                        "复位中间变量"
   ─┤/├───────────────┤  Time    ├────────────────────────────────────────( R )──
                      │          │
                      ┤ IN     Q ├
               T#2s ──┤ PT    ET ├── ...
                      └──────────┘
```

图 2-28 指示灯闪烁梯形图（续）

2.2.7 任意交替时钟的编程

ex2-7

【**实例 2-7**】 电动机往复运动控制

📋 **任务说明**

如图 2-29 所示电动机往复运动控制示意，KM1 正转 10s、KM2 反转 5s。当按下 FWD 按钮时，先正转再反转，往复运行，直至 STOP 按下；当按下 REV 按钮时，先反转 5s 再正转 10s，往复运行，直至 STOP 按下。请进行编程并调试。

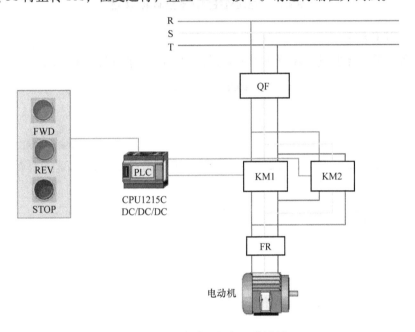

图 2-29 电动机往复运动控制

🔧 **解决步骤**

STEP1：定义输入/输出元件和电气接线

表 2-10 所示为输入/输出元件定义，控制回路的电气接线如图 2-30 所示。

表 2-10 输入/输出元件及控制功能

	PLC 软元件	元件符号/名称
输入	I0.0	FWD/正转按钮
	I0.1	REV/反转按钮
	I0.2	STOP/停止按钮
输出	Q0.0	KM1/正转接触器
	Q0.1	KM2/反转接触器

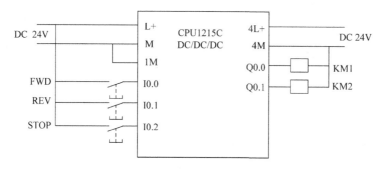

图 2-30　电动机往复运动控制电气接线

STEP2：PLC 编程

根据任务说明，需要进行设置 4 个定时器，梯形图具体如图 2-31 所示。

▼　**程序段 1：** 上电初始化或停止按钮后复位所有中间变量
主释

```
                                                              %M10.0
    %M1.0                                                    "正转启动中间变
  "FirstScan"                                                    量"
─────┤├─────┬──────────────────────────────────────────(RESET_BF)─
            │                                                    8
    %I0.2   │
"STOP 停止按钮"│
─────┤├─────┘
```

▼　**程序段 2：** 正向按钮
注释

```
                                                              %M10.0
    %I0.0          %M10.1                                    "正转启动中间变
 "FWD 正向按钮"  "反转启动中间变                                    量"
─────┤├──────────量"────┬───────────────────────────────────(S)───
                ─┤/├─────┤
                         │                                   %M10.4
                         │                                 "正向定时变量1"
                         └───────────────────────────────────(S)───
```

▼　**程序段 3：** 反向按钮
注释

```
                                                              %M10.1
    %I0.1          %M10.0                                    "反转启动中间变
 "REV 反向按钮"  "正转启动中间变                                    量"
─────┤├──────────量"────┬───────────────────────────────────(S)───
                ─┤/├─────┤
                         │                                   %M10.5
                         │                                 "反向定时变量1"
                         └───────────────────────────────────(S)───
```

图 2-31　电动机往复运动控制梯形图

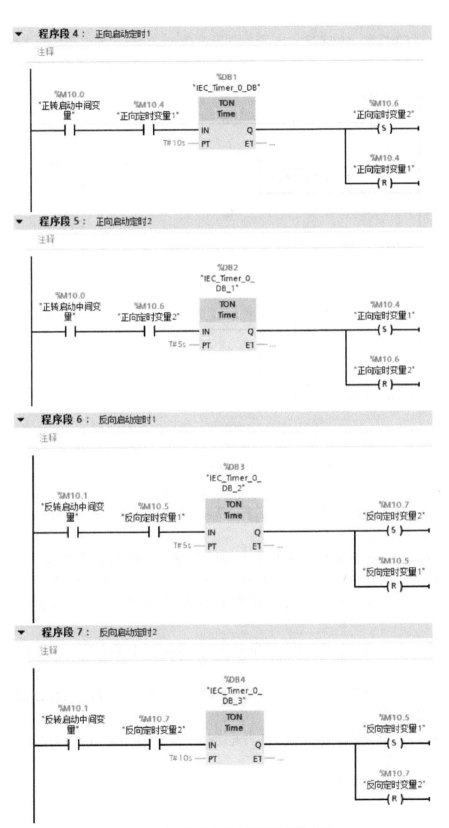

图 2-31　电动机往复运动控制梯形图（续）

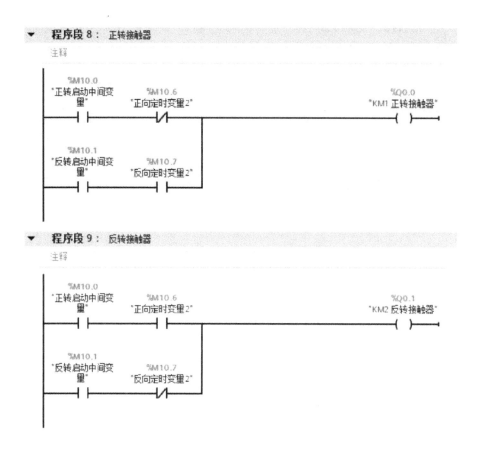

图2-31 电动机往复运动控制梯形图 （续）

程序段1：上电初始化或停止按钮后复位所有中间变量，这里采用RESET_BF指令连续复位M10.0 - M10.7。

程序段2：正向按钮动作时，置位正转起动中间变量、正向定时变量1。

程序段3：反向按钮动作时，置位反转起动中间变量、反向定时变量1。

程序段4和5：正向起动定时，采用两个定时器的PT值确定正向的正转时间和反转时间。

程序段6和7：反向起动定时，采用两个定时器的PT值确定反向的反转时间和正转时间。

程序段8：正转接触器Q0.0是由正转起动时的第一个定时时间和反转起动时的第二个定时时间变量构成。

程序段9：反转接触器Q0.1是由正转起动时的第二个定时时间和反转起动时的第一个定时时间变量构成。

Q0.0时序图如图2-32所示。

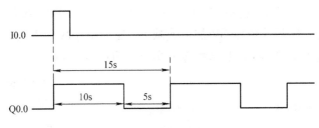

图 2-32　Q0.0 的时序图

2.3　计数器

2.3.1　计数器种类

S7 –1200 PLC 有 3 种计数器：加计数器（CTU）、减计数器（CTD）和加减计数器（CTUD）。它们属于软件计数器，其最大计数速率受到它所在的组织块执行速率的限制。如果需要速率更高的计数器，可以使用 CPU 内置的高速计数器。计数器指令如表 2-11 所示。

表 2-11　计数器指令

指令类型	说　明
CTU	加计数函数
CTD	减计数函数
CTUD	加/减计数函数

调用计数器指令时，需要生成保存计数器数据的单个实例数据块，如图 2-33 所示的

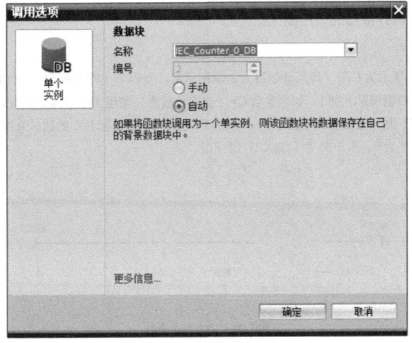

图 2-33　计数器调用选项

IEC_Counter_0_DB。在图2-34所示中，CU和CD分别是加计数输入和减计数输入，在CU或CD由0变为1时，实际计数值CV加1或减1；复位输入R为1时，计数器被复位，CV被清0，计数器的输入Q变为0。具体指令的参数说明见表2-12。

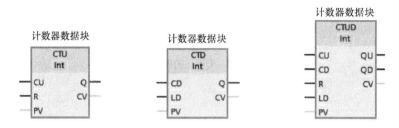

图2-34 三种计数器指令

表2-12 三种计数器指令参数说明

参数	数据类型	说　　明
CU、CD	Bool	加计数或减计数，按加或减1计数
R（CTU、CTUD）	Bool	将计数值重置为零
LOAD（CTD、CTUD）	Bool	预设值的装载控制
PV	SInt、Int、DInt、USInt、UInt、UDInt	预设计数值
Q、QU	Bool	CV > = PV 时为真
QD	Bool	CV < = 0 时为真
CV	SInt、Int、DInt、USInt、UInt、UDInt	当前计数值
计数器数据块	DB	—

2.3.2 三种计数器的时序图

1. CTU

图2-35所示为CTU（即加计数器）的应用示意。当I0.0（即参数CU）的值从0变为1时，CTU计数值MW10加1。如果参数CV（当前计数值）的值大于或等于参数PV（预设计数值）的值，则计数器输出参数Q = 1。如果I0.1（即复位参数R）的值从0变为1，则当前计数值复位为0。图2-36所示是CTU时序图。

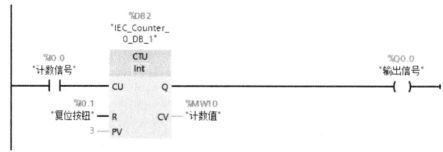

图2-35 CTU指令应用

2. CTD

图 2-37 所示为 CTD（即减计数器）的应用示意。当 I0.0（即参数 CD 的值）从 0 变为 1 时，CTD 计数值 MW10 减 1。如果参数 CV（当前计数值）的值等于或小于 0，则计数器输出参数 Q = 1。如果参数 LD 的值从 0 变为 1，则参数 PV（预设值）的值将作为新的 CV（当前计数值）装载到计数器。图 2-38 所示是 CTD 时序图。

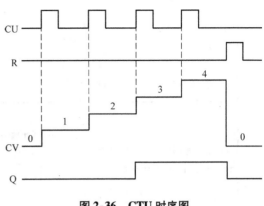

图 2-36　CTU 时序图

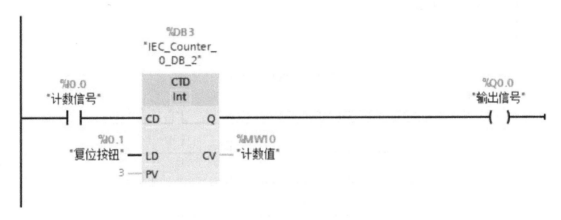

图 2-37　CTD 指令应用

3. CTUD

图 2-39 所示为 CTUD（即加减计数器）的应用示意。当 I1.0 加计数信号或 I1.1 减计数信号输入的值从 0 跳变为 1 时，CTUD 计数值加 1 或减 1。如果参数 CV（当前计数值）的值大于或等于参数 PV（预设值）的值，则计数器输出参数 QU = 1；如果参数 CV 的值小于或等于零，则计数器输出参数 QD = 1。如果 I1.3（即参数 LD）的值从 0 变为 1，

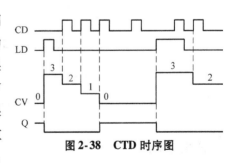

图 2-38　CTD 时序图

则参数 PV（预设值）的值将作为新的 CV（当前计数值）装载到计数器；如果 I1.2（即复位参数 R）的值从 0 变为 1，则当前计数值复位为 0。图 2-40 所示是 CTUD 时序图。

2.3.3　计数器实例

【实例 2-8】　旋转周数计数

ex2-8

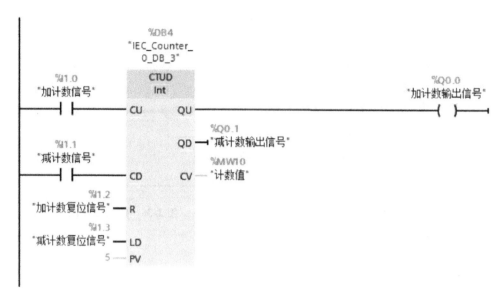

图2-39　CTUD指令应用

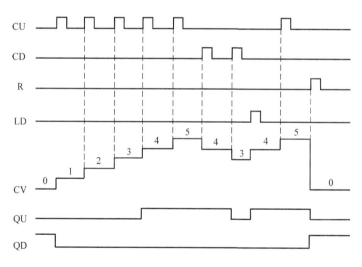

图2-40　CTUD时序图

任务说明

如图2-41所示为某设备旋转周数计数应用，该产品通过传感器输入I0.0进行计数，如果达到产量数为10时，指示灯Q0.0亮；如果达到产量数为15时，指示灯Q0.0闪烁；复位信号用按钮I0.1。

解决步骤

STEP1：定义输入/输出元件和电气接线

表2-13所示为输入/输出元件定义，控制回路的电气接线如图2-42所示。

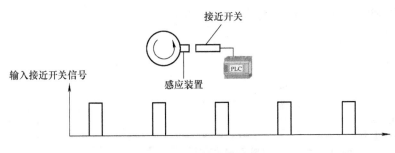

图 2-41   旋转周数计数

表 2-13   输入/输出元件及控制功能

	PLC 软元件	元件符号/名称
输入	I0.0	SQ1/接近开关
	I0.1	SB1/复位按钮
输出	Q0.0	HL1/指示灯

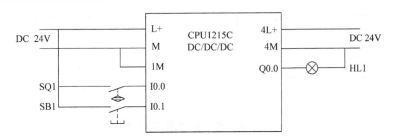

图 2-42   旋转周数计数电气接线

STEP2：PLC 梯形图编程

图 2-43 所示为旋转周数计数梯形图，需要进行设置 2 个计数器和 2 个定时器，其中计数器 1 用于计数 10 个（具体为程序段 1）；计数器 2 用于计数 15 个（具体为程序段 2）；定时器 1 和定时器 2 中设置不同的 PT 值，可以组成闪烁（振荡）电路（具体为程序段 3、程序段 4）。DB 块共有 4 个，分别是对应上述计数器和定时器。

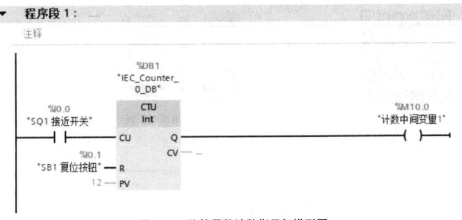

图 2-43   旋转周数计数指示灯梯形图

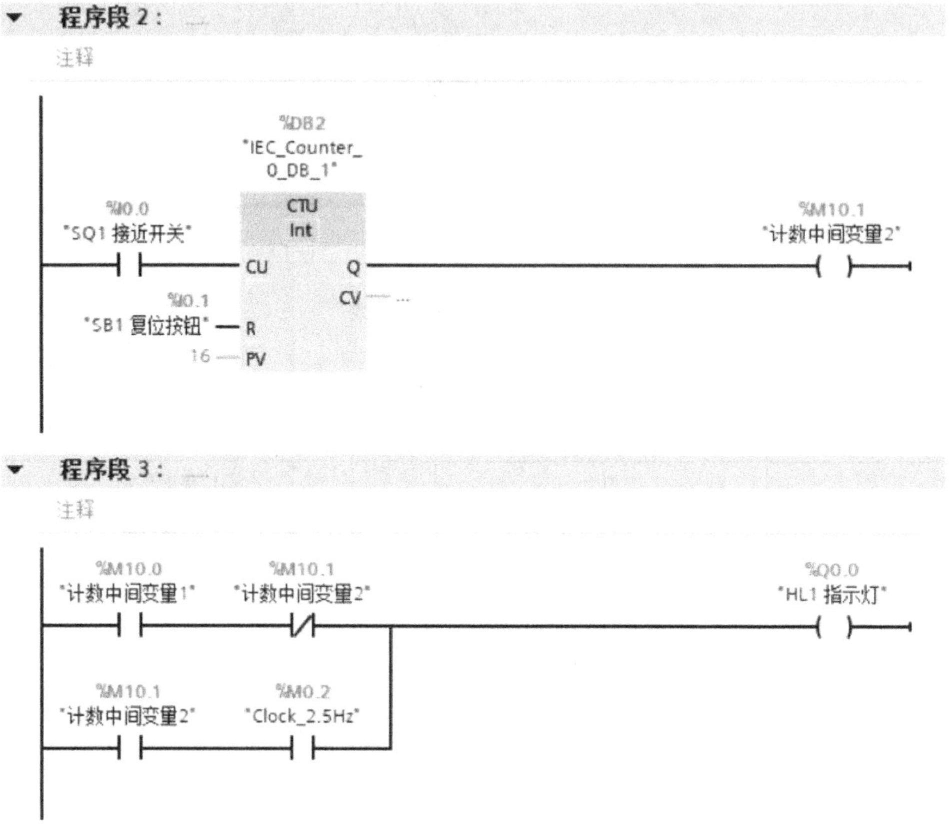

程序段2：

注释

%DB2
"IEC_Counter_
0_DB_1"

%I0.0
"SQ1 接近开关"　CU　　　　Q　　　%M10.1
CTU　　　　　　　　　　　　"计数中间变量2"
Int

%I0.1　　　　　　　　　　CV　…
"SB1 复位按钮"　R

16 — PV

程序段3：

注释

%M10.0　　　　　%M10.1　　　　　　　　　%Q0.0
"计数中间变量1"　"计数中间变量2"　　　　　　"HL1 指示灯"

%M10.1　　　　　%M0.2
"计数中间变量2"　"Clock_2.5Hz"

图2-43　旋转周数计数指示灯梯形图（续）

【实例2-9】 道闸控制系统

任务说明

现有一停车场，最多可容纳20台车。图2-44所示为道闸控制系统示意，包括进口处的传感器1、道闸栏杆电动机1（含正转到位限位和反转到位限位2个）、出口处的传感器2、道闸栏杆电动机2（含正转到位限位和反转到位限位2个）。请设计相应的电气接线，并进行PLC编程。

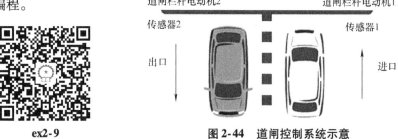

ex2-9

图2-44　道闸控制系统示意

解决步骤

STEP1：定义输入/输出元件和电气接线

表2-14为输入/输出元件定义及控制功能，图2-45为电气接线图。

表 2-14　输入/输出元件及控制功能

输入	功能	输出	功能
I0.0	SQ1，进口处光电开关	Q0.0	KM11，进口处电动机正转
I0.1	SQ2，出口处光电开关	Q0.1	KM12，进口处电动机反转
I0.2	SB1，复位按钮	Q0.2	KM21，出口处电动机正转
I0.3	SQ3，限位1（进口处电动机正转到位）	Q0.3	KM22，出口处电动机反转
I0.4	SQ4，限位2（进口处电动机反转到位）	Q0.4	HL1，指示灯
I0.5	SQ5，限位3（出口处电动机正转到位）		
I0.6	SQ6，限位4（出口处电动机反转到位）		

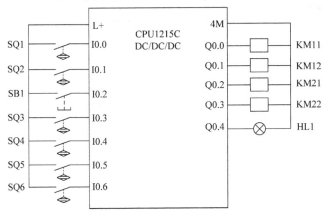

图 2-45　道闸控制系统电气接线

STEP2：PLC 梯形图编程

图 2-46 所示为梯形图，需要进行设置 1 个 CTUD（程序段 1），其中 CU 接进口处电动机反转的上升沿脉冲，CD 接出口处电动机反转的上升沿脉冲，来计算进入停车场的车辆数。

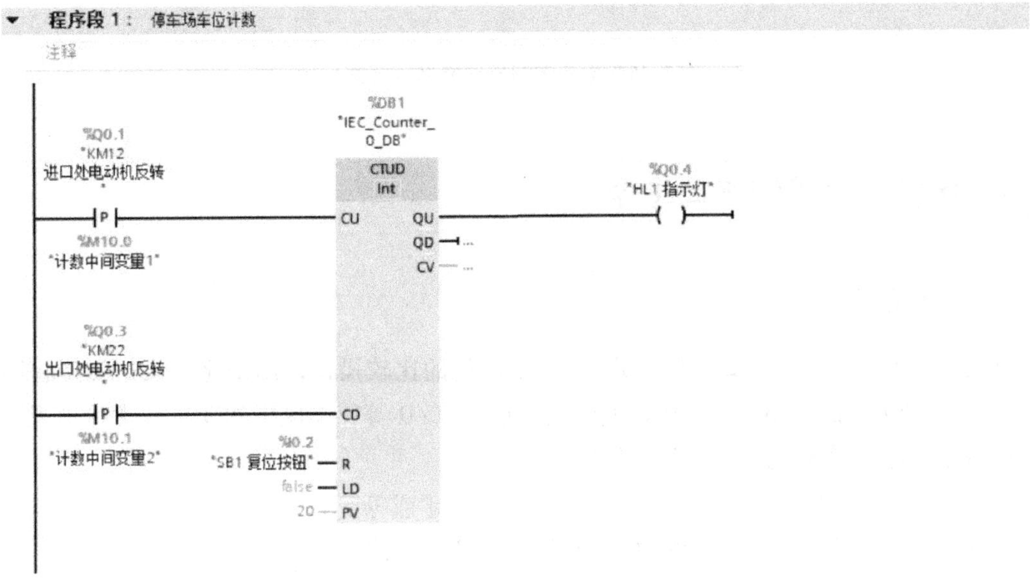

图 2-46　道闸控制系统梯形图

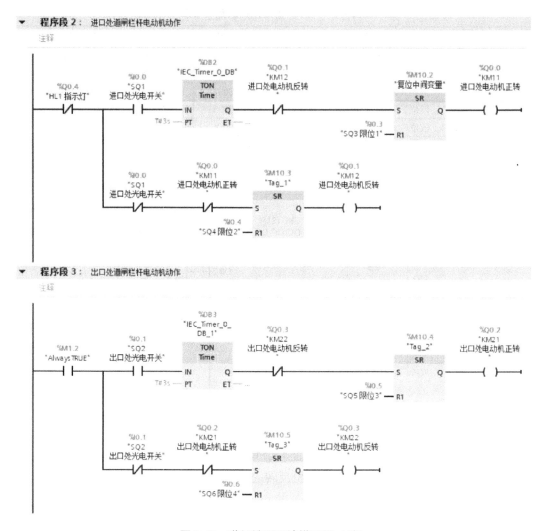

图 2-46　道闸控制系统梯形图（续）

2.4　比较、运算和移动指令

2.4.1　比较指令

见表 2-15 所示，S7 – 1200 PLC 共有 10 个常见的比较操作，用来比较数据类型相同的两个数 IN1 与 IN2 的大小，其操作数可以是 I/Q/M/L/D 等存储区中的变量或常量。当满足比较关系式给出的条件时，等效触点接通。

表 2-16 所示为等于、不等于、大于或等于、小于或等于、大于、小于共 6 种比较指令触点接通应满足条件，且要比较的两个值必须为相同的数据类型。

表2-15　比较指令

LAD 指令	说明	LAD 指令	说明
CMP ==	等于	CMP <	小于
CMP <>	不等于	IN_Range	值在范围内
CMP >=	大于或等于	OUT_Range	值超出范围
CMP <=	小于或等于	—|OK|—	检查有效性
CMP >	大于	—|NOT_OK|—	检查无效性

表2-16　比较指令触点

指令	关系类型	满足以下条件时比较结果为真
—| == |— ???	=（等于）	IN1 等于 IN2
—| <> |— ???	< >（不等于）	IN1 不等于 IN2
—| >= |— ???	> =（大于或等于）	IN1 大于或等于 IN2
—| <= |— ???	< =（小于或等于）	IN1 小于或等于 IN2
—| > |— ???	>（大于）	IN1 大于 IN2
—| < |— ???	<（小于）	IN1 小于 IN2

　　这里以"等于"比较指令为例进行说明：如图2-47a所示，可以使用"等于"指令确定第一个比较值（<操作数1>）是否等于第二个比较值（<操作数2>）。比较器运算指令可以通过指令右上角黄色三角的第一个选项来选择等于、大于等于等比较器类型（见图2-47b），也可以通过右下角黄色三角的第二个选项来选择数据类型，如整数、实数等（见图2-47c）。

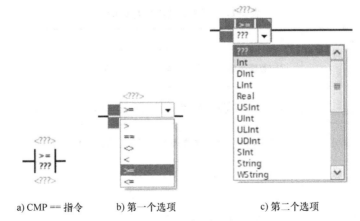

a) CMP == 指令　　　b) 第一个选项　　　c) 第二个选项

图2-47　比较器运算指令

（1）CMP＝＝：等于

可以使用"等于"指令判断第一个比较值（＜操作数1＞）是否等于第二个比较值（＜操作数2＞）。如果满足比较条件，则该指令返回逻辑运算结果（RLO）"1"。如果不满足比较条件，则该指令返回RLO"0"。

（2）CMP＜＞：不等于

使用"不等于"指令判断第一个比较值（＜操作数1＞）是否不等于第二个比较值（＜操作数2＞）。如果满足比较条件，则该指令返回逻辑运算结果（RLO）"1"。如果不满足比较条件，则该指令返回RLO"0"。

（3）CMP＞＝：大于或等于

可以使用"大于或等于"指令判断第一个比较值（＜操作数1＞）是否大于或等于第二个比较值（＜操作数2＞）。如果满足比较条件，则该指令返回逻辑运算结果（RLO）"1"。如果不满足比较条件，则该指令返回RLO"0"。

（4）CMP＜＝：小于或等于

可以使用"小于或等于"指令判断第一个比较值（＜操作数1＞）是否小于或等于第二个比较值（＜操作数2＞）。如果满足比较条件，则该指令返回逻辑运算结果（RLO）"1"。如果不满足比较条件，则该指令返回RLO"0"。

（5）CMP＞：大于

可以使用"大于"指令确定第一个比较值（＜操作数1＞）是否大于第二个比较值（＜操作数2＞）。如果满足比较条件，则该指令返回逻辑运算结果（RLO）"1"。如果不满足比较条件，则该指令返回RLO"0"。

（6）CMP＜：小于

可以使用"小于"指令判断第一个比较值（＜操作数1＞）是否小于第二个比较值（＜操作数2＞）。如果满足比较条件，则该指令返回逻辑运算结果（RLO）"1"。如果不满足比较条件，则该指令返回RLO为"0"。

除了上述的常见比较指令之外，还有其他变量比较指令，其类型与说明如表2-17所示。

表2-17　变量比较类型与说明

变量比较类型	说　　明
EQ_Type	比较数据类型与变量数据类型是否"相等"
NE_Type	比较数据类型与变量数据类型是否"不相等"
EQ_ElemType	比较ARRAY元素数据类型与变量数据类型是否"相等"
NE_ElemType	比较ARRAY元素数据类型与变量数据类型是否"不相等"
IS_NULL	检查EQUALS NULL指针

（续）

变量比较类型	说　明
🗇 NOT_NULL	检查 UNEQUALS NULL 指针
🗇 IS_ARRAY	检查 ARRAY
🗇 EQ_TypeOfDB	比较 EQUAL 中间接寻址 DB 的数据类型与某个数据类型
🗇 NE_TypeOfDB	比较 UNEQUAL 中间接寻址 DB 的数据类型与某个数据类型

2.4.2 移动指令

移动指令是将数据元素复制到新的存储器地址，并从一种数据类型转换为另一种数据类型，移动过程中不更改源数据。

1. MOVE（移动值）

如图 2-48 可以使用"MOVE（移动值）"指令将 IN 输入操作数中的内容传送给 OUT1 输出的操作数中。始终沿地址升序方向进行传送。如果使能输入 EN 的信号状态为"0"或 IN 参数的数据类型与 OUT1 参数的指定数据类型不对应时，则使能输出 ENO 的信号状态为"0"。表 2-18 所示为 MOVE 指令的参数。

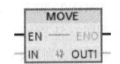

图 2-48　MOVE 指令

表 2-18　MOVE 指令的参数

参数	声明	数据类型	存储区	说明
EN	Input	Bool	I、Q、M、D、L	使能输入
ENO	Output	Bool	I、Q、M、D、L	使能输出
IN	Input	位字符串、整数、浮点数、定时器、DATE、Time、TOD、DTL、Char、STRUCT、ARRAY	I、Q、M、D、L 或常数	源值
OUT1	Output	位字符串、整数、浮点数、定时器、DATE、Time、TOD、DTL、Char、STRUCT、ARRAY	I、Q、M、D、L	传送源值中的操作数

在 MOVE 指令中，若 IN 输入端数据类型的位长度超出了 OUT1 输出端数据类型的位长度，则传送源值中多出来的有效位会丢失。若 IN 输入端数据类型的位长度小于 OUT1 输出端数据类型的位长度，则用零填充传送目标值中多出来的有效位。

在初始状态，指令框中包含 1 个输出（OUT1），可以鼠标单击图标 ⁂ 扩展输出数目。

在该指令框中，应按升序顺序排列所添加的输出端。执行该指令时，将 IN 输入端操作数中的内容发送到所有可用的输出端。如果传送结构化数据类型（DTL，STRUCT，ARRAY）或字符串（STRING）的字符，则无法扩展指令框。可以输出多个地址 OUT1、OUT2、OUT3等，如图 2-49 所示。

2. MOVE_BLK（块移动）指令

如图 2-50 所示，使用"MOVE_BLK（块移动）"指令，可将存储区（源区域）的内容移动到其他存储区（目标区域）。使用参数 COUNT 可以指定待复制到目标区域中的元素个数。可以通过 IN 输入端的元素宽度来指定待复制元素的宽度，并按地址升序顺序执行复制操作。

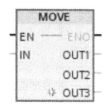

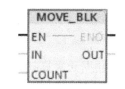

图 2-49　MOVE 指令的多个变量输出　　　图 2-50　MOVE_BLK 指令

3. UMOVE_BLK（无中断块移动）

使用图 2-51 所示的"UMOVE_BLK（无中断块移动）"指令，可将存储区（源区域）的内容连续复制到其他存储区（目标区域）。使用参数 COUNT 可以指定待复制到目标区域中的元素个数。可通过 IN 输入端的元素宽度来指定待复制元素的宽度。源区域内容沿地址升序方向复制到目标区域。

4. FILL_BLK（填充块）

图 2-52 所示的"FILL_BLK（填充块）"指令，用 IN 输入的值填充一个存储区域（目标区域）。将以 OUT 输出指定的起始地址，填充目标区域。可以使用参数 COUNT 指定复制操作的重复次数。执行该指令时，将 IN 输入的值，并以 COUNT 参数中指定的次数复制到目标区域。

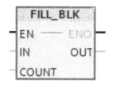

图 2-51　UMOVE_BLK 指令　　　　图 2-52　FILL_BLK 指令

5. SWAP（交换）

"SWAP（交换）"指令可以更改输入 IN 中字节的顺序，并在输出 OUT 中查询结果。图 2-53说明了如何使用"SWAP"指令交换数据类型为 DWORD 的操作数的字节。表 2-19所示为 SWAP 指令的参数。

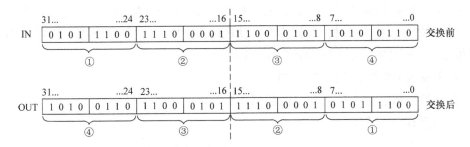

图 2-53 使用 SWAP 指令交换数据类型为 DWORD 的操作数的字节示意

表 2-19 SWAP 指令的参数

参数	声明	数据类型	存储区	说明
EN	Input	Bool	I、Q、M、D、L	使能输入
ENO	Output	Bool	I、Q、M、D、L	使能输出
IN	Input	Word, DWord	I、Q、M、D、L 或常数	要交换其字节的操作数
OUT	Output	Word, DWord	I、Q、M、D、L	结果

2.4.3 数学运算指令

在数学运算指令中，ADD、SUB、MUL 和 DIV 分别是加、减、乘、除指令，其操作数的数据类型可选 SInt、Int、DInt、USInt、UInt、UDInt 和 Real。在运算过程中，操作数的数据类型应该相同。

1. 加法 ADD 指令

加法 ADD 指令可以从 TIA 软件右边指令窗口的"基本指令"下的"数学函数"中直接添加（见图 2-54a）。使用 ADD 指令，根据图 2-54b 选择的数据类型，将输入 IN1 的值与输入 IN2 的值相加，并在输出 OUT（OUT = IN1 + IN2）处查询总和。

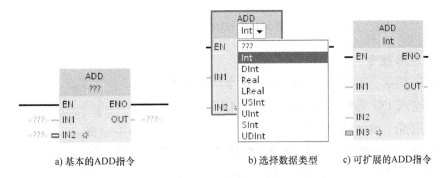

a) 基本的ADD指令　　　　b) 选择数据类型　　c) 可扩展的ADD指令

图 2-54 ADD 指令

在初始状态下，指令框中至少包含两个输入（IN1 和 IN2），可以鼠标单击图标 ✳ 扩展输入数目（见图 2-54c），在功能框中按升序对插入的输入进行编号，执行该指令时，将所有可用输入参数的值相加，并将求得的和存储在输出 OUT 中。

表2-20列出了ADD指令的参数。根据参数说明，只有使能输入EN的信号状态为"1"时，才执行该指令。如果成功执行该指令，使能输出ENO的信号状态也为"1"。如果满足下列条件之一，则使能输出ENO的信号状态为"0"：

1）使能输入EN的信号状态为"0"。

2）指令结果超出输出OUT指定的数据类型的允许范围。

3）浮点数具有无效值。

表2-20 ADD指令的参数

参数	声明	数据类型	存储区	说明
EN	Input	Bool	I、Q、M、D、L	使能输入
ENO	Output	Bool	I、Q、M、D、L	使能输出
IN1	Input	整数、浮点数	I、Q、M、D、L或常数	要相加的第一个数
IN2	Input	整数、浮点数	I、Q、M、D、L或常数	要相加的第二个数
INn	Input	整数、浮点数	I、Q、M、D、L或常数	要相加的可选输入值
OUT	Output	整数、浮点数	I、Q、M、D、L	总和

图2-55中举例说明了ADD指令的工作原理：如果操作数I0.0的信号状态为"1"，则将执行"加"指令，将操作数IW64的值与IW66的值相加，并将相加的结果存储在操作数MW0中。如果该指令执行成功，则使能输出ENO的信号状态为"1"，同时置位输出Q0.0。

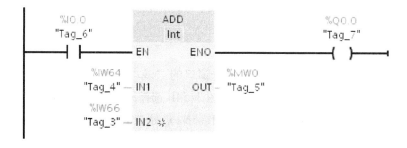

图2-55 ADD指令应用

2. 减法SUB指令

如图2-56所示，可以使用减法SUB指令从输入IN1的值中减去输入IN2的值并在输出OUT（OUT = IN1 – IN2）处查询差值。SUB指令的参数与ADD指令相同。

图2-57中举例说明了SUB指令的工作原理：如果操作数I0.0的信号状态为"1"，则将执行"减"指令，将操作数IW64的值减去IW66的值，并将结果存储在操作数MW0中。如果该指令执行成功，则使能输出ENO的信号状态为"1"，同时置位输出Q0.0。

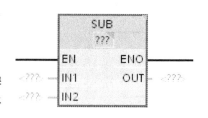

图2-56 SUB指令

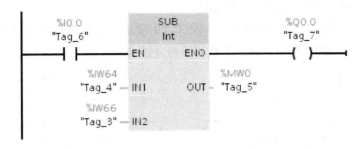

图 2-57   SUB 指令应用

3. 乘法 MUL 指令

如图 2-58 所示，可以使用乘法 MUL 指令将输入 IN1 的值乘以输入 IN2 的值，并在输出 OUT（OUT = IN1 * IN2）处查询乘积。同 ADD 指令一样，可以在指令功能框中展开输入的数字，并在功能框中以升序对相加的输入进行编号。表 2-21 为 MUL 指令的参数。

图 2-58   MUL 指令

表 2-21   MUL 指令的参数

参数	声明	数据类型	存储区	说明
EN	输入	Bool	I、Q、M、D、L	使能输入
ENO	输出	Bool	I、Q、M、D、L	使能输出
IN1	输入	整数、浮点数	I、Q、M、D、L 或常数	乘数
IN2	输入	整数、浮点数	I、Q、M、D、L 或常数	被乘数
INn	输入	整数、浮点数	I、Q、M、D、L 或常数	可相乘的可选输入值
OUT	输出	整数、浮点数	I、Q、M、D、L	乘积

图 2-59 举例说明了 MUL 指令的工作原理：如果操作数 I0.0 的信号状态为"1"，则将执行"乘"指令。将操作数 IW64 的值中乘以操作数 IN2 常数值"4"，相乘的结果存储在操作数 MW20 中。如果成功执行该指令，则输出 ENO 的信号状态为"1"，并将置位输出 Q0.0。

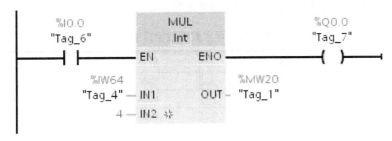

图 2-59   MUL 指令应用

4. 除法 DIV 和返回除法余数 MOD 指令

除法 DIV 和返回除法余数 MOD 指令如图 2-60 所示，前者是返回除法的商，后者是余数。需要注意的是，MOD 指令只有在整数相除时才能应用。

图 2-60　DIV 和 MOD 指令

图 2-61 举例说明了 DIV 和 MOD 指令的工作原理：如果操作数 I0.0 的信号状态为 "1"，则将执行 DIV 指令。将操作数 IW64 的值中除以操作数 IN2 常数值 "4"，商存储在操作数 MW20 中，余数则存储在操作数 MW30 中。

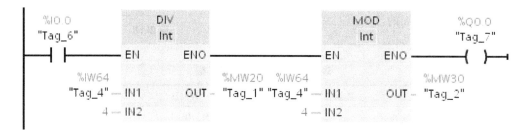

图 2-61　DIV 和 MOD 指令的应用

除了上述运算指令之外，还有 MOD、NEG、INC、DEC 和 ABS 等数学运算指令，具体说明如下：

1）MOD 指令：除法指令只能得到商，余数被丢掉，MOD 指令可以用来求除法的余数。

2）NEG 指令：将输入 IN 的值取反，保存在 OUT 中。

3）INC 和 DEC 指令：参数 IN/OUT 的值分别加 1 和减 1。

4）绝对值指令 ABS：求输入 IN 中有符号整数或实数的绝对值。

对于浮点数函数运算，其指令和对应的描述见表 2-22，需要注意的是，三角函数和反三角函数指令中的角度均为以弧度为单位的浮点数。

表 2-22　浮点数函数运算指令

指令	描述	指令	描述
SQR	平方	TAN	正切函数
SQRT	平方根	ASIN	反正弦函数
LN	自然对数	ACOS	反余弦函数
EXP	自然指数	ATAN	反正切函数
SIN	正弦函数	FRAC	求浮点数的小数部分
COS	余弦函数	EXPT	求浮点数的普通对数

2.4.4 其他数据指令

1. 转换操作指令

如果在一个指令中包含多个操作数，必须确保这些数据类型是兼容的。如果操作数不是同一数据类型，则必须进行转换，转换方式有两种。

1）隐式转换　如果操作数的数据类型是兼容的，由系统按照统一的规则自动执行隐式转换。可以根据设定的严格或较宽松的条件来进行兼容性检测，例如，块属性中默认的设置为执行 IEC 检测，这样自动转换的数据类型相对要少。编程语言 LAD、FBD、SCL 和 GRAPH 支持隐式转换。STL 编程语言不支持隐式转换。

2）显式转换　如果操作数的数据类型不兼容或者由编程人员设定转换规则时，则可以进行显式转换（不是所有的数据类型都支持显式转换），显式转换的指令参考表见表 2-23。

表 2-23　转换操作指令与说明

转换操作指令	说明	转换操作指令	说明
CONVERT	转换值	TRUNC	截尾取整
ROUND	取整	SCALE_X	缩放
CEIL	浮点数向上取整	NORM_X	标准化
FLOOR	浮点数向下取整		

2. 移位和循环指令

LAD 移位指令可以将输入参数 IN 中的内容向左或向右逐位移动；循环指令可以将输入参数 IN 中的全部内容循环地逐位左移或右移，空出的位用输入 IN 移出位的信号状态填充。该指令可以对 8、16、32 以及 64 位的字或整数进行操作，移位和循环指令参考表见表 2-24。

表 2-24　移位和循环指令与说明

移位和循环指令	说明	移位和循环指令	说明
SHR	右移	ROR	循环右移
SHL	左移	ROL	循环左移

字移位指令移位的范围为 0~15，双字移位指令移位的范围为 0~31，长字移位指令移位的范围为 0~63。对于字、双字和长字移位指令，移出的位信号丢失，移空的位使用 0 补足。例如，将一个字左移 6 位，移位前后位排列次序如图 2-62 所示。

带有符号位的整数移位范围为 0~15；双整数移位范围为 0~31；长整数移位指令移位的范围为 0~63。移位方向只能向右移，移出的位信号丢失，移空的位使用符号位补足。如整数为负值，符号位为 1；整数为正值，符号位为 0。例如，将一个整数右移 4 位，移位前

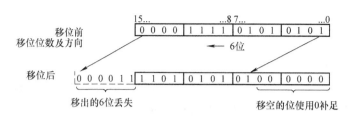

图 2-62　左移 6 位

后位排列次序如图 2-63 所示。

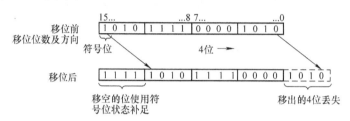

图 2-63　右移 4 位

3. 字逻辑运算指令

LAD 字逻辑指令可以对 BYTE（字节）、WORD（字）、DWORD（双字）或 LWORD（长字）逐位进行"与""或""异或"逻辑运算操作。"与"操作可以判断两个变量在相同的位数上有多少位为 1，通常用于变量的过滤，例如，一个字变量与常数 W#16#00FF 相"与"，则可以将字变量中的高字节过滤为 0；"或"操作可以判断两个变量中为 1 位的个数；"异或"操作可以判断两个变量有多少位不相同。字逻辑指令还包含编码解码等操作。字逻辑指令参考表见表 2-25。

表 2-25　字逻辑运算指令与说明

字逻辑运算指令	说明	字逻辑运算指令	说明
AND	"与"运算	ENCO	编码
OR	"或"运算	SEL	选择
XOR	"异或"运算	MUX	多路复用
INVERT	求反码	DEMUX	多路分用
DECO	解码		

2.4.5 数据指令应用实例

【实例 2-10】　用比较指令来实现交通灯控制

ex2-10

任务说明

某红绿灯控制时序图如图2-64所示，在按钮SB1启动之后，红灯先亮6s，然后绿灯亮6s，最后黄灯闪烁4s；反复循环，直至按钮SB2停止。请用PLC进行编程。

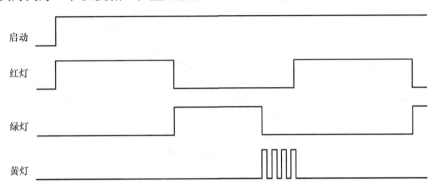

图2-64 交通灯控制时序图

解决步骤

STEP1：定义输入/输出元件和电气接线

表2-26所示是交通灯I/O表，其电气接线如图2-65所示。

表2-26 交通灯I/O表

输入	说明	输出	说明
I0.0	按钮SB1	Q0.0	红灯HL1
I0.1	按钮SB2	Q0.1	绿灯HL2
		Q0.2	黄灯HL3

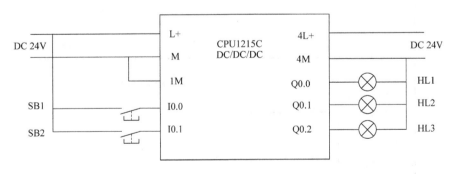

图2-65 交通灯控制电气接线

STEP2：程序编写

图2-66所示为交通灯控制MD20的时序图，主要采用了定时器数值的区间数据比较指令，即0~6s之间为红灯，6~12s之间是绿灯，12s之后是4s闪烁黄灯；依次循环。选用

TONR 的原因，是因为有复位参数，而其他计数器均没有。

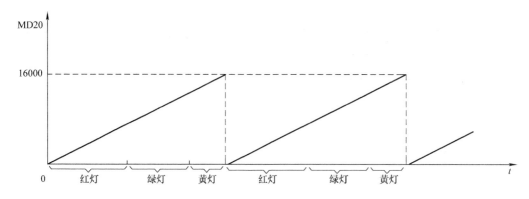

图 2-66 MD20 时序图

本实例重要的进行时间 Time 与 Dint 的转换，这里采用 CONV 指令，在图 2-67 所示的程序段 3 中将定时器的时间值转为双整数 MD20。

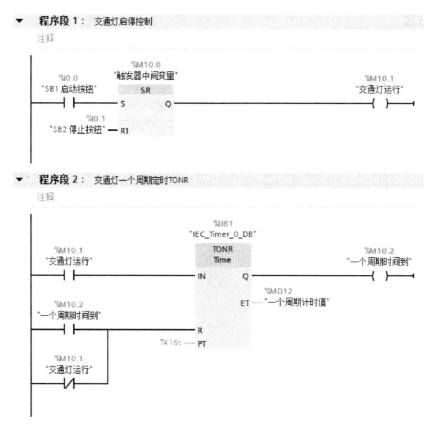

图 2-67 红绿灯控制梯形图

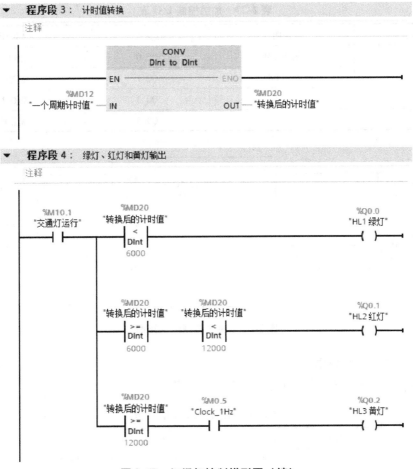

程序段3：计时值转换

注释

CONV
DInt to DInt
EN — ENO

%MD12
"一个周期计时值" — IN
OUT — %MD20
"转换后的计时值"

程序段4：绿灯、红灯和黄灯输出

注释

%M10.1
"交通灯运行"
%MD20
"转换后的计时值"
<
DInt
6000
%Q0.0
"HL1 绿灯"

%MD20
"转换后的计时值"
>=
DInt
6000
%MD20
"转换后的计时值"
<
DInt
12000
%Q0.1
"HL2 红灯"

%MD20
"转换后的计时值"
>=
DInt
12000
%M0.5
"Clock_1Hz"
%Q0.2
"HL3 黄灯"

图 2-67　红绿灯控制梯形图（续）

【实例 2-11】　不同模式的加热控制

📋 任务说明

　　共有 4 个加热器，按钮 SB1 为启动和模式切换按钮，SB2 为停止按钮。当启动时，加热控制模式先为 1，按钮 SB1 再次动作时，模式从 1 到 7 依次切换。加热控制模式共有 7 种，分别为模式 1 时，加热器 1 和 3 动作；模式 2 时，加热器 2 和 4 动作；模式 3 时，加热器 3 和 4 动作；模式 4 时，加热器 1 和 2 动作；模式 5 时，加热器 1、2、3 动作；模式 6 时，加热器 1、2、4 动作；模式 7 时，4 个加热器都动作；模式 7 之后循环到模式 1，直至 SB2 按下。请用 PLC 编程来实现加热控制。

ex2-11

🔧 解决步骤

STEP1：定义输入/输出元件和电气接线

I/O 表见表 2-27，电气接线如图 2-68 所示。

表 2-27 加热控制 I/O 表

输入	说明	输出	说明
I0.0	按钮 SB1	Q0.0	加热器1
I0.1	按钮 SB2	Q0.1	加热器2
		Q0.2	加热器3
		Q0.3	加热器4

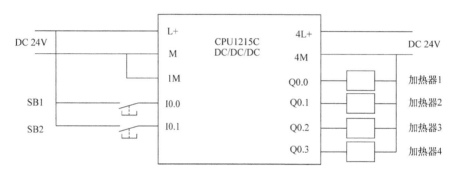

图 2-68 加热控制电气接线

STEP2：PLC 梯形图编程

根据要求列出表 2-28 所示的输出模式与 QB0 值。

表 2-28 输出模式与 QB0 值

加热器 4	加热器 3	加热器 2	加热器 1	模式	QB0 输出值
Q0.3	Q0.2	Q0.1	Q0.0	（字节 MB20）	
0	1	0	1	1	5
1	0	1	0	2	10
1	1	0	0	3	12
0	0	1	1	4	3
0	1	1	1	5	7
1	0	1	1	6	11
1	1	1	1	7	15

图 2-69 所示为不同模式加热控制的梯形图，主要采用了数据比较指令。

程序段 1：通过 MOVE 指令初始化加热模式和输出。

程序段 2：加热模式切换，其中当加热模式为 8，自动切换到 0，进入循环阶段。

程序段 3：加热停止时，既要将 MB20 设置为 0，也要关闭输出，即 QB0 设置为 0。

程序段 4：加热模式 1～7 时，根据表 2-28 所示的结果值输出到 QB0。

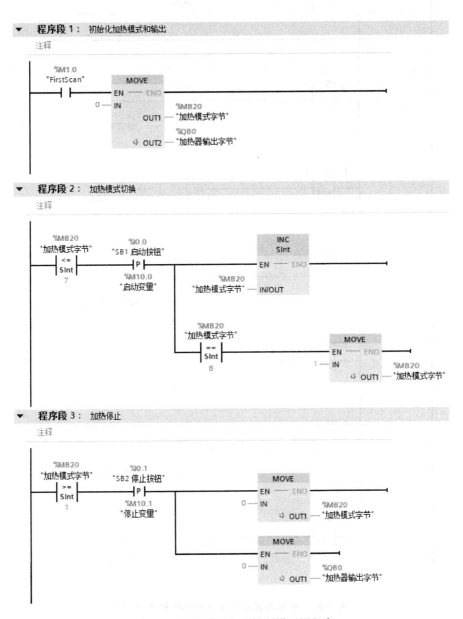

图 2-69　不同模式加热控制梯形图程序

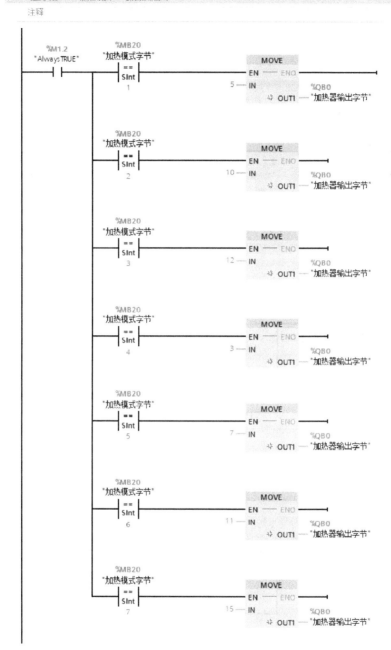

图2-69　不同模式加热控制梯形图程序（续）

第3章

触摸屏组态与复杂数据类型的应用

作为 PLC 控制系统的一个主要关联部件，触摸屏应用在替代开关、按钮、指示灯和数据输入等场合的操作现场，通过 PLC 与触摸屏之间的变量值交换，控制现场信息就可以直接显示在触摸屏上并受到触摸屏的控制。西门子精简系列触摸屏通过 PLCSIM 进行联合仿真，可以将 PLC 与触摸屏的综合编程结果一一呈现出来，这也是本章的亮点之一。除此之外，本章还介绍了由基本数据类型组合而成的复合数据类型，包括 STRING、ARRAY、STRUCT、DATE_AND_TIME 等，可以解决复杂工艺控制的 PLC 编程问题。

3.1 西门子精简系列触摸屏的初步应用

3.1.1 触摸屏概述

触摸屏又称人机界面（Human Machine Interface，HMI），主要应用于工业控制现场，常与 PLC 配套使用。可以通过触摸屏对 PLC 进行参数设置、数据显示，以及用曲线、动画等形式描述自动化控制过程。

触摸屏主要功能如下：

1）过程可视化。在触摸屏画面上动态显示过程数据。

2）操作员对设备的控制。操作员通过图形界面控制设备，例如，操作员可以通过触摸屏来修改设定参数或控制电动机等。

3）显示报警。设备的故障状态会自动触发报警并显示报警信息。

4）记录功能。记录过程值和报警信息。

5）配方管理。将设备的参数存储在配方中，可以将这些参数下载到 PLC 中。

西门子触摸屏产品主要分为精简系列面板（以下简称精简触摸屏）、精智面板和移动式面板，均可以通过博途软件进行组态，图 3-1 所示为触摸屏型号汇总。图 3-1 中，" 表示 in，1in = 0.0254m。

其中，精简触摸屏是面向基本应用的触摸屏，适合与 S7 – 1200 PLC 配合使用，常用型

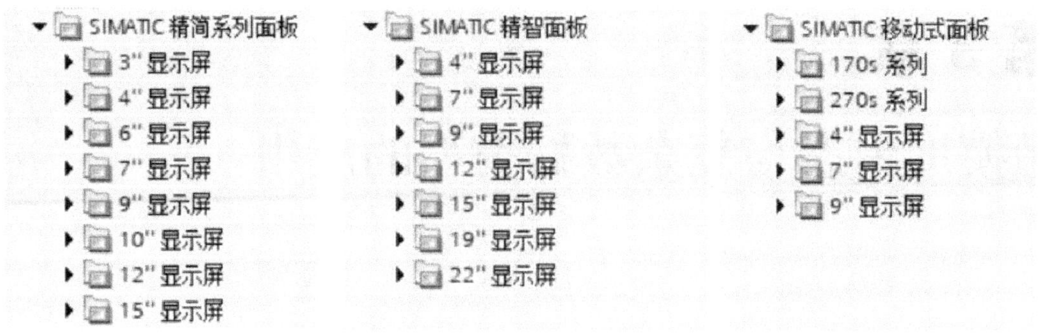

图 3-1　西门子触摸屏型号汇总

号见表 3-1。

表 3-1　精简触摸屏常用型号

型号	屏幕尺寸/in[①]	可组态按键	分辨率	网络接口
KTP400 Basic	4.3	4	480×272	PROFINET
KTP700 Basic	7	8	800×480	PROFINET
KTP700 Basic DP	7	8	800×480	PROFIBUS DP
KTP900 Basic	9	8	800×480	PROFINET
KTP1200 Basic	12	10	1280×800	PROFINET
KTP1200 Basic DP	12	10	1280×800	PROFIBUS DP

①1 in = 0.0254m。

3.1.2　西门子 KTP 精简触摸屏介绍

一个博途项目可同时包含 PLC 和触摸屏 HMI 程序，且 PLC 和 HMI 的变量可以共享，它们之间的通信也非常简单，如图 3-2 所示为触摸屏与组态计算机、S7-1200 CPU 之间的 PROFINET 连接示意。

西门子 KTP 精简系列触摸屏主要带有 PROFINET 接口，并支持用于调试和诊断的 PROFINET 基本功能、标准以太网通信等两种通信方式。图 3-3 所示为精简系列 KTP700 Basic PN 触摸屏（默认写法为：KTP700 Basic）的外观示意，具体部位名称如下：①电源接口；②USB 接口；③PROFINET 接口；④装配夹的开口；⑤显示/触摸区域；⑥嵌入式密封件；⑦功能键；⑧铭牌；⑨功能接地的接口；⑩标签条导槽。

除此之外，精简系列 KTP700 Basic DP 触摸屏的接口信号为 PROFIBUS DP 接口，与 KTP700 Basic PN 不同的地方就是图 3-4 所示的 KTP700 Basic DP 触摸屏下底面，其部件具体为：①电源接口；②RS 422/RS 485 接口；③USB 接口。

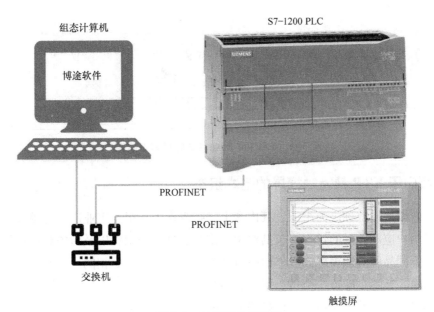

图3-2　触摸屏连接示意

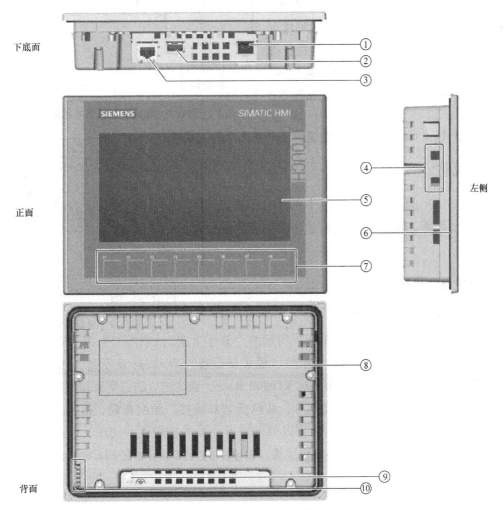

图3-3　KTP700 Basic PN 触摸屏外观

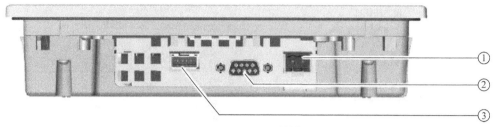

图 3-4 KTP700 Basic DP 触摸屏下底面

3.1.3 西门子 KTP 精简触摸屏的基本组态

触摸屏的编程通常称之为组态，其内涵上是指操作人员根据工业应用对象及控制任务的要求，配置用户应用软件的过程，包括对象的定义、制作和编辑以及对象状态特征属性参数的设定等。不同品牌的触摸屏或操作面板所开发的组态软件不尽相同，但都会具有一些通用功能，如画面、标签、配方、上传、下载、仿真等。

触摸屏组态的目的在于操作与监控设备或过程，因此用户应尽可能精确地在界面上映射设备或过程。触摸屏与机器或过程之间通过 PLC 等外围连接设备利用变量进行通信，变量值写入 PLC 上的存储区域或地址，由触摸屏从该区域读取，基本示意如图 3-5所示。

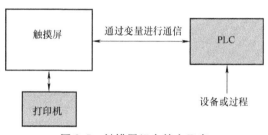

图 3-5 触摸屏组态基本示意

【实例 3-1】 KTP900 Basic 触摸屏两个画面之间的切换

📝 **任务说明**

KTP900 Basic 触摸屏共设置两个画面，即根画面和画面 0，两个画面之间可以通过按钮进行相互切换，如图 3-6所示。

ex3-1

🔧 **解决步骤**

STEP1：触摸屏组态向导

图 3-6 画面切换示意

第一次使用触摸屏可以采用图 3-7 所示的"新手上路"，单击"组态 HMI 画面图 3-8中，"3"显示器"后进入图 3-8 所示的"添加新设备"表示 3in 显示器，1in = 0.0254m，其余亦同。画面，选择本实例中用到的 KTP900 Basic，确认相应的订货号和版本号。

再次确定后，即进入 HMI 设备向导，共包括 PLC 连接、画面布局、报警、画面、系统画面和按钮共 6 个步骤。这 6 个步骤可以单击"下一步"按钮逐一完成，也可以直接单击"完成"按钮。图 3-9 所示为 PLC 连接步骤，由于本次实例不用连接 PLC，因此可以直接单击"下一步"按钮。

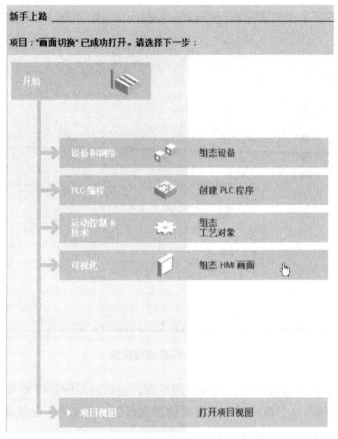

图 3-7　"新手上路"组态 HMI 画面

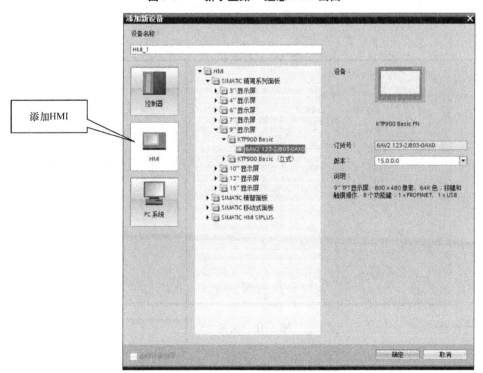

图 3-8　添加新设备 KTP900 Basic

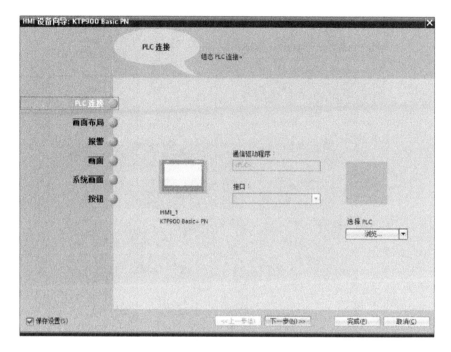

图 3-9　PLC 连接选择

图 3-10 所示为 HMI 设备向导的画面布局步骤，包括画面的分辨率和背景色、页眉等信息，可以随时在"预览"小窗口显示其设置的画面布局。本实例不设置画面布局。

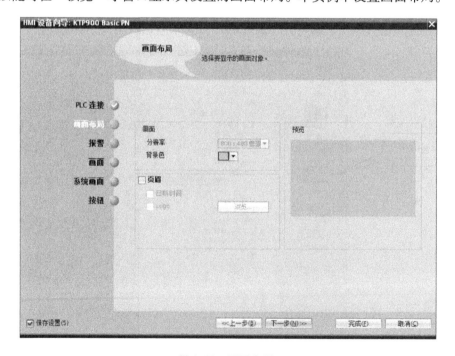

图 3-10　画面布局

单击"下一步"按钮，进入图 3-11 所示的报警步骤，包括未确认的报警、未决报警和未决的系统事件 3 个报警类型。本实例不选择。

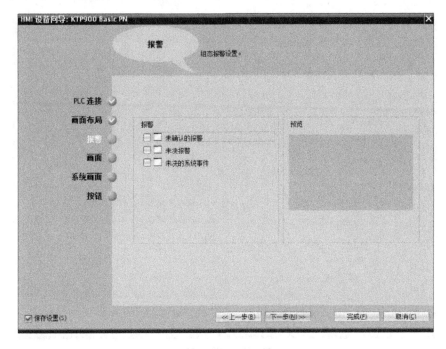

图 3-11　组态报警设置

单击"下一步"按钮，进入图 3-12 所示的添加画面步骤，包括添加画面、重命名、删除所有画面等。本实例在"根画面"的基础上添加"画面 0"。

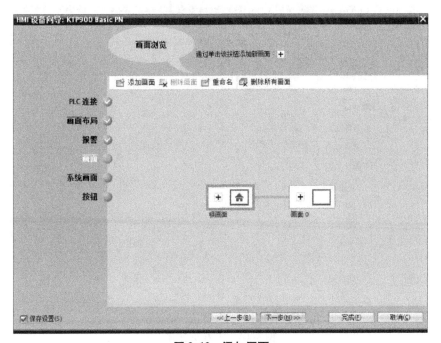

图 3-12　添加画面

单击"下一步"按钮，进入图 3-13 所示的系统画面步骤，包括系统诊断视图、项目信息、用户管理、系统信息、操作模式、语言切换、停止系统运行等。本实例不选择。

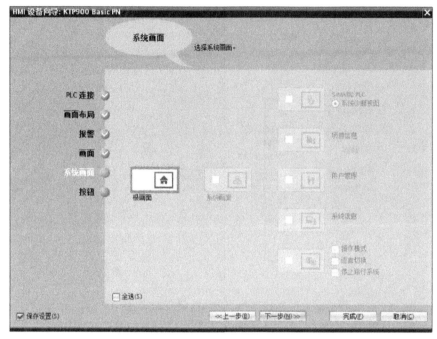

图 3-13　系统画面

单击"下一步"按钮，进入图 3-14 所示的 HMI 按钮步骤，包括用于选择切换起始画面、登录、语言、退出等系统按钮，也用于选择左、下、右等按钮区域。本实例不选择。

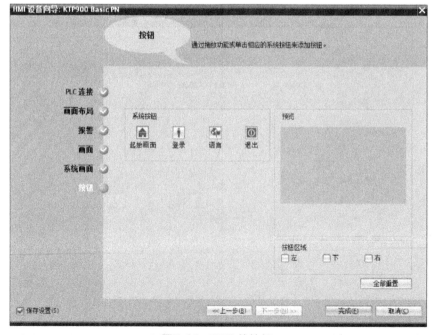

图 3-14　HMI 的按钮

等以上 6 个步骤完成之后，就会出现图 3-15 所示的完成后的根画面。

图 3-15　完成后的根画面

STEP2：定义按钮事件的函数

图 3-16 所示是本实例的两个画面，包括根画面和画
面 0，在 HMI 设备向导中，已经完成了画面的切换功能。
图 3-17 所示为根画面中默认的按钮释放事件。对于按钮
而言，它有单击、按下、释放、激活、取消激活、更改等
事件，每个事件都可以选择不同的函数，在 HMI 设备向
导的画面创建步骤中，默认的设置是"激活屏幕"。用户
也可以选择其他的函数，如图 3-18 所示的报警、编辑位、
画面、画面对象的键盘操作、计算脚本、键盘、历史数
据等。

图 3-16　画面选择

对于画面 0 中的另外一个按钮 $\boxed{\text{向前}}$，其默认定义为"激活屏幕→根画面"，即单击
该按钮，即可返回到根画面。

STEP3：HMI 设备组态

如图 3-19 所示进行 HMI 设备组态，根据 HMI 和 PC 在同一个 IP 频段但不同地址的原
则，可以设置为"192.168.0.2"。

STEP4：HMI 通电并进行 PROFINET 设备的网络设置

将实体 HMI 通电之后，显示 Start Center（见图 3-20），单击"Settings"按钮打开用于
对 HMI 进行参数化的设置，具体包括：1）系统设置（服务与调试、日期与时间、声音、系
统控制信息）；2）传送、网络与互联网（网络接口、传送设置、互联网设置）；3）显示与

操作（触摸、显示与屏保）（见图3-21）。

Start Center分为导航区和工作区。如果设备配置为横向模式，则导航区在屏幕左侧，工作区在右侧。如果设备配置为纵向模式，则导航区在屏幕上方，工作区在下方。

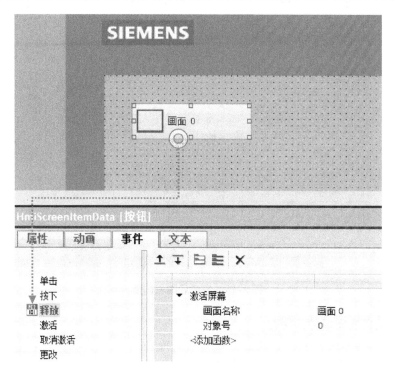

图3-17　默认的按钮释放事件

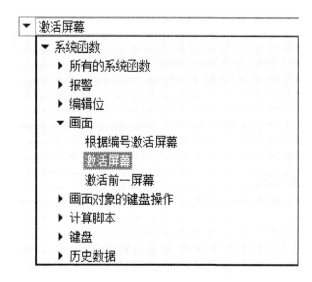

图3-18　事件相关的系统函数

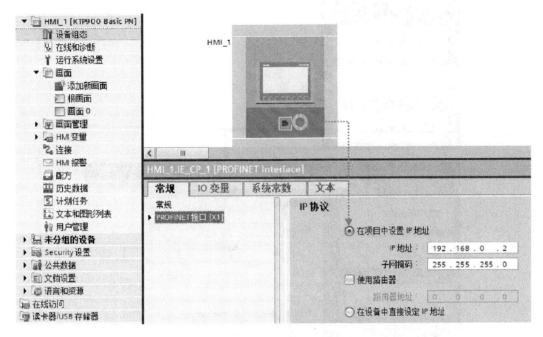

图 3-19　HMI 设备组态

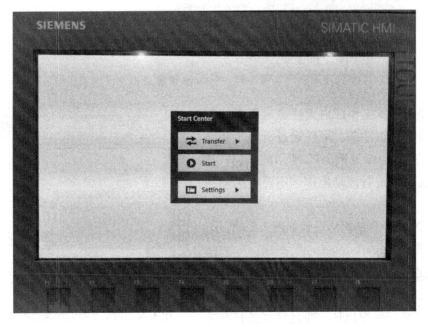

图 3-20　HMI 通电

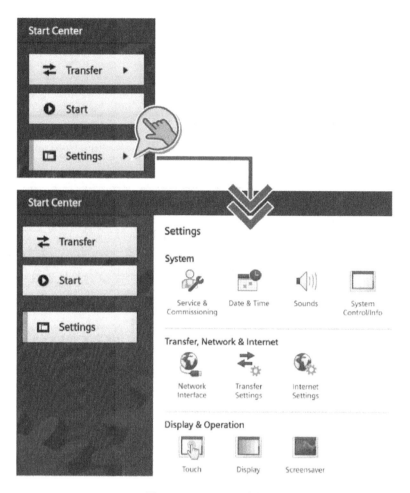

图 3-21　Settings 设置

如果导航区或工作区内无法显示所有按钮或符号，将出现滚动条。可以通过滑动手势滚动导航或工作区，参见图 3-22 所示的图例。请在标记的区域内进行滚动操作，不要在滚动条上操作。

PROFINET 设备的网络设置如图 3-23 所示：

① 触摸"Network Interface"图标。

② 在通过"DHCP"自动分配地址和特别指定地址之间进行选择。

③ 如果自行分配地址，通过屏幕键盘在输

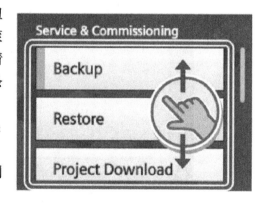

图 3-22　滑动手势滚动导航区或工作区

入框"IP address"（本实例中为 192.168.0.2，与博途组态的地址必须保持一致）和"Subnet mask"（本实例中为 255.255.255.0）中输入有效的值，根据网络配置情况选填"Default gateway"（本实例不需要填写）。

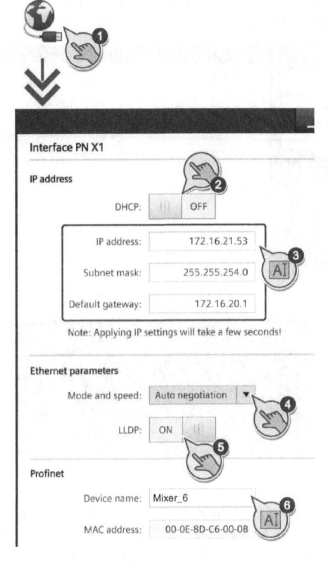

图 3-23 PROFINET 设备的网络设置

④ 在"Ethernet parameters"下的选择框"Mode and speed"中选择 PROFINET 网络的传输率和连接方式。有效数值为 10Mbit/s 或 100Mbit/s 和"HDX"（半双工）或"FDX"（全双工）。如果选择"Auto Negotiation"，将自动识别和设定 PROFINET 网络中的连接方式和传输率。

⑤ 如果激活开关"LLDP"，则本 HMI 与其他 HMI 交换信息。

⑥ 在"Profinet"下的"Device name"框中输入 HMI 设备的网络名称。

STEP5：下载并调试

将实体 HMI 画面切换到 Transfer，单击进入后为等待传送画面，既可以采用 PROFINET 传送，也可以采用 USB 传送，如图 3-24 所示。本实例采用 PROFINET 传送，其中 PC 的 IP

地址为 192. 168. 0. 100，与 HMI 的 IP 地址 192. 168. 0. 2 处于同一个频段内，可以通过 ping 来进行测试是否连通（见图 3-25）。

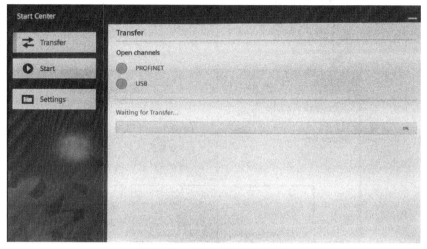

图 3-24　HMI 等待传送画面

图 3-25　HMI 的 IP 地址测试

进入博途软件，如图 3-26 所示，单击 HMI_1 右键，选择"下载到设备→软件（全部下载）"，此时会弹出图 3-27 所示的"扩展的下载到设备"窗口，如同 PLC 下载一样，开始搜索目标设备，直至找到实际的 HMI 设备，即 IP 地址为 192. 168. 0. 2 的 hmi_1。然后单击"下载"按钮，出现图 3-28 所示的"下载预览"，选择"全部覆盖"后进行下载，此时如图 3-24 所示的 HMI 等待传送画面中的绿色进度条从 0% 变化到 100%，最后进入"Start"画面，即如图 3-29 所示的根画面实际效果。

在根画面中，单击"□画面 0"按钮后即可进入如图 3-30 所示的画面 0 实际效果，在该画面中单击"向后"按钮即可回到根画面，表示调试结束。

【实例 3-2】　KTP900 Basic 触摸屏控制电动机延时起动

任务说明

在 KTP900 Basic 触摸屏上单击 HMI 启动按钮 后，电动机进行延时 5s 起动，起动后的电动机接触器状态在触摸屏上进行指示灯显示，单击 HMI 停止按钮 后，电动机立即停止。

ex3-2

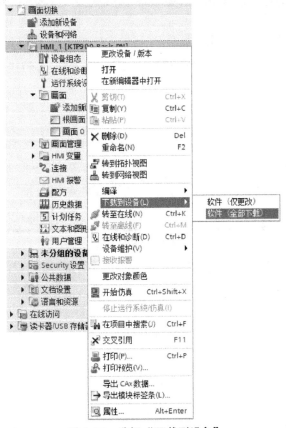

图 3-26 选择"下载到设备"

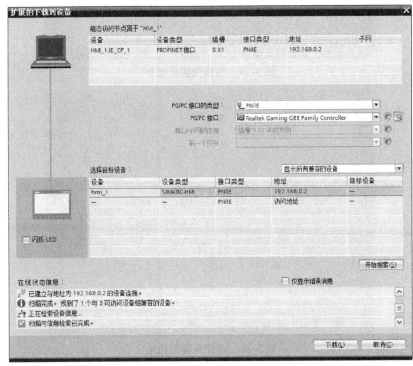

图 3-27 选择目标设备

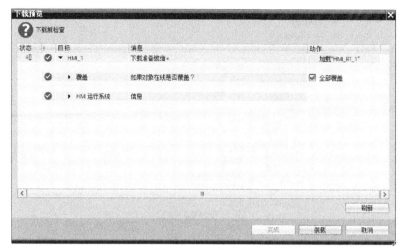

图 3-28 下载预览

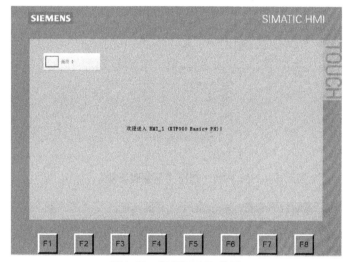

图 3-29 根画面实际效果

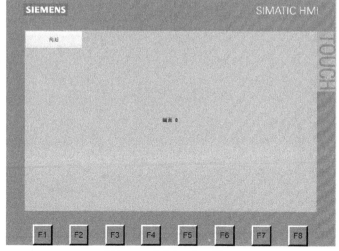

图 3-30 画面 0 实际效果

解决步骤

STEP1：电气接线

图 3-31 所示触摸屏控制电动机延时起动电气接线，其中触摸屏与 PLC 之间用 PN 相连。

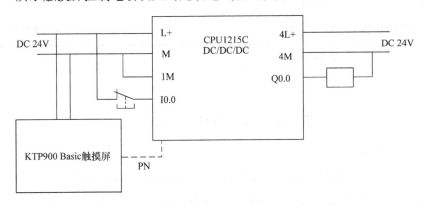

图 3-31　触摸屏控制电动机延时起动电气接线

STEP2：PLC 梯形图编程

新建或打开博途项目，配置好 PLC 硬件（CPU1215C DC/DC/DC），并将变量表和程序输入该项目中。表 3-2 所示为变量定义表，图 3-32 所示为梯形图。

表 3-2　变量定义表

名称	HMI 启动按钮	HMI 停止按钮	紧急停止按钮	正转接触器	启动延时变量 1	启动延时变量 2
数据类型	Bool	Bool	Bool	Bool	Bool	Bool
地址	M10.0	M10.1	I0.0	Q0.0	M11.0	M11.1

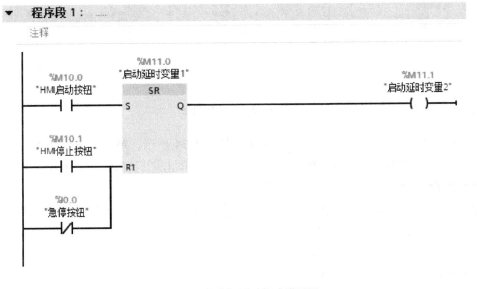

图 3-32　电动机延时起动梯形图

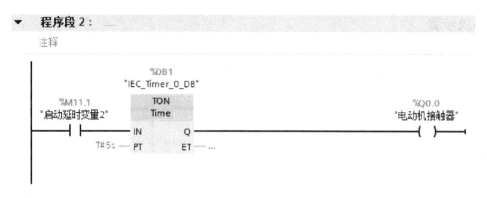

图 3-32　电动机延时起动梯形图（续）

STEP3：触摸屏组态

如图 3-33 所示，在项目树中，添加新设备——KTP900 Basic 触摸屏。这个步骤与【实例 3-1】略有不同。但单击"确定"按钮后，同样进入 HMI 设备向导。图 3-33 中，3″显示屏表示 3in 显示屏，in = 0.0254m，其余亦同。

图 3-33　添加新设备

在 HMI 设备向导中，这次需要选择 PLC，如图 3-34 所示，单击"浏览"按钮后会出现整个项目树中的所有 PLC，本实例中选择"PLC_1"，单击☑后即可出现图 3-35 所示的 PLC 与 HMI 的通信参数。

此后可以按照 HMI 设备向导进行，也可以直接单击"完成"按钮。在项目树"设备和网络"中可以看到图 3-36 所示的 PN/IE 通信连接示意，即 PLC 与 HMI 之间自动连接 PROFINET 网络，并建立了 PN/IE_1 连接。

STEP4：触摸屏的画面组态

如图 3-37 所示为根据 HMI 设备向导建立的根画面。

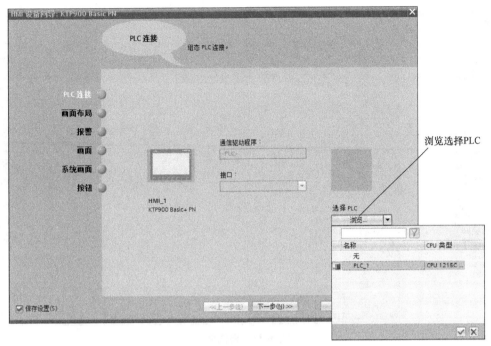

图 3-34　PLC 连接的选择

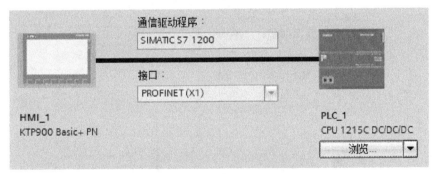

图 3-35　PLC 与 HMI 的通信参数

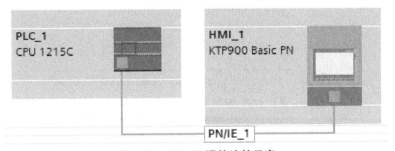

图 3-36　PN/IE 通信连接示意

图 3-38 所示为触摸屏常见的基本对象、元素、控件和图形等工具箱。本实例中触摸屏的画面组态就是将需要表示过程的基本对象等插入到画面，并对该对象进行组态，使之符合过程要求。

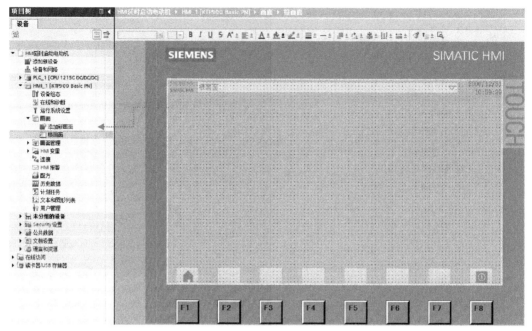

图 3-37 根画面

图 3-38 工具箱

　　根据实例要求，选择按钮作为触摸屏对电动机的起动与停止之用。图3-39所示是从工具箱的元素中把按钮拖曳至画面。在将按钮放置到触摸屏画面中的某一个位置后，可以设置该按钮的相关属性（见图3-40），比如文本标签，输入"HMI启动按钮"字符，表示该按钮可以起动现场电动机。

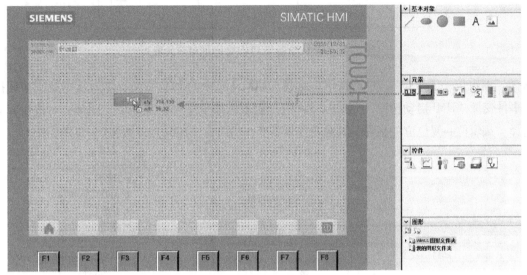

图3-39　添加按钮

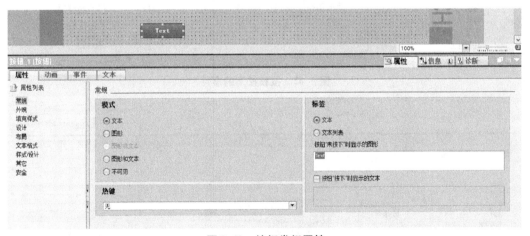

图3-40　按钮常规属性

　　HMI上的按钮对应于PLC内部Mx.y的数字量"位"，按下按钮时Mx.y置位（为"1"），释放按钮时Mx.x复位（为"0"），只有建立了这种对应关系（见图3-41），操作人员才可以与PLC的内部用户程序建立交互关系。

　　图3-42是触摸屏按钮 HMI启动按钮 按下的事件，包括单击、按下、释放、激活、取消激活、更改，显然，第2和第3个事件（即按下和释放）与本案例的动作比较相关。比如，在此定义这个按钮的属性：当按下按钮时，将PLC的相关变量置位（即该变量处于ON状态）；当释放按钮时，将PLC的相关变量复位（即该变量处于OFF状态）。如图3-43所示，

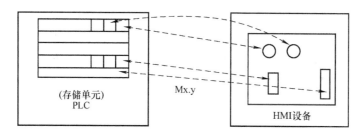

图3-41 HMI设备与PLC之间的对应关系

选择"编辑位→置位位",单击按钮 ... 选择"PLC_1"中的PLC变量,然后从中找到按钮按下事件变量"HMI启动按钮"。如图3-44中, 表示按下事件已经成立。同理,对按钮释放选择"编辑位→复位位"事件,其触发变量不变,仍旧为"HMI启动按钮"(见图3-45)。

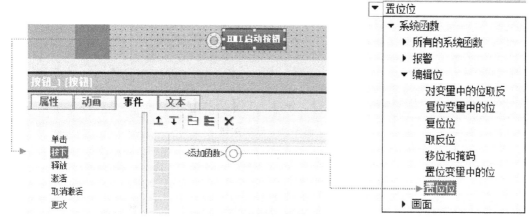

图3-42 按钮按下的事件

图3-43 按钮按下事件变量

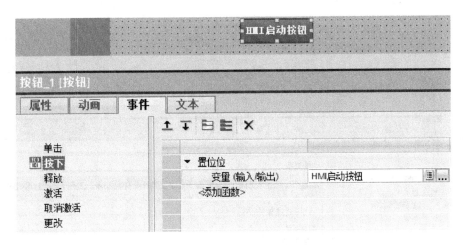

图 3-44　按下事件完成

图 3-45　释放事件完成

按照同样的方法，增加另外一个 HMI 停止按钮，并进行按下和释放的事件组态。

与按钮不同，指示灯是动态元素，根据过程会改变它们的状态。如图 3-46 所示，从基本对象中将圆拖曳至画面中。图 3-47 所示为指示灯添加动画，共有两种，包括外观、可见性，这里选择外观。

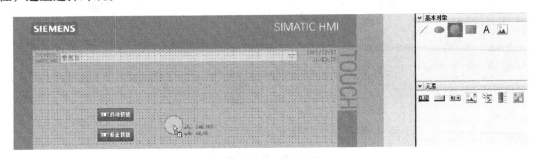

图 3-46　添加指示灯

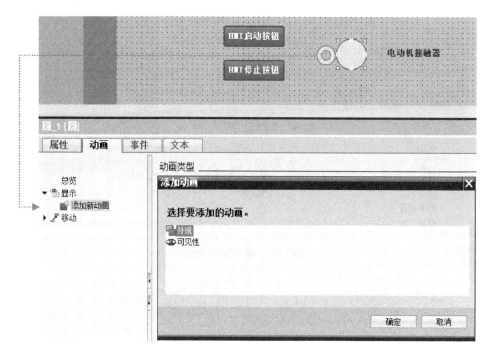

图 3-47 指示灯添加动画

众所周知，对于触摸屏上的指示灯，一般采用颜色变化，比如信号接通为红色，信号不接通为灰色等。如图 3-48 所示，新建指示灯圆"外观"动画，与"电动机接触器"变量关联。在范围"0"处选择背景色、边框颜色和闪烁等属性，这里选择颜色为灰色；同样，再单击"添加"，即会出现范围"1"，在此时选择颜色为红色。

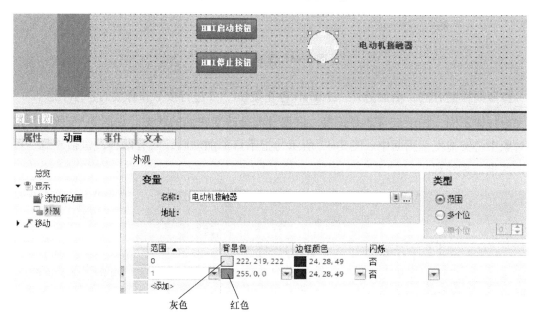

图 3-48 外观动画

完成画面组态后的 HMI 变量如图 3-49 所示，电动机接触器、HMI 启动按钮、HMI 停止按钮 3 个变量都是从 PLC 中导入的，这也是博途软件的重要功能之一，即变量共享；其中 Tag_ScreenNumber 是内部变量，这里暂时不使用。HMI 变量的采集周期可以进行选择，如图 3-50 所示的 100ms、500ms、1s、2s、5s、10s、1min、5min、10min 和 1h 等，用户可以根据实际情况进行调整。

名称	变量表	数据类型	连接	PLC 名称 ▲	PLC 变量	访问模式	采集周期
Tag_ScreenNumber	默认变量表	UInt	<内部变量>		<未定义>		1 s
电动机接触器	默认变量表	Bool	HMI_连接_1	PLC_1	电动机接触器	<符号访问>	1 s
HMI启动按钮	默认变量表	Bool	HMI_连接_1	PLC_1	HMI启动按钮	<符号访问>	1 s
HMI停止按钮	默认变量表	Bool	HMI_连接_1	PLC_1	HMI停止按钮	<符号访问>	1 s

图 3-49　HMI 变量

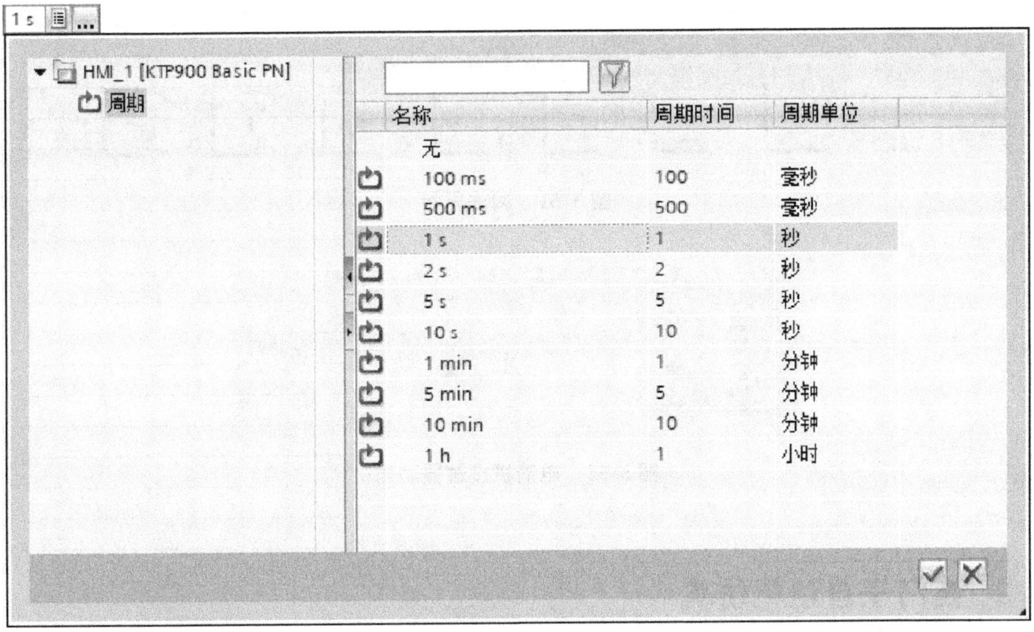

图 3-50　HMI 变量采集周期选择

STEP5：触摸屏和 PLC 的程序下载与调试

将触摸屏和 PLC 按照如下方式相连接，按照【实例 3-1】进行下载，图 3-51 所示为调试界面，当按下 HMI 启动按钮 后，过 5s，电动机接触器动作，则如图 3-52 所示，电动机接触器动作指示灯为红色。当按下 HMI 停止按钮 后，电动机接触器断开，则电动机接触器动作指示灯为灰色。

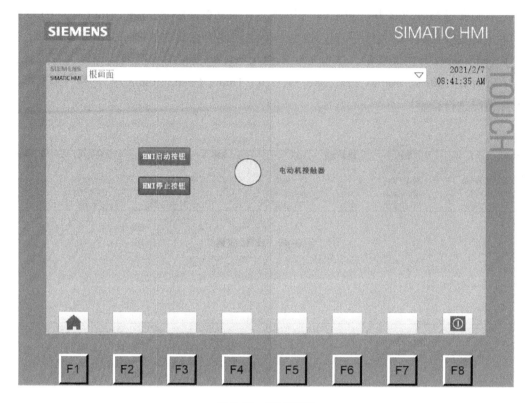

图 3-51 调试界面

图 3-52 电动机接触器动作

3.2 西门子自动化仿真

3.2.1 概述

西门子的自动化仿真在工程文件尚未正式投入前进行使用，它可以分为 PLC 离线仿真、触摸屏离线仿真和 PLC 触摸屏联合仿真 3 种情况。其中，PLC 离线仿真还需要安装与 PLC 版本相对应的 PLCSIM 软件，其安装后的图标为 ![PLCSIM]。

一般情况下，离线仿真不会从 PLC 等外部真实设备中获取数据，只从本地地址读取数据，因此所有的数据都是静态的，但离线仿真可以使用户更直观地看到预览效果，而不必每次都下载程序到 PLC 或触摸屏，可以极大地提高编程效率。在调试时使用离线仿真，可以节省大量的由于重复下载所花费的工程时间。

3.2.2 PLC 离线仿真

博途项目可以用 S7 – 1200 PLC 的仿真软件来进行模拟，软件名称为 PLCSIM。在本书中共有两个仿真器可以操作，即 S7 – 1200 PLC 仿真器和 HMI 仿真器，为了便于操作，在软件中只有一个按钮，选择仿真的对象后则启动仿真器自动与之匹配。例如，在项目树中通过单击选择 S7 – 1200 站点，然后再单击菜单栏中的启动按钮，即可启动 S2 – 1200 PLC 仿真器并自动弹出下载窗口。

【实例 3-3】 单按钮控制三台电动机的起停

 任务说明

用一个按钮控制 3 台电动机，起初每按一次，对应起动一台电动机；待全部电动机完成起动后，该按钮再每按一次，则对应停止一台电动机，其中先起动的电动机先停止运行。

解决步骤

ex3-3

STEP1：定义输入/输出元件

根据要求列出见表 3-3 所示的 I/O 表，其电气接线如图 3-53 所示。

表 3-3　I/O 表

输入	说明	输出	说明
I0.0	按钮 SB1	Q0.0	电动机 1 接触器
		Q0.1	电动机 2 接触器
		Q0.2	电动机 3 接触器

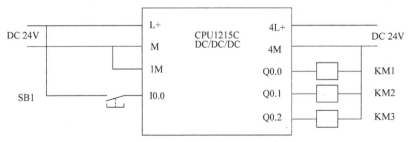

图 3-53　单按钮控制电气接线

STEP2：PLC 梯形图编程

PLC 梯形图程序如图 3-54 所示。

程序段 1：初始化设置电动机控制字 MW20 为 0。

程序段 2：在电动机控制字 MW20 小于 5 的情况下，每按一下按钮 I0.0，调用 INC 指令使得该控制字加 1。

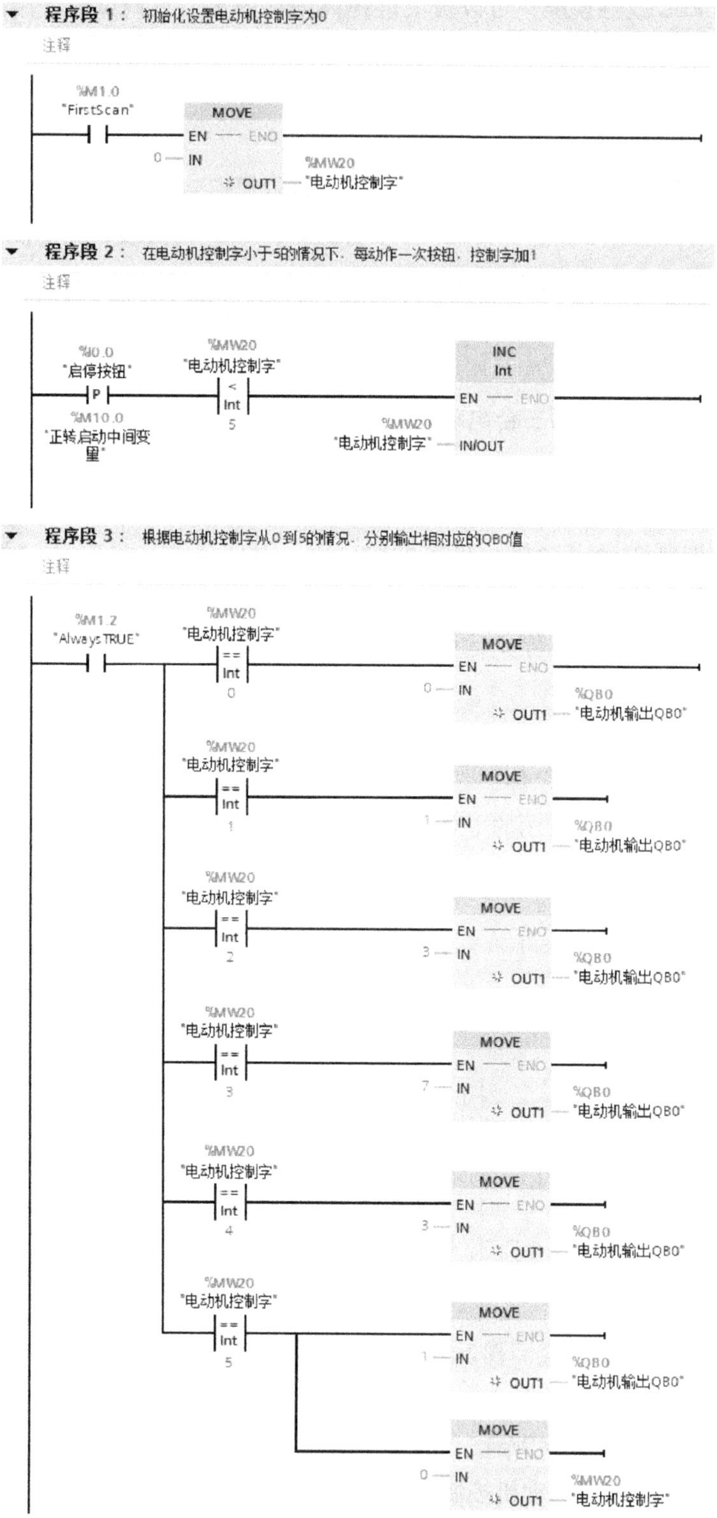

▼ **程序段 1**： 初始化设置电动机控制字为0

　　注释

```
     %M1.0
   "FirstScan"        MOVE
      ┤├┤         EN ─── ENO
                0 ─ IN          %MW20
                   ⨅ OUT1 ─"电动机控制字"
```

▼ **程序段 2**： 在电动机控制字小于5的情况下，每动作一次按钮，控制字加1

　　注释

```
    %I0.0        %MW20                    INC
  "启停按钮"    "电动机控制字"                  Int
     ┤P├          <                    EN ─── ENO
    %M10.0        Int
 "正转启动中间变     5         %MW20
     量"                  "电动机控制字" ─ IN/OUT
```

▼ **程序段 3**： 根据电动机控制字从0到5的情况，分别输出相对应的QB0值

　　注释

```
    %M1.2        %MW20
 "AlwaysTRUE"  "电动机控制字"                MOVE
     ┤├           ==              EN ─── ENO
                 Int
                  0           0 ─ IN          %QB0
                               ⨅ OUT1 ─"电动机输出QB0"

              %MW20
            "电动机控制字"                MOVE
                ==              EN ─── ENO
                Int
                 1           1 ─ IN          %QB0
                              ⨅ OUT1 ─"电动机输出QB0"

              %MW20
            "电动机控制字"                MOVE
                ==              EN ─── ENO
                Int
                 2           3 ─ IN          %QB0
                              ⨅ OUT1 ─"电动机输出QB0"

              %MW20
            "电动机控制字"                MOVE
                ==              EN ─── ENO
                Int
                 3           7 ─ IN          %QB0
                              ⨅ OUT1 ─"电动机输出QB0"

              %MW20
            "电动机控制字"                MOVE
                ==              EN ─── ENO
                Int
                 4           3 ─ IN          %QB0
                              ⨅ OUT1 ─"电动机输出QB0"

              %MW20
            "电动机控制字"                MOVE
                ==              EN ─── ENO
                Int
                 5           1 ─ IN          %QB0
                              ⨅ OUT1 ─"电动机输出QB0"

                               MOVE
                        EN ─── ENO
                      0 ─ IN          %MW20
                         ⨅ OUT1 ─"电动机控制字"
```

图 3-54　单按钮控制梯形图

程序段 3：根据电动机控制字 MW20 的情况，分别输出对应的 QB0 值，即 0→1→3→7→3→1→0。

STEP3：PLC 仿真

在编辑的 PLC 中，完成编译后，单击右键，即可弹出图 3-55 所示的菜单，选择"开始仿真"。也可以在选择 PLC 后，直接在菜单栏单击"仿真启动"按钮█。

在图 3-56 所示的扩展的下载到设备选项中，跟实际 PLC 下载一样，选择 PN/IE_1，确认目标设备（CPUcommon），图 3-57 所示为仿真情况下的下载预览，此时可以单击"装载"按钮，完成后就是如图 3-58 所示的仿真器精简视图，包括项目 PLC 名称、运行灯、切换按钮和 IP 地址。

通过图 3-58 视图中的切换按钮可以切换仿真器的精简视图和项目视图。这里选择项目视图，如图 3-59 所示，并单击"项目→新建"，创建新项目（见图 3-60），仿真项目的扩展名为"sim15"（V15 版本）、"sim16"（V16 版本）等。

图 3-55　"开始仿真"选项

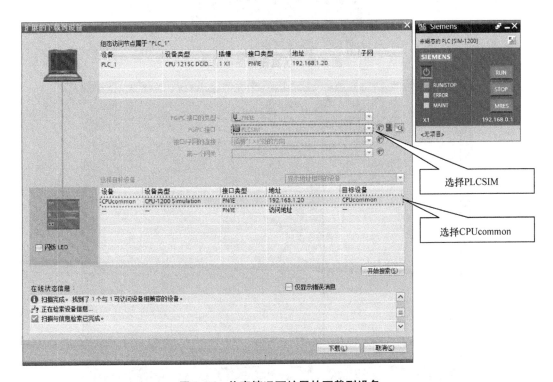

图 3-56　仿真情况下扩展的下载到设备

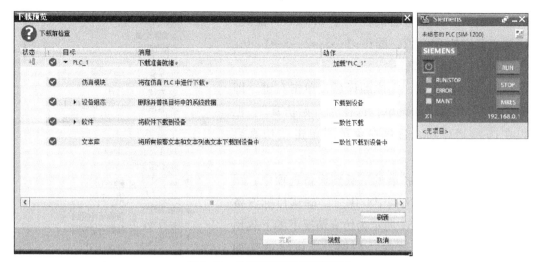

图 3-57　仿真情况下的下载预览

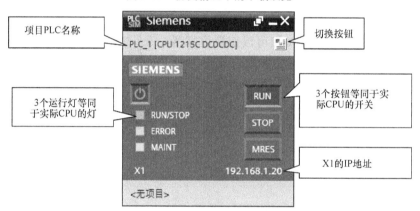

图 3-58　仿真器精简视图

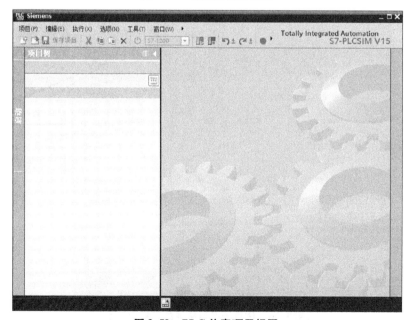

图 3-59　PLC 仿真项目视图

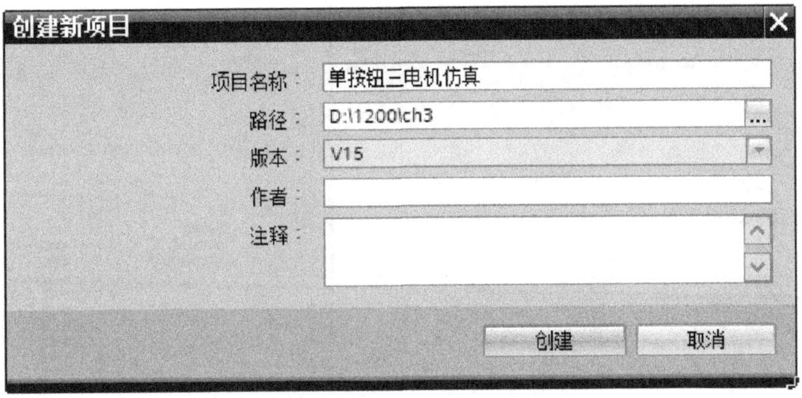

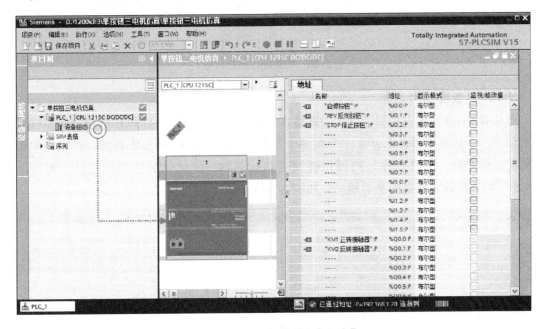

图 3-60   创建仿真新项目

在 PLCSIM 项目中，可以读出"设备组态"，如图 3-61 所示。

图 3-61   仿真器的"设备组态"

在设备组态中，单击相应的 I/O 模块，就可以操作 PLC 程序中所需要的输入信号或显示实际程序运行的输出信号。图 3-61 所示为 DI 模块的输入信号，可以看到程序中用到的"启停按钮"。需要注意的是，它的表达方式为硬件直接访问模块（而不是使用过程映像区），在 I/O 地址或符号名称后附加后缀"：P"。

为了演示上的方便，将博途窗口和 PLCSIM 窗口合理排布，如图 3-62 所示，单击程序编辑窗口的，就可以实时看到数据变化情况了，当按下"启动按钮"后，MW20 的数据就可以非常清晰地被看到。

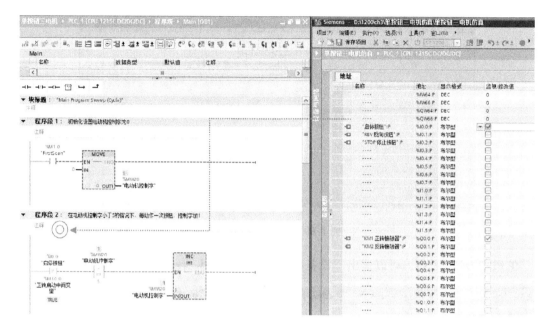

图 3-62　仿真操作启动按钮

STEP4：创建 SIM 表格

PLCSIM 中的 SIM 表可用于修改仿真输入并能设置仿真输出，与 PLC 站点中的监视表功能类似。一个仿真项目可以包含一个或多个 SIM 表格。双击打开 SIM 表格，在表格中输入需要监控的变量，在"名称"列可以查询变量的名称，除优化的数据块之外，也可以在"地址"栏直接输入变量的绝对地址，如图 3-63 所示。

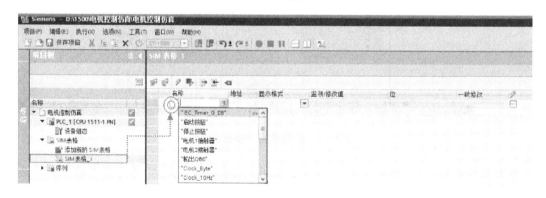

图 3-63　SIM 表格

如图 3-64 所示，在"监视/修改值"栏中显示变量当前的过程值，也可以直接输入修改值，按 < Enter > 键确认修改。如果监控的是字节类型变量，可以展开以位信号格式进行显示，单击对应位信号的方格进行置位、复位操作。

除了单一变量之外，还可以在图 3-63 处的"一致修改"栏中可以为多个变量输入需要修改的值，并单击后面的方格使能批量修改这些变量，这样可以更好地对过程进行仿真。

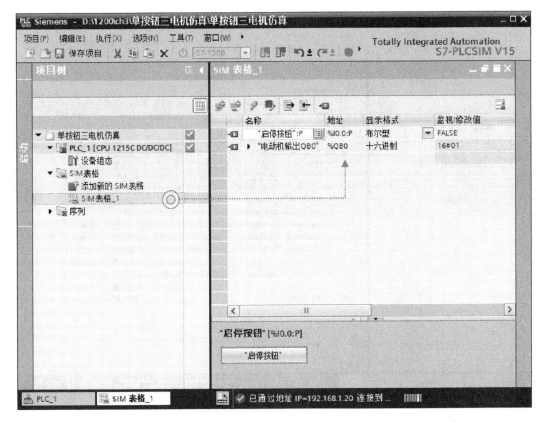

图3-64　SIM表格的监视

SIM表格可以通过工具栏的按钮➡导出并以Excel格式保存，反之也可以通过按钮➡从Excel文件导入。需要注意的是，必须使能工具栏中的"启用/禁用非输入修改"按钮才能对其他数据区变量进行操作。

STEP5：创建序列

对于顺序控制，例如电梯的运行，经过每一层楼的时候都会触发输入信号并传递到下一级，过程仿真时就需要按一定的时间去使能一个或多个信号，通过SIM表格进行仿真就比较困难。此时，仿真器的序列功能可以很好地解决这样的问题。如图3-65所示，双击打开一个新创建的序列，按控制要求添加修改的变量并定义设置变量的时间点，具体为

00：00：00.00,"启停按钮"：P,%I0.0：P，布尔型，设为值TRUE；

00：00：00.05,"启停按钮"：P,%I0.0：P，布尔型，设为值FALSE；

……

在"时间"栏中设置修改变量的时间点，时间将以"时：分：秒.小数秒（00：00：00.00）"格式进行显示；在"名称"栏可以查询变量的名称，除优化的数据块之外也可以在"地址"栏直接输入变量的绝对地址，只能选择输入（%I：P）、输出（%Q或%Q：P）、存储器（%M）和数据块（%DB）变量；在"操作参数"栏中填写变量的修改值，如果是输入位（%I：P）信号还可以设置为频率信号。

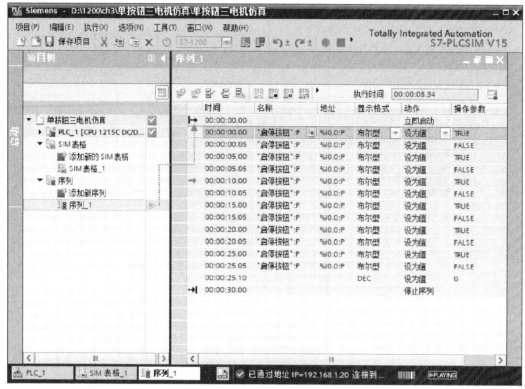

图 3-65　设定控制序列

序列的结尾方式有 3 种：

1）停止序列：运行完成后停止序列，执行时间停止计时。

2）连续序列：运行完成后停止序列，执行时间继续计时，与停止序列相比，频率操作连续执行，通过序列工具栏中的停止按钮停止序列。

3）重复序列：运行完成后重新开始，通过序列工具栏中的停止按钮停止序列。

通过序列工具栏中的 3 个按钮"启动序列" 📷、"停止序列" 📷和"暂停序列" 📷对序列进行操作；"默认间隔"表示增加新步骤时，两个步骤默认的间隔时间；"执行时间"表示序列正在运行的时间。

通过 SIM 表格的操作记录也可以自动创建一个序列。首先单击仿真器工具栏中的按钮 ●开始记录，然后修改变量，也可以按批次修改变量。单击 ▮▮按钮将暂停记录，再按一下按钮 ▮▮则暂停记录后将继续执行记录功能，记录完成后单击停止记录按钮 ▮结束记录。仿真器自动创建一个新的序列，序列中记录了对变量赋值的过程和时间点，也可以修改序列时间点或增加频率输出，以满足精确仿真。

3.2.3　触摸屏离线仿真

【实例 3-4】　触摸屏画面更改仿真

ex3-4

任务说明

如图 3-66 所示，触摸屏共有 3 个画面，其中画面 1 可以设置内部变量 Tag1 = 0（即清零），3 个画面可以互相切换，每切换一次画面，则 Tag1 加 1，并实时显示在当前画面中。

图 3-66　触摸屏画面

解决步骤

STEP1：触摸屏画面组态

定义 Tag1 为触摸屏的内部变量，如图 3-67 所示。根据实例要求，在图 3-68 所示的画面 1 中进行画面组态，包括按钮 画面2 、 画面3 和 清零 ，另外增加 I/O 域 +00000 用于显示 Tag1 的值。

名称 ▲	变量表	数据类型	连接	PLC 名称	PLC 变量	地址
Tag1	默认变量表	Int	＜内部变量＞		＜未定义＞	

图 3-67　定义 Tag1

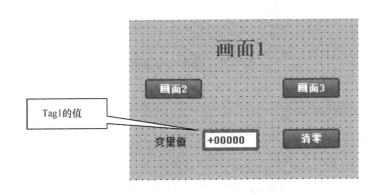

图 3-68　画面 1

I/O 域是用来显示过程值的，图标为 ⓪.⒓ ，即显示从 PLC 的存储器或 HMI 的内部变量中输出的值，属于动态对象。通过 I/O 域可以在 PLC 控制器和 HMI 设备之间交换过程值和操作员输入值。图 3-69 所示是 Tag1 的值显示过程值。

图 3-70 所示是画面 1 清零 按钮事件，即设置变量输出为 0。其他两个按钮 画面2 、 画面3 ，是画面切换，跟【实例 3-1】相同。

对于画面 2 和画面 3，则分别建立画面切换按钮和 Tag1 的 I/O 域显示，如图 3-71 和图 3-72 所示。

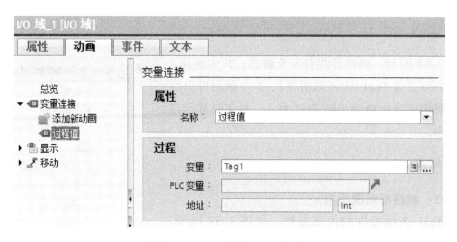

图 3-69　Tag1 的值显示过程值

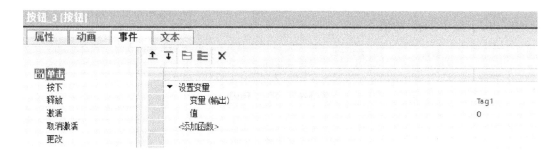

图 3-70　清零 按钮事件

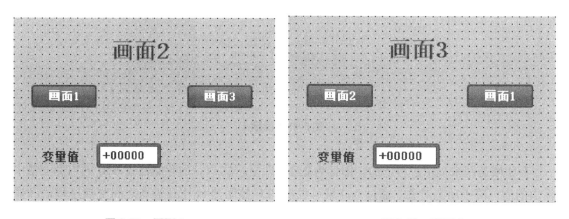

图 3-71　画面 2　　　　　　　　　　图 3-72　画面 3

STEP2：触摸屏的计划任务

每切换一次画面都需要进行相应的变量 Tag1 计算，这里采用了"计划任务"，选择
"触发器"为"画面更改"，并创建事件 Task_1 为增加变量，即 Tag1 = Tag1 + 1，如图 3-73、
图 3-74 所示。

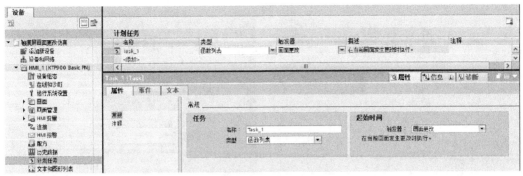

图 3-73　计划任务

图 3-74　Task_1 的事件

STEP3：触摸屏仿真

完成以上两个步骤后，触摸屏即可进行仿真，如图 3-75 所示，单击"开始仿真"，进行程序装载后的画面 1 如图 3-76 所示。任意单击画面切换，会出现图 3-77 和图 3-78 所示的状态，表示实例组态完全正确。

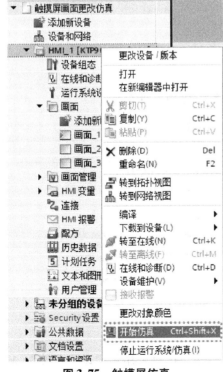

图 3-75　触摸屏仿真

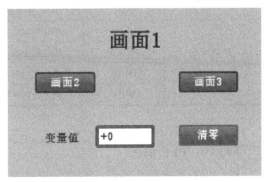

图 3-76　画面 1 仿真

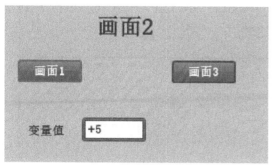

图 3-77 画面 2 仿真

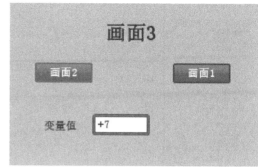

图 3-78 画面 3 仿真

3.2.4 PLC 触摸屏联合仿真

【实例 3-5】 两电动机延时起停触摸屏控制

 任务说明

ex3-5

生产机械共有两台电动机需要控制，其控制要求如下：在触摸屏上按下启动按钮，第 1 台电动机开始起动，等待一定时间后（默认设置为 5s），第 2 台电动机起动，此时两台电动机都处于运行状态；在触摸屏上按下停止按钮，第 2 台电动机先停止，等待一定时间后（默认设置为 10s），第 1 台电动机停止，此时两台电动机都处于停止状态；延时起动时间和延时停止时间可以在触摸屏上进行重新设定，其单位为 s。请用 PLC 触摸屏进行编程并进行联合仿真。

解决步骤

STEP1：定义输入/输出元件和电气接线

表 3-4 所示为两电动机延时起停触摸屏控制的输入/输出元件定义。

表 3-4 输入/输出元件定义

说明	PLC 软元件	元件名称	备注
PLC 输出	Q0.0	KM1 接触器	控制第 1 台电动机运行
	Q0.1	KM2 接触器	控制第 2 台电动机运行
触摸屏 输入/输出	M10.1	HMI 启动按钮	按钮属性
	M10.2	HMI 停止按钮	按钮属性
	MD12	启动延时时间	Dint 类型，需要转换为 Time 类型
	MD16	停止延时时间	Dint 类型，需要转换为 Time 类型

接线示意如图 3-79 所示。

STEP2：PLC 编程

PLC 编程共有两个要点：①两台电动机的逻辑控制，这里采用了启动中间变量 M10.0

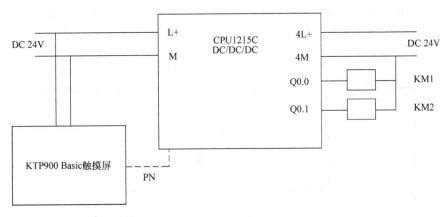

图 3-79　两电动机延时起停电气接线

和停止中间变量 M10.3；②启动延时时间和停止延时时间的转换，需要注意的是 IEC Time 的时基是 ms，因此设置值（s）必须先乘以 1000，再采用 T_CONV 指令进行转换，这个与【实例 2-10】中的 CONV 不同，需要特别注意。

图 3-80 所示为梯形图。

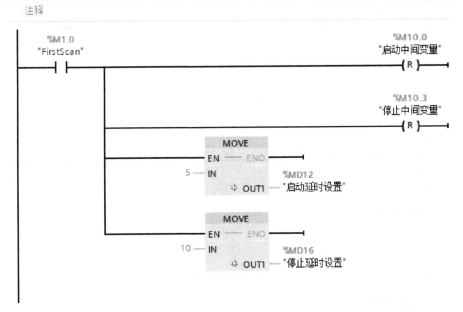

图 3-80　PLC 梯形图

程序段 2： 将启动延时设置、停止延时设置（单位为s）转为ms，并使用T_CONV指令转为IEC Time类型

注释

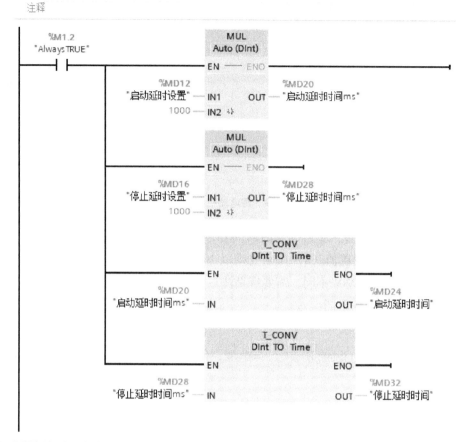

程序段 3： HMI启动按钮动作

注释

```
%M10.0          %M10.1                                    %M10.0
"启动中间变量"   "HMI 启动按钮"                            "启动中间变量"
  ─┤/├──────────────┤├───────────────────────────────────( S )─
```

程序段 4： 启动延时动作

注释

```
                %DB1
              "IEC_Timer_0_DB"
%M10.0          TON                                        %M10.4
"启动中间变量"   Time                                      "限时启动变量"
  ─┤├────────── IN      Q ─────────────────────────────────( )─
%MD24                   ET — ...
"启动延时时间" ── PT
```

图 3-80　PLC 梯

128

▼　**程序段 5：** HMI停止按钮动作

注释

```
      %M10.0          %M10.2                                           %M10.0
   "启动中间变量"     "HMI 停止按钮"                                  "启动中间变量"
      ┤ ├             ┤ ├───────────┬─────────────────────────────────( R )

                                     │                                  %M10.3
                                     │                               "停止中间变量"
                                     └─────────────────────────────────( S )
```

▼　**程序段 6：** 停止延时动作

注释

```
                           %DB2
                      "IEC_Timer_0_
                          DB_1"

      %M10.3            ┌─TON──┐                                       %M10.4
   "停止中间变量"        │ Time │                                    "限时启动变量"
      ┤ ├────────────── IN    Q ──────────────┬────────────────────────( R )
      %MD32                   ET ── ...        │                        %M10.3
   "停止延时时间"──────── PT                    │                     "停止中间变量"
                                               └────────────────────────( R )
```

▼　**程序段 7：** 第1台电动机动作

注释

```
      %M10.0                                                           %Q0.0
   "启动中间变量"                                                    "KM1 接触器"
      ┤ ├───────────┬──────────────────────────────────────────────────( )

      %M10.3         │
   "停止中间变量"     │
      ┤ ├───────────┘
```

▼　**程序段 8：** 第2台电动机动作

注释

```
      %M10.4                                                           %Q0.1
   "限时启动变量"                                                    "KM2 接触器"
      ┤ ├────────────────────────────────────────────────────────────( )
```

形图（续）

STEP3：HMI 组态

图 3-81 所示为 HMI 画面组态，包括启动按钮、停止按钮、KM1 指示灯、KM2 指示灯以及起动延时设置和停止延时设置，其中起动延时设置为 I/O 域，图标为 **0.12**，它的设置参考图 3-82、图 3-83 所示的进行，包括显示格式、移动小数点、前导零和格式样式 s99 等。

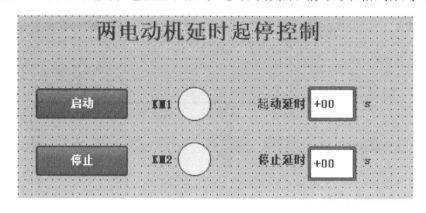

图 3-81　HMI 画面组态

图 3-82　I/O 域的属性

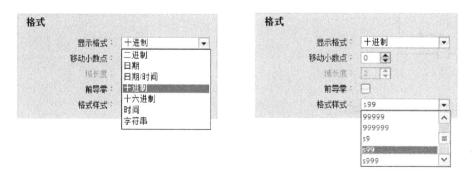

图 3-83　I/O 域的格式

STEP4：PLC 触摸屏联合仿真

PLC 触摸屏联合仿真是指按照 PLC 仿真加上触摸屏仿真的方式联合进行。在 PLC 处右键单击"开始仿真",装载程序后出现 PLC RUN 状态;在 HMI 右键单击"开始仿真",即出现如图 3-84 所示的联合仿真初始画面。在仿真画面中可以对按钮、I/O 域进行动作,一方面可以看到触摸屏的变化,另外一方面可以监控 PLC 的实际情况。

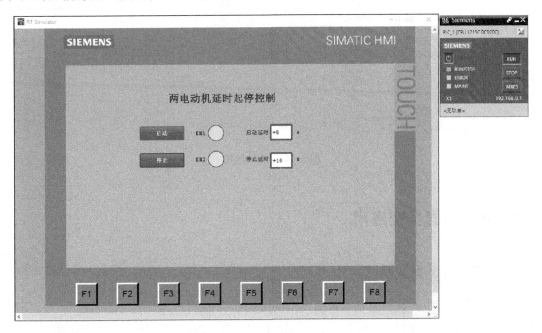

图 3-84　联合仿真初始画面

单击起动延时 I/O 域(即数字输入输出),就会弹出图 3-85 所示的 I/O 域输入画面,如输入"6",则可以在 PLC 程序的仿真实时监控中看到相关的定时器变化情况(见图 3-86)。

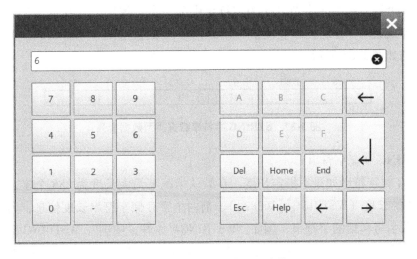

图 3-85　仿真画面中的 I/O 域输入

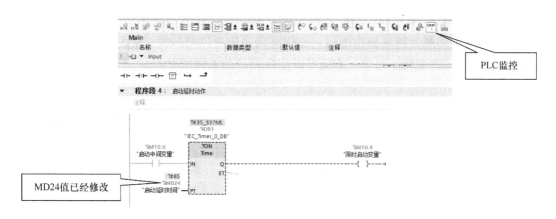

图 3-86　PLC 监控

3.3　复合数据类型应用

3.3.1　复合数据类型概述

复合数据类型中的数据由基本数据类型的数据组合而成，其长度可能超过 64 位。S7 – 1200 PLC 中可以有 STRING、ARRAY、STRUCT、DATE_ AND_ TIME 等复合数据类型。

1. STRING（字符串）

STRING 字符串最大长度为 256 字节，前两个字节存储字符串长度信息，所以最多包含 254 个字符，其常数表达形式为由两个单引号包括的字符串，例如'SIMATIC S7'。

STRING 字符串第 1 字节表示字符串中定义的最大字符长度，第 2 字节表示当前字符串中有效字符的个数，从第 3 字节开始为字符串中第一个有效字符（数据类型为"CHAR"）。例如，定义为最大 4 个字符的字符串 STRING［4］中只包含两个字符'AB'，实际占用 6 字节，字节排列如图 3-87 所示。

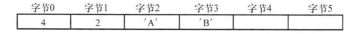

字节0	字节1	字节2	字节3	字节4	字节5
4	2	'A'	'B'		

图 3-87　STRING 字符串数据类型数据排列

2. WSTRING（宽字符串）

WSTRING 宽字符串如果不指定长度，在默认情况下最大长度为 256 个字，可声明最多 16382 个字符的长度（WSTRING［16382］），前两个字存储字符串长度信息，其常数表达形式为由两个单引号包括的字符串，例如：WSTRING#'你好，中国'。WSTRING 宽字符串第一个字表示字符串中定义的最大字符长度，第二个字表示当前字符串中有效字符的个数，从第三个字开始为宽字符串中第一个有效字符（数据类型为"WCHAR"）。例如，定义 2 个字符的字符串 WSTRING［2］中只包含两个字符'AB'，实际占用 4 个字（8 个字节），字节排列如图 3-88 所示。

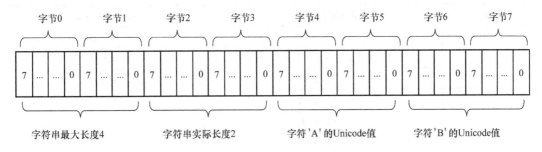

图 3-88　WSTRING 宽字符串数据类型数据排列

3. ARRAY（数组）

ARRAY 数据类型表示一个由固定数目的同一种数据类型的元素组成的数据结构。数组的维数最大可以到 6 维。数组中的元素可以是基本数据类型或者复合数据类型（ARRAY 类型除外，即数组类型不可以嵌套）。例如：ARRAY [1..3，1..5，1..6] of Int，定义了一个元素为整数，大小为 3×5×6 的三维数组。可以使用索引访问数组中的数据，数组中每一维的索引取值范围是 −32768 ~ 32767（16 位上、下限范围），但是索引的下限必须小于上限。

索引值按偶数占用 CPU 存储区空间，例如，一个数据类型为字节的数组 ARRAY [1..21]，数组中只有 21 字节，实际占用 CPU 的 22 字节。定义一个数组时，需要声明数组的元素类型、维数和每一维的索引范围，可以用符号名加上索引来引用数组中的某一个元素，例如，a [1，2，3]。

ARRAY 数组的索引可以是常数，也可以是变量。在 S7 −1500 中，所有语言均可支持 ARRAY 数组的间接寻址。

4. STRUCT（结构体）

结构体是由不同数据类型组成的复合型数据，通常用来定义一组相关的数据。

5. DATE_ AND _TIME（时钟）

DATE_ AND_TIME 数据类型用于表示时钟信号 2，数据长度为 8 字节（64 位），分别以 BCD 码的格式表示相应的时间值。如时钟信号为 2021 年 12 月 25 日 8 点 12 分 34 秒 567 毫秒存储于 8 字节中，每字节代表的含义参考表 3-5。

表 3-5　DATE_AND_TIME 数据类型中每字节的含义

字节	含义及取值范围	示例（BCD 码）
0	年（1990 ~ 2089）	BCD#21
1	月（1 ~ 12）	BCD#12
2	日（1 ~ 31）	BCD#25
3	时（00 ~ 23）	BCD#8
4	分（00 ~ 59）	BCD#12

（续）

字节	含义及取值范围	示例（BCD码）
5	秒（00 ~ 59）	BCD#34
6	毫秒中前2个有效数字（0 ~ 99）	BCD#56
7（高4位）	毫秒中第3个有效数字（0 ~ 9）	BCD#7
7（低4位）	星期：（1 ~ 7） 1 = 星期日 2 = 星期一 3 = 星期二 4 = 星期三 5 = 星期四 6 = 星期五 7 = 星期六	BCD#1

通过博途内置函数块可以将 DATE_ AND_ TIME 时间类型的数据与基本数据类型的数据相转换，如：

1）通过调用函数 T_COMBINE，将 DATE 类型的值和 TOD/LTOD 类型（在函数中指定输入参数类型）的值相结合，得到 DT/DTL/LDT 类型（在函数中指定输出参数类型）的值；

2）通过调用函数 T_CONV，可实现 WORD、INT、TIME、DT 等类型的值之间的互相转换。

6. DTL

DTL 的操作数长度为12字节，以预定义结构存储日期和时间信息，DTL 数据类型中每字节的含义见表3-6。例如，2021年10月16日20点34分20秒250纳秒的表示格式为

DTL#2021 - 10 - 16 - 20：34：20. 250。

表 3-6　DTL 数据类型中每字节的含义

字节	含义及取值范围	数据类型
0	年（1970 ~ 2262）	Uint
1		
2	月（1 ~ 12）	USint
3	日（1 ~ 31）	USint
4	星期：1（星期日）到7（星期六）	USint
5	小时（0 ~ 23）	USint
6	分钟（0 ~ 59）	USint
7	秒（0 ~ 59）	USint
8	纳秒（0 到 999999999）	UDint
9		
10		
11		

3.3.2 数组的使用实例

数组就是元素序列，若将有限个类型相同的变量的集合命名，那么这个名称为数组名。组成数组的各个变量称为数组的分量，也称为数组的元素，有时也称为下标变量。用于区分数组的各个元素的数字编号称为下标。数组的使用，可以方便用户建立一个数据信息库，在该库里事先存放好预定义的数值，如同一时刻起动哪几台电动机、电动机的运行时长等具体信息。

【实例 3-6】 电动机运行时间数组应用

任务说明

生产机械共有 4 台电动机进行控制，其控制要求如下：在触摸屏上按下启动按钮，第 1 台电动机开始起动，运行一定时间后（默认设置为 5s）停止，同时第 2 台电动机起动；第 2 台电动机运行一定时间后（默认设置为 6s）停止，同时第 3 台电动机起动；第 3 台电动机运行一定时间后（默认设置为 7s）停止，同时第 4 台电动机起动；第 4 台电动机运行一定时间后（默认设置为 8s）停止。在触摸屏上按下停止按钮，所有在运行的电动机都停止。可以在触摸屏上设定 1~4 台电动机的运行时长，其单位为 s。请用 PLC 触摸屏进行编程。

ex3-6

解决步骤

STEP1：定义输入/输出元件和电气接线

表 3-7 所示为电动机运行时间数组应用的输入/输出元件定义。

表 3-7　输入/输出元件定义

说明	PLC 软元件	元件名称	备　注
PLC 输出	Q0.0	KM1 接触器	控制第 1 台电动机运行
	Q0.1	KM2 接触器	控制第 2 台电动机运行
	Q0.2	KM3 接触器	控制第 3 台电动机运行
	Q0.3	KM4 接触器	控制第 4 台电动机运行
触摸屏输入/输出	M10.0	HMI 启动按钮	按钮属性
	M10.1	HMI 停止按钮	按钮属性

接线示意一如图 3-89 所示。

STEP2：PLC 数组变量定义

在博途软件的项目树下，如图 3-90 所示添加新块，新建一个数据块，类型为"全局 DB"，新建数组变量 TimeArr1（见图 3-91），类型为 Array［0..3］of DInt，表示电动机 1~4 的运行时间，计时单位为 s。

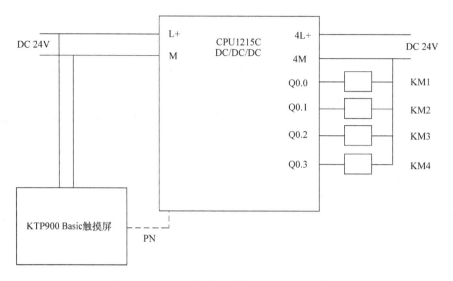

图3-89　电动机运行时间数组应用电气接线一

图3-90　添加新块

如图3-92所示,可以选择的数据类型包括Bool、Byte、Char、Date_And_Time、Dint、DWord、LReal、STRING、Time、Word、DTL、IEC_COUNTER、IEC_TIMER、IEC_UCOUNTER等几十种,下拉栏即为这些数据类型。同时需要输入数组的上限。

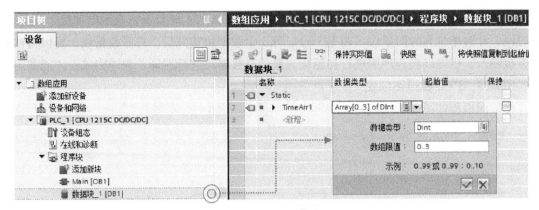

图 3-91　数组变量

图 3-93 所示为数组限值，其表示方式为"0.. MAX"，数组数量为"MAX + 1"，本实例选择为 0.. 3。

图 3-92　选择 ARRAY 数据类型

图 3-93　选择数组限值

如图 3-94 所示，新建 TimeArr2，类型为 Array［0.. 3］of DInt，表示电动机 1 ~ 4 的运行

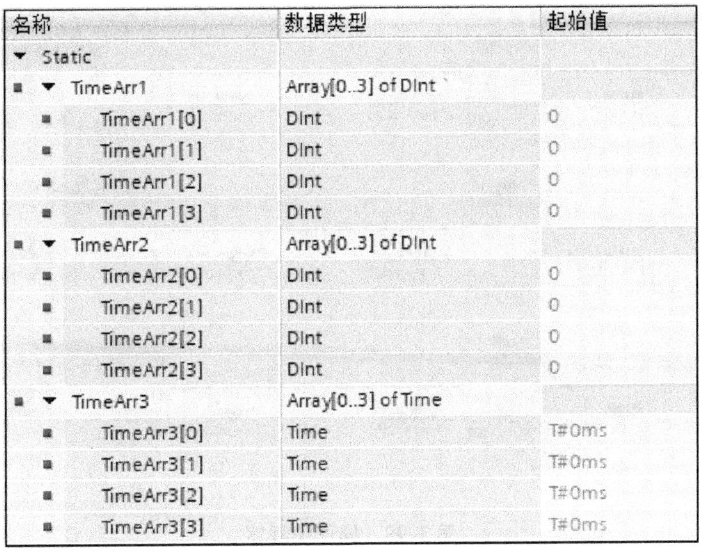

名称	数据类型	起始值
▼ Static		
▼ TimeArr1	Array[0..3] of DInt	
TimeArr1[0]	DInt	0
TimeArr1[1]	DInt	0
TimeArr1[2]	DInt	0
TimeArr1[3]	DInt	0
▼ TimeArr2	Array[0..3] of DInt	
TimeArr2[0]	DInt	0
TimeArr2[1]	DInt	0
TimeArr2[2]	DInt	0
TimeArr2[3]	DInt	0
▼ TimeArr3	Array[0..3] of Time	
TimeArr3[0]	Time	T#0ms
TimeArr3[1]	Time	T#0ms
TimeArr3[2]	Time	T#0ms
TimeArr3[3]	Time	T#0ms

图 3-94　数据块

时间，计时单位为 ms；新建 TimeArr3，类型为 Array［0..3］of Time，表示电动机 1~4 的运行时间，计时单位为时间单位（时基 ms）。等 3 个数据块建完后，打开数据块，可以将初始值直接输入，也可以在程序中进行初始化。最后对数据块进行编译，编译完成，才能调用。

STEP3：PLC 梯形图编程

梯形图编程如图 3-95 所示。

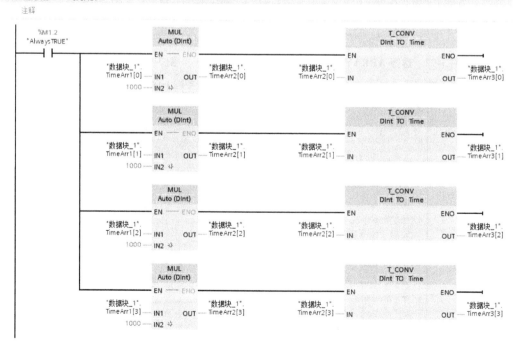

图 3-95 梯形图程序

▼　**程序段** 3：　启动

注释

```
%M10.0                                        %M10.2
"HMI 启动按钮"                                "启动中间变量"
──┤ ├──┬─────────────────────────────────────( S )──

                                              %Q0.0
                                             "KM1 接触器"
                 └────────────────────────────( S )──
```

▼　**程序段** 4：　第1台电动机运行时长控制

注释

```
                        %DB2
                    "IEC_Timer_0_DB"
  %M10.2      %Q0.0        TON                %Q0.1
"启动中间变量" "KM1 接触器"   Time              "KM2 接触器"
──┤ ├────────┤ ├──── IN        Q ──────┬───────( S )──
                              ET ── ...  │
            "数据块_1".                   │      %Q0.0
            TimeArr3[0] ── PT             │     "KM1 接触器"
                                         └───────( R )──
```

▼　**程序段** 5：　第2台电动机运行时长控制

注释

```
                        %DB3
                   "IEC_Timer_0_
                       DB_1"
  %M10.2      %Q0.1        TON                %Q0.2
"启动中间变量" "KM2 接触器"   Time              "KM3 接触器"
──┤ ├────────┤ ├──── IN        Q ──────┬───────( S )──
                              ET ── ...  │
            "数据块_1".                   │      %Q0.1
            TimeArr3[1] ── PT             │     "KM2 接触器"
                                         └───────( R )──
```

▼　**程序段** 6：　第3台电动机运行时长控制

注释

```
                        %DB4
                   "IEC_Timer_0_
                       DB_2"
  %M10.2      %Q0.2        TON                %Q0.3
"启动中间变量" "KM3 接触器"   Time              "KM4 接触器"
──┤ ├────────┤ ├──── IN        Q ──────┬───────( S )──
                              ET ── ...  │
            "数据块_1".                   │      %Q0.2
            TimeArr3[2] ── PT             │     "KM3 接触器"
                                         └───────( R )──
```

▼　**程序段** 7：　第4台电动机运行时长控制

注释

```
                        %DB5
                   "IEC_Timer_0_
                       DB_3"
  %M10.2      %Q0.3        TON                %Q0.3
"启动中间变量" "KM4 接触器"   Time              "KM4 接触器"
──┤ ├────────┤ ├──── IN        Q ──────────────( R )──
                              ET ── ...
            "数据块_1".
            TimeArr3[3] ── PT
```

图 3-95　梯形图程序（续）

程序段 8：停止
注释

```
%M10.1                                          %M10.2
"HMI 停止按钮"                                   "启动中间变量"
  ┤ ├──────────┬──────────────────────────────────( R )

                │                                %Q0.0
                │                               "KM1 接触器"
                └──────────────────────────────(RESET_BF)
                                                    4
```

图 3-95 梯形图程序（续）

程序段1：初始化数据块，将"数据块_1".TimeArr1[0]到"数据块_1".TimeArr1［3］分别赋值5s、6s、7s和8s。

程序段2：数据转换，将"数据块_1".TimeArr1[0]以 s 为单位，乘以 1000，送到"数据块_1".TimeArr2[0]，再用 T_CONV 指令转化为"数据块_1".TimeArr3[0]。依次对剩下的3台电动机相应数据也进行转换。

程序段3：在触摸屏上按下 启动 按钮，置位"启动中间变量"和Q0.0。

程序段4：第1台电动机运行时长控制，采用 TON 指令，其 PT 值来自于"数据块_1".TimeArr3[0]。

程序段5：第2台电动机运行时长控制。

程序段6：第3台电动机运行时长控制。

程序段7：第4台电动机运行时长控制。

程序段8：触摸屏上按下 停止 按钮，复位"启动中间变量"和Q0.0到Q0.3。

STEP4：触摸屏画面组态

图 3-96 的触摸屏画面组态中的按钮、指示灯和 I/O 域可以进行组合，并按"组"进行

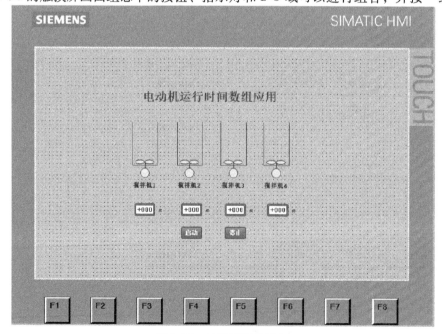

图 3-96 触摸屏画面组态

属性、动画和事件的定义（见图3-97）。图3-98所示为KM4接触器的动画定义外观。

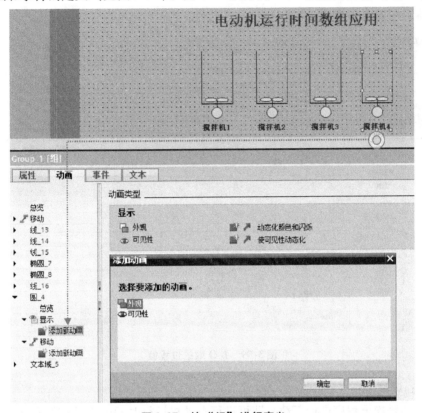

图3-97　按"组"进行定义

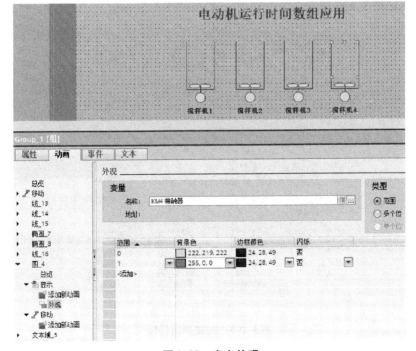

图3-98　定义外观

电动机1~4的运行时长采用I/O域时，其PLC变量来自于数据块，这一点与之前略有不同，具体选用如图3-99所示。

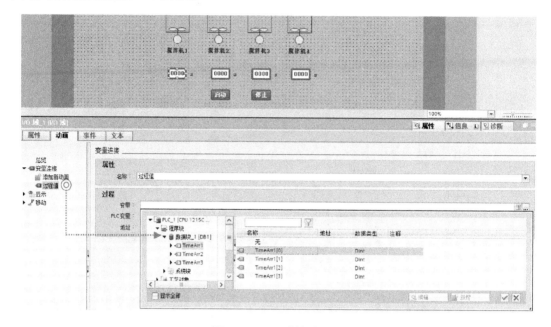

图3-99　I/O域的过程值

STEP5：调试

将PLC和触摸屏程序进行下载，即可进行电动机运行时间的起动控制和运行时间调整，触摸屏运行图如图3-100所示。

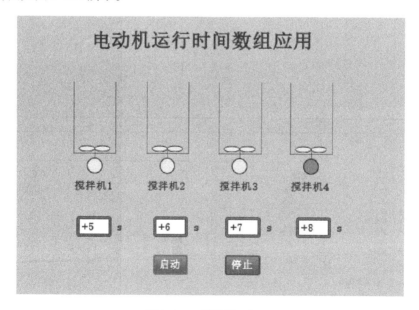

图3-100　触摸屏运行图

3.3.3 Struct 的使用实例

Struct 即结构体，与高级语言类似。

【实例 3-7】 搅拌机电动机控制

ex3-7

 任务说明

某化工生产用 2 台搅拌机电动机进行控制，每台设备都可以设定"使能开关""运行时间""停顿时间""运行次数"，并能在触摸屏上进行起动、停止，但是当任何一台设备"使能开关"为 OFF 的时候，该台设备无法进行起动。

解决步骤

STEP1：定义输入/输出元件和电气接线

表 3-8 所示为搅拌机电动机控制的输入/输出元件定义。

表 3-8 输入/输出元件定义

说明	PLC 软元件	元件名称	备注
PLC 输出	Q0.0	KM1 接触器	控制第 1 台电动机运行
	Q0.1	KM2 接触器	控制第 2 台电动机运行
触摸屏 输入/输出	M10.0	HMI 电动机 1 启动按钮	按钮属性
	M10.1	HMI 电动机 1 停止按钮	按钮属性
	M110.0	HMI 电动机 2 启动按钮	按钮属性
	M110.1	HMI 电动机 2 停止按钮	按钮属性

接线示意二如图 3-101 所示。

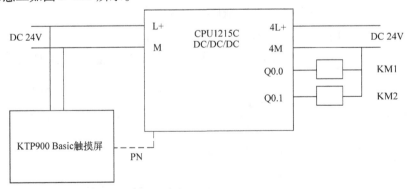

图 3-101 电动机运行时间数组应用电气接线二

STEP2：PLC 梯形图编程

每台电动机都具有"使能开关""运行时间""停顿时间""运行次数"属性，4 个变量的数据类型各不相同，只能采用 Struct 结构体，如图 3-102 所示为添加新数据类型，创建了包含 Enabled（Bool）、FwdTime（Time）、StopTime（Time）、Counts（Int）的 MotorTyp 结构体,如图3-103所示。

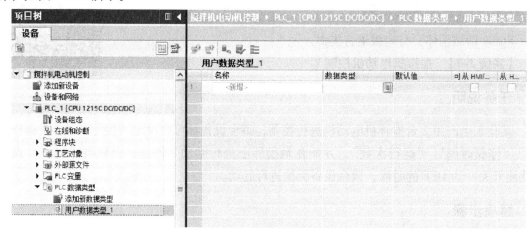

图3-102　添加新数据类型

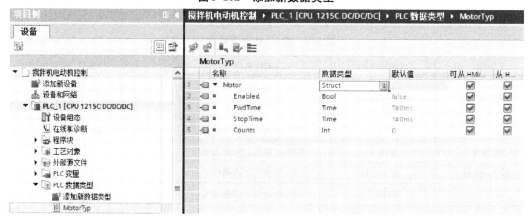

图3-103　创建 MotorTyp 的 Struct 类型

　　创建了 Struct 类型后,可以直接在数据块中进行创建,共有两台电动机,采用数组的方式进行,即 Array [0..1] of "MotorTyp",如图3-104所示。

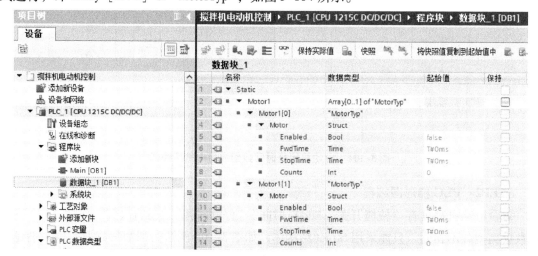

图3-104　添加数据块

PLC 梯形图如图 3-105 所示。

程序段 1：初始化数据块，将电动机 1 和 2 的运行时间、停顿时间、使能开关和运行次数进行赋值。

程序段 2：由于时间的触摸屏设定是 I/O 域，输入的是 * 秒，因此需要时间转换。

程序段 3：第 1 台电动机的起动。

程序段 4：第 1 台电动机的运行时长控制，采用 INC 指令进行次数比较。

程序段 5：第 1 台电动机的停止。

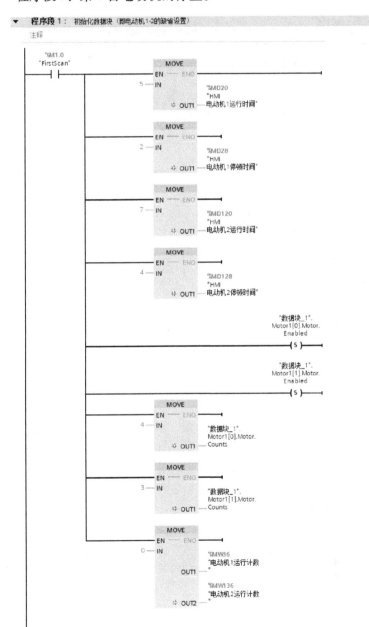

图 3-105　搅拌机电动机控制梯形图

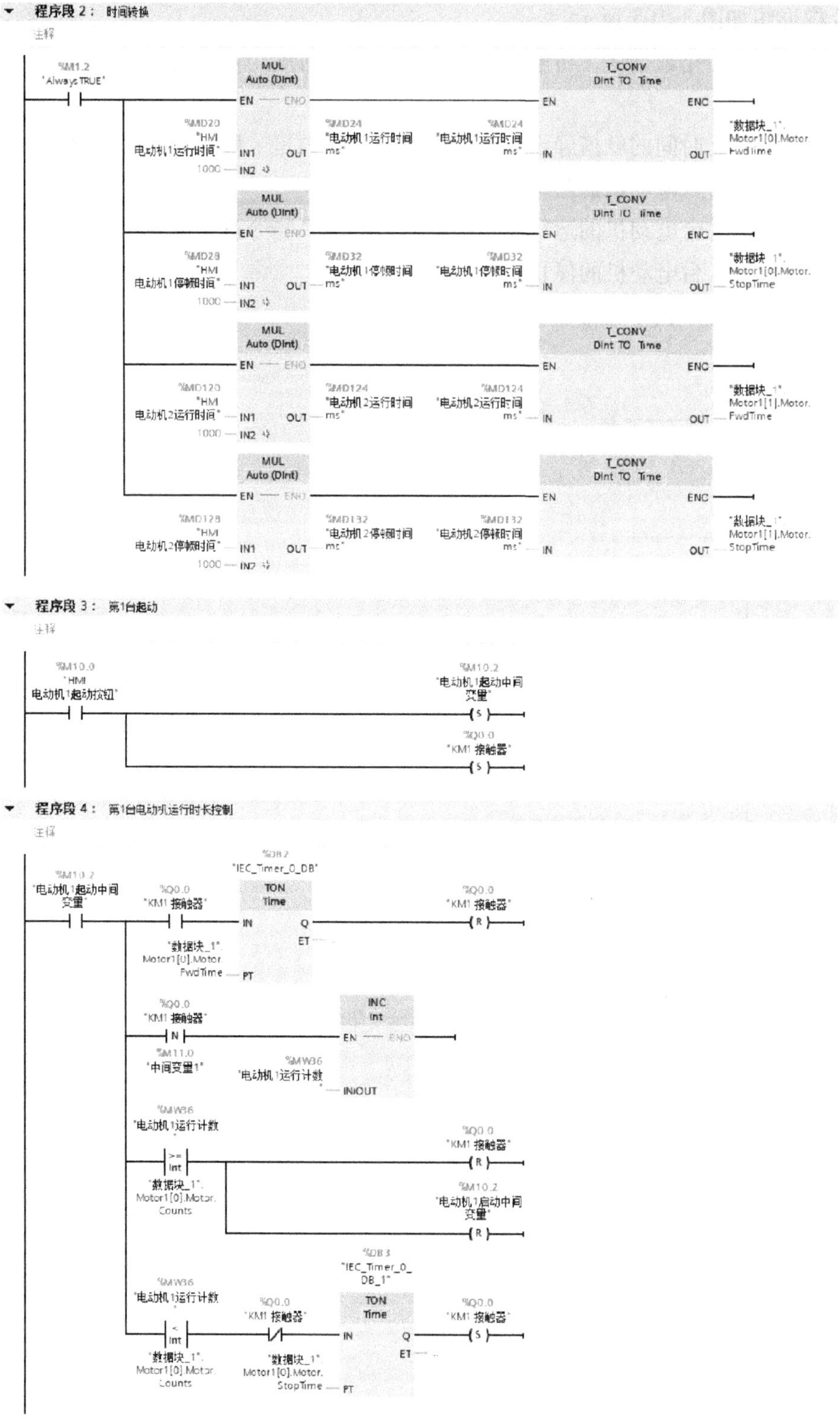

▼ **程序段 2:** 时间转换
注释

▼ **程序段 3:** 第1台起动
注释

▼ **程序段 4:** 第1台电动机运行时长控制
注释

图3-105 搅拌机电动机

▼ **程序段5：** 电动机1停止

注释

```
  %M10.2          %M10.1                                    %M10.2
"电动机1起动中间   "HMI                                      "电动机1起动中间
   变量"        电动机1停止按钮"                                变量"
 ──┤├──────────┤├──────────────────────────────────────────( R )──

  %M10.2                                                    %Q0.0
"电动机1起动中间                                             "KM1 接触器"
   变量"
 ──┤／├──────────────────────────────────────────────────( R )──
```

▼ **程序段6：** 第2台启动

注释

```
  %M110.0                                                   %M110.2
  "HMI                                                    "电动机2起动中间
电动机2起动按钮"                                               变量"
 ──┤├────────────┬───────────────────────────────────────( S )──
                 │
                 │                                         %Q0.1
                 │                                        "KM2 接触器"
                 └───────────────────────────────────────( S )──
```

▼ **程序段7：** 第2台电动机运行时长控制

注释

控制梯形图（续）

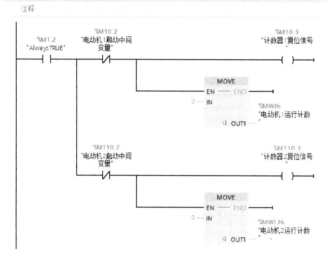

图 3-105 搅拌机电动机控制梯形图 （续）

程序段 6：第 2 台电动机的起动。

程序段 7：第 2 台电动机的运行时长控制，采用 INC 指令进行次数比较。

程序段 8：第 2 台电动机的停止。

程序段 9：复位信号处理，主要是将两台电动机的运行次数清零。

STEP3：触摸屏画面组态

图 3-106 所示为搅拌机电动机控制的触摸屏画面组态，其中使能开关采用元素，并进行如图 3-107 ~ 图 3-109 所示的设置，包括动画定义、打开事件定义、关闭事件定义，分别与 Struct 结构体变量 "数据块_1_Motor1〔0〕_Motor_Enabled" 和 "数据块_1_Motor1〔1〕_Motor_Enabled" 相连。

触摸屏画面组态中，还有一个要点，即当 "使能开关" 为 OFF 时， 启动 按钮将设置为 "不可见"，具体如图 3-110 和图 3-111 所示。

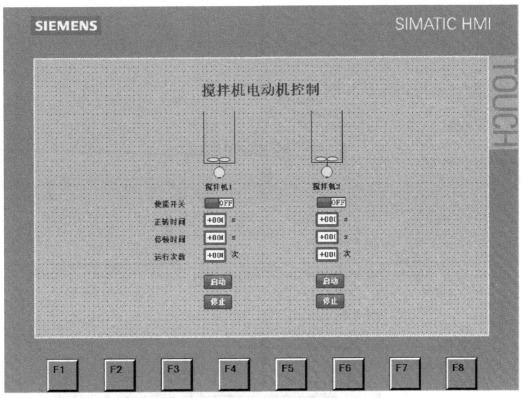

图 3-106　搅拌机电动机控制的触摸屏画面组态

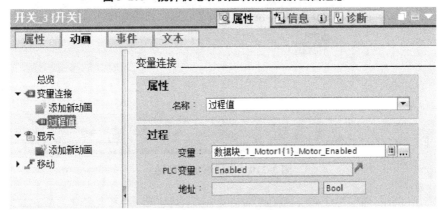

图 3-107　使能开关的动画定义

图 3-108　使能开关的事件定义一

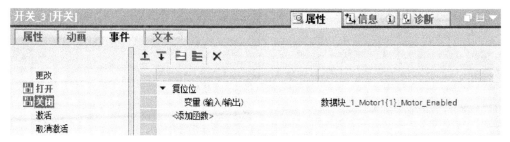

图 3-109　使能开关的事件定义二

图 3-110　按钮添加新动画

图 3-111　可见性的设置

STEP4：调试

图 3-112 所示为搅拌机 1 的使能开关为 OFF 时，其 启动 按钮自动"不可见"。图 3-113 所示是搅拌机 1 的起动示意。

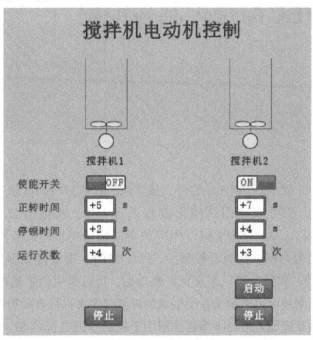

图 3-112　搅拌机 1 的使能开关为 OFF

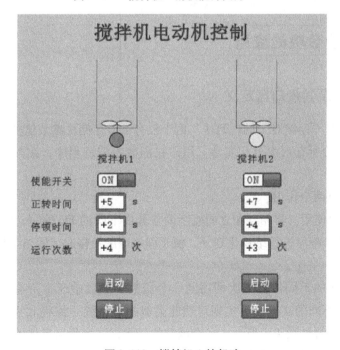

图 3-113　搅拌机 1 的起动

第 4 章

S7-1200 PLC综合控制与编程

在结构化编程中，除了 OB 组织块之外，最常用的就是 FC 和 FB 块，来实现模块化程序的编程。除此之外，还可以使用结构化控制语言 SCL，就是用 IF...THEN、CASE...OF...、FOR、WHILE...DO、REPEAT...UNTIL 等高级语句来构造条件、循环、判断等结构，实现多种复杂逻辑判断。在流程控制中，PLC 的 CPU 要处理流程工业的模拟量输入，就必须采用 ADC（模–数转换器）来实现转换功能，可以采用内置模拟量端子也可以使用模拟量扩展模块，通常还可以采用 PID 所生成的控制偏差来进行自动控制，以便尽可能快速平稳地将受控变量调整到设定值。本章还介绍用于控制步进电机的 S7–1200 PLC 运动控制功能和"轴"的工艺对象。

4.1 函数与函数块的应用

4.1.1 FC 函数及其接口区定义

函数 FC 是不带"存储器"的代码块。由于没有可以存储块参数值的存储数据区，因此调用函数时，必须给所有形参分配实参。用户在函数中编写程序，在其他代码块中调用该函数。

函数 FC 一般有两个作用：

1）作为子程序使用。将相互独立的控制设备分成不同的 FC 编写，统一由 OB 块调用，这样就实现了对整个程序进行结构化划分，便于程序调试及修改，使整个程序的条理性和易读性增强。

2）可以在程序的不同位置多次调用同一个函数。函数中通常带有形参，通过多次调用，并对形参赋值不同的实参，可实现对功能类似的设备统一编程和控制。S7–1200 PLC 添加 FC 函数及其编号如图 4-1 所示。一个函数的最大程序容量与具体的 PLC 类型有关。

如图 4-2 所示为函数的形参接口区，其参数类型分为输入参数、输出参数、输入/输出参数和返回值。本地数据包括临时数据及本地常量。每种形参类型和本地数据均可以定义多

图 4-1 添加 FC 函数及其编号

个变量，其中每个块的临时变量最多为 16KB。

图 4-2 FC 函数形参接口区

Input：输入参数，函数调用时将用户程序数据传递到函数中，实参可以为常数。

Output：输出参数，函数调用时将将函数执行结果传递到用户程序中，实参不能为常数。

InOut：输入/输出参数，调用时由函数读取其值后进行运算，执行后将结果返回，实参不能为常数。

Temp：用于存储临时中间结果的变量，为本地数据区 L，只能作为中间变量在函数内部使用。临时变量在函数调用时生效，函数执行完成后临时变量区被释放，所以临时变量不能存储中间数据。临时变量在调用函数时由系统自动分配，退出函数时系统自动回收，所以数据不能保持。因此采用上升沿/下降沿信号时，如果使用临时变量区存储上一个周期的位状态，将会导致错误。如果是非优化的函数，临时变量的初始值为随机数；如果是优化存储的函数，临时变量中的基本数据类型的变量会初始化为"0"。比如 Bool 型变量初始化为"False"，Int 型变量初始化为"0"。

Constant：声明常量符号名后，程序中可以使用符号代替常量，这使得程序具有可读性且易于维护。符号常量由名称、数据类型和常量值 3 个元素组成。局部常量仅在块内适用。

Return：函数 FC 的执行返回情况，数据类型为 Void。

4.1.2 无形参 FC 函数和有形参 FC 函数

1. 无形参函数（子程序功能）

在函数的接口数据区中可以不定义形参变量，即调用程序与函数之间没有数据交换，只是运行函数中的程序，这样的函数可作为子程序调用。使用子程序可将整个控制程序进行结构化划分，清晰明了，便于设备的调试及维护。例如，控制 3 个相互独立的设备，可将程序分别编写在 3 个子程序中，然后在主程序中分别调用各个子程序，实现对设备的控制。程序结构如图 4-3 所示。

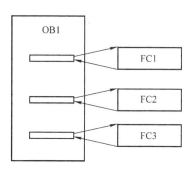

图 4-3 无形参函数 FC 的调用

2. 带有形参的函数 FC

在应用中常常遇到对许多相似功能的设备进行编程。例如，控制多台电动机，每台电动机的运行参数相同，如果分别对每一台电动机编程，除输入输出地址不同外，每台的控制程序基本相同，重复编程的工作量比较大。使用函数可以将一台电动机的控制程序作为模板，在程序中多次调用该函数，并赋值不同的参数，即可实现对多台电动机的控制。

4.1.3 函数块（FB）接口区及其单个实例 DB

1. 函数块（FB）接口区

如图 4-4 所示为添加 FB 块。

与函数 FC 相同，函数块 FB 也带有形参接口区。参数类型除输入参数、输出参数、输入/输出参数、临时数据区、本地常量外，还带有存储中间变量的静态数据区，参数接口如图 4-5 所示。

Input：输入参数，函数块调用时将用户程序数据传递到函数块中，实参可以为常数。

Output：输出参数，函数块调用时将函数块的执行结果传递到用户程序中，实参不能为常数。

InOut：输入/输出参数，函数块调用时由函数块读取其值后进行运算，执行后将结果返回，实参不能为常数。

Static：静态变量，不参与参数传递，用于存储中间过程值。

Temp：用于函数内部临时存储中间结果的临时变量，不占用单个实例 DB 空间。临时变量在函数块调用时生效，函数执行完成后，临时变量区被释放。

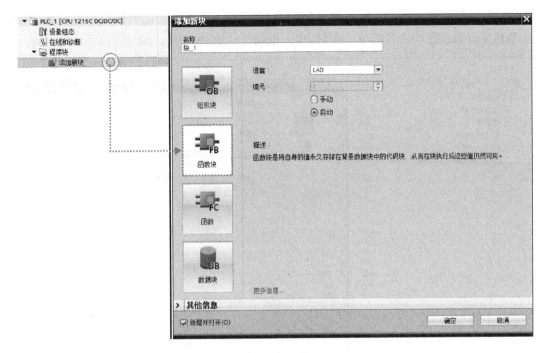

图4-4 添加FB块

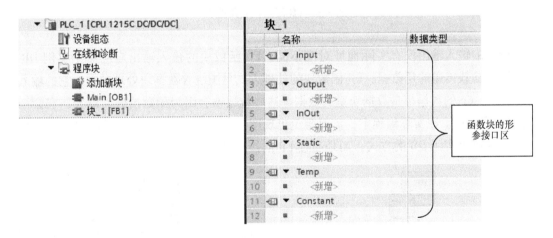

图4-5 FB函数块及其形参接口区

Constant：声明常量的符号名后，在程序中可以使用符号代替常量，这使得程序可读性增强，且易于维护。符号常量由名称、数据类型和常量值3个元素组成。

2. 函数块（FB）的数据块

函数块的调用都需要一个单个实例DB，在其中包含函数块中所声明的形参和静态变量。例如，调用S7-1200 PLC指令中提供的PID函数块时，博途为每个控制回路分配一个单个实例DB，在单个实例DB中存储控制回路所有的参数。S7-1200 PLC中一个函数块的最大程序容量与CPU类型有关。

相比于FC没有存储功能来说，FB是具有存储功能的，因为FB调用时需要单个实例

DB，而 FC 是没有的。图 4-6 所示为在 OB 块中调用块_1[FB1]时的数据块调用选项，程序会自动建立以该函数块命名的单个实例 DB，也就是"块_1_DB"，编号可以手动或自动。

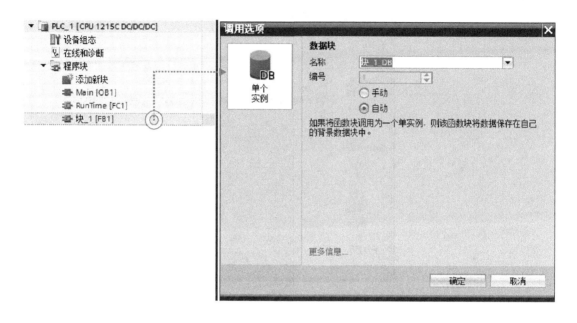

图 4-6　FB 函数块调用选项

与 FC 的输入输出没有实际地址对应不同，FB 函数块的输入输出对应单个实例 DB 地址，且 FB 参数传递的是数据。FB 函数块的处理方式是围绕着数据块处理数据，它的输入输出参数及 Static 的数据都是数据块里的数据，这些数据不会因为函数消失而消失，它会一直保持在数据块里。在实际编程中，需要避免出现图 4-7 左边的 OB、FC 和其他 FB 直接访问某一个 FB 单个实例 DB 的方式，而是通过 FB 的接口参数来访问（见图 4-7 右边）。

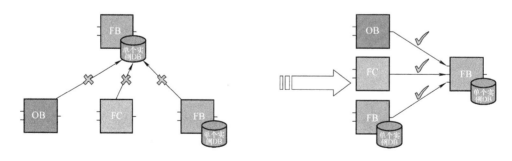

图 4-7　访问 FB 块中单个实例 DB 的正确方式

4.1.4　FC 应用实例

【实例 4-1】　两台电动机运行时长的计算

ex4-1

任务说明

两台设备使用的电动机需要进行以秒为单位的运行时长统计，每台电动机均采用独立的启动按钮、停止按钮，要求用 FC 编程来实现电动机的运行时长，可以按下复位按钮对计时进行统一复位。

解决步骤

STEP1：定义输入/输出元件和电气接线

表4-1所示为输入/输出元件及控制功能，其电气接线如图4-8所示。

表4-1　输入/输出元件及控制功能

	PLC 软元件	元件符号/名称
输入	I0.0	SB11/启动按钮1
	I0.1	SB12/停止按钮1
	I0.2	SB21/启动按钮2
	I0.3	SB22/停止按钮2
	I0.4	SB31/复位按钮
输出	Q0.0	KM1/电动机1接触器
	Q0.1	KM2/电动机2接触器

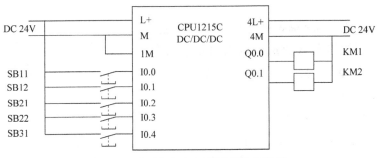

图4-8　电动机运行时长计算电气接线

STEP2：FC 编程

本实例中每一台电动机的运行时长统计基本相同，就是计算接触器接通的累计时间，定义该 FC 为 RunTime，其输入、输出等接口参数如图4-9所示。图4-10所示为 FC 的梯形图，跟 OB1 中不一样的是，接口参数的前面含标识符"#"。

图4-11所示的 FC1 RunTime 为 4 个参数的函数，包括 Start 采样信号、Rsttime 复位信号、TimeBase 脉冲 1s 上升沿、RTime 时长数据。对于 FC 块的编程需要注意接口

RunTime

名称	数据类型
▼ Input	
■ Start	Bool
■ Rsttime	Bool
▶ Output	
▼ InOut	
■ TimeBase	Bool
■ RTime	Int
▶ Temp	
▶ Constant	
▼ Return	
■ RunTime	Void

图4-9　定义 RunTime FC 的接口参数名称与数据类型

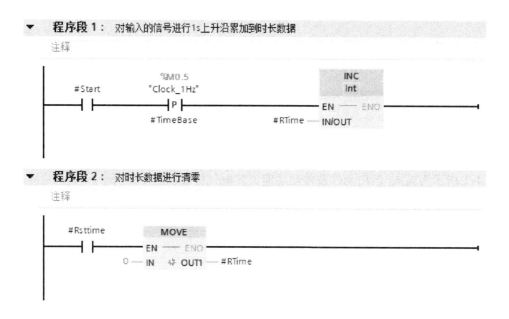

图 4-10　FC 梯形图

参数，以本实例中的#TimeBase 变量为例，如果定义
为 Temp 的话，则意味着该变量在调用时重新要归
零，而无法保持 1s 脉冲的上升沿。一个 PLC 的扫描
周期低至 ms 级，因此，会发生计算故障。

STEP3：OB1 主程序编程

图 4-12 所示是 OB1 主程序梯形图。

程序段 1、2：电动机 1、2 起停自锁控制。

程序段 3：调用 FC1 进行计算电动机 1 运行时
长，其中 Start 参数为 Q0.0 接触器触点信号，Rsttime
为复位按钮 I0.4，TimeBase 是电动机 1 每秒上升沿
脉冲的中间变量 M9.0，RTime 为电动机 1 的时长结
果 MW10。

程序段 4：调用 FC1 进行计算电动机 2 运行时
长，除 Rsttime 为复位按钮 I0.4 与电动机 1 时长复位
共用，其他所有参数均是单独。

STEP4：调试

图 4-13 所示是 FC1 运行监控，此时运行时长为 70s。

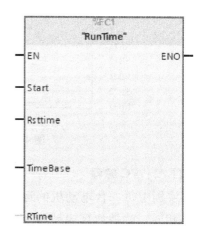

图 4-11　FC1 RunTime 接口示意

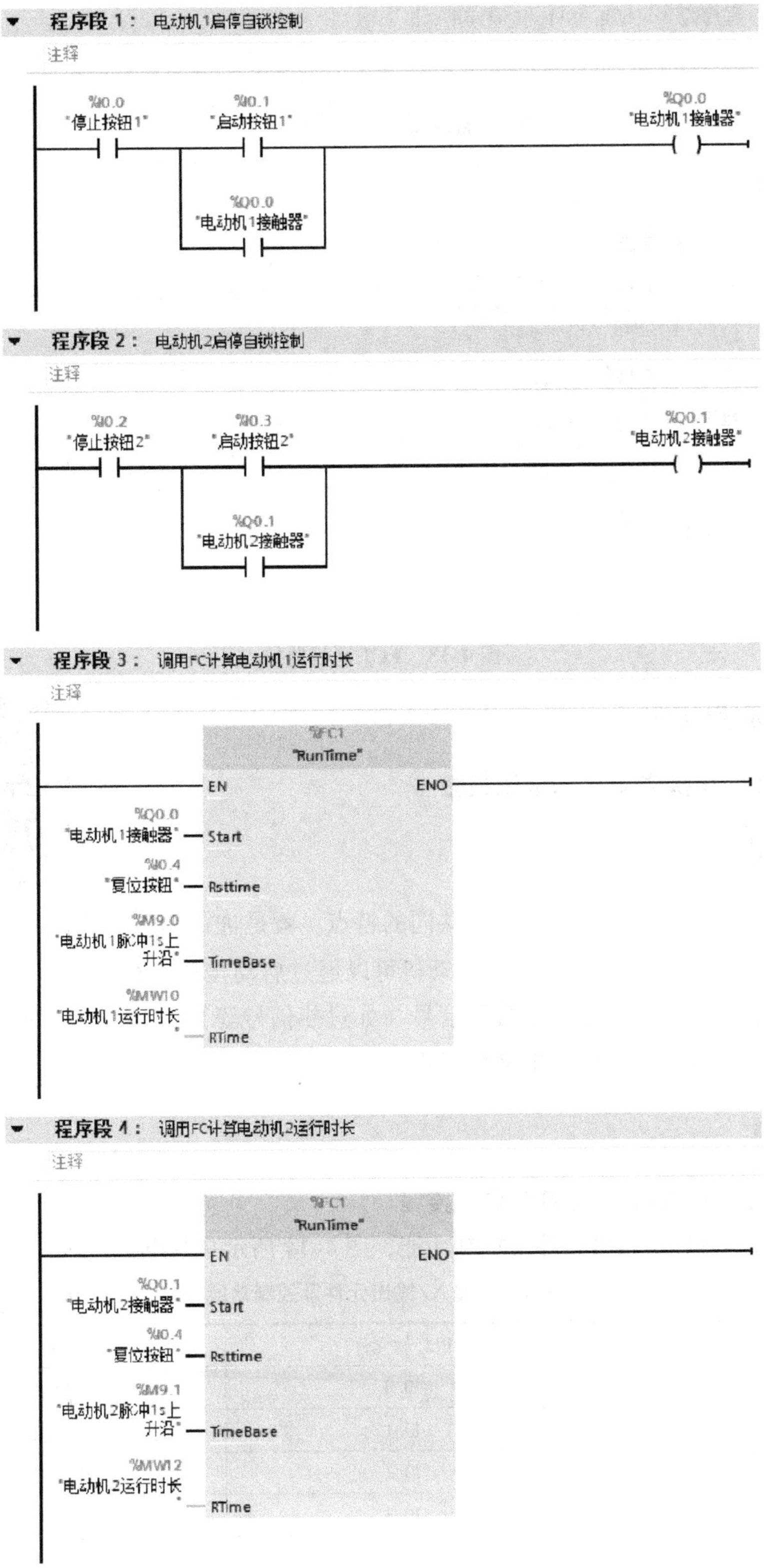

程序段 1： 电动机1启停自锁控制

注释

```
      %I0.0           %I0.1                                          %Q0.0
    "停止按钮1"      "启动按钮1"                                  "电动机1接触器"
       ┤├              ┤├                                            ( )
                       %Q0.0
                   "电动机1接触器"
                       ┤├
```

程序段 2： 电动机2启停自锁控制

注释

```
      %I0.2           %I0.3                                          %Q0.1
    "停止按钮2"      "启动按钮2"                                  "电动机2接触器"
       ┤├              ┤├                                            ( )
                       %Q0.1
                   "电动机2接触器"
                       ┤├
```

程序段 3： 调用FC计算电动机1运行时长

注释

```
                           %FC1
                         "RunTime"
              ┤├ EN                 ENO ├
      %Q0.0
  "电动机1接触器" ─ Start
      %I0.4
    "复位按钮" ─ Rsttime
      %M9.0
"电动机1脉冲1s上
    升沿" ─ TimeBase
      %MW10
 "电动机1运行时长"
              ─ RTime
```

程序段 4： 调用FC计算电动机2运行时长

注释

```
                           %FC1
                         "RunTime"
              ┤├ EN                 ENO ├
      %Q0.1
  "电动机2接触器" ─ Start
      %I0.4
    "复位按钮" ─ Rsttime
      %M9.1
"电动机2脉冲1s上
    升沿" ─ TimeBase
      %MW12
 "电动机2运行时长"
              ─ RTime
```

图 4-12　OB1 主程序梯形图

程序段 3： 调用FC计算电动机1运行时长

注释

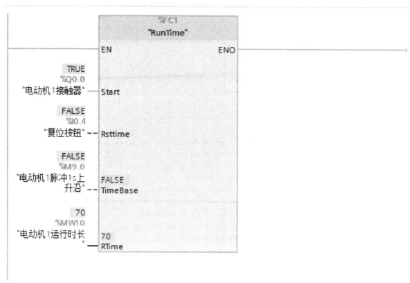

图 4-13   FC1 运行监控

4.1.5 FB 应用实例

【实例 4-2】   电动机起停与故障报警

 任务说明

ex4-2

在车间中每一台电动机，都有一个共同的特点，就是进行起停和故
障报警，请编写一个 FB，要求如下：电动机可以通过启动按钮进行起动，通过停止按钮进
行停止；在任何时候，有一个故障报警信号（如过热信号等）连续输入时间达到 8s 时，即
刻点亮警示灯，同时将运行中的电动机停止。

解决步骤

STEP1：定义输入/输出元件和电气接线

表 4-2 所示为输入/输出元件及控制功能，图 4-14 所示是其电气接线。

表 4-2   输入/输出元件及控制功能

	PLC 软元件	元件符号/名称
输入	I0.0	SB1/复位按钮
	I0.1	SQ1/故障信号
	I0.2	SB2/启动按钮
	I0.3	SB3/停止按钮
输出	Q0.0	HA/电铃
	Q0.1	KM/电动机接触器

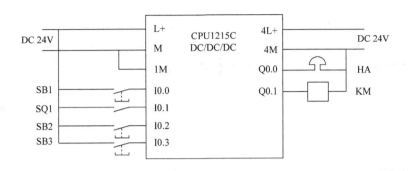

图 4-14   电动机起停与故障报警电气接线

STEP2：FB 编程

新建一个 FB 块 WarnStart，其形参定义如图 4-15 所示，包括：启动按钮 StartPB、停止按钮 StopPB、故障信号 Fault、复位按钮 RstPB 等输入参数，电铃 Bell 和电动机接触器 Motor 等输出参数，以及每秒上升沿 TimeBase 和时长 Tim 等输入输出参数。

名称	数据类型	默认值
▼ Input		
■ StartPB	Bool	false
■ StopPB	Bool	false
■ Fault	Bool	false
■ RstPB	Bool	false
■ <新增>		
▼ Output		
■ Bell	Bool	false
■ Motor	Bool	false
■ <新增>		
▼ InOut		
■ TimeBase	Bool	false
■ Tim	Int	0

图 4-15   FB 块 WarnStart 的形参定义

图 4-16 所示为 FB 梯形图。

如图 4-17 所示在 OB1 中调用 FB 块时，自动会生成 DB 块，如图 4-18 所示是 DB1 块的变量名称和数据类型。

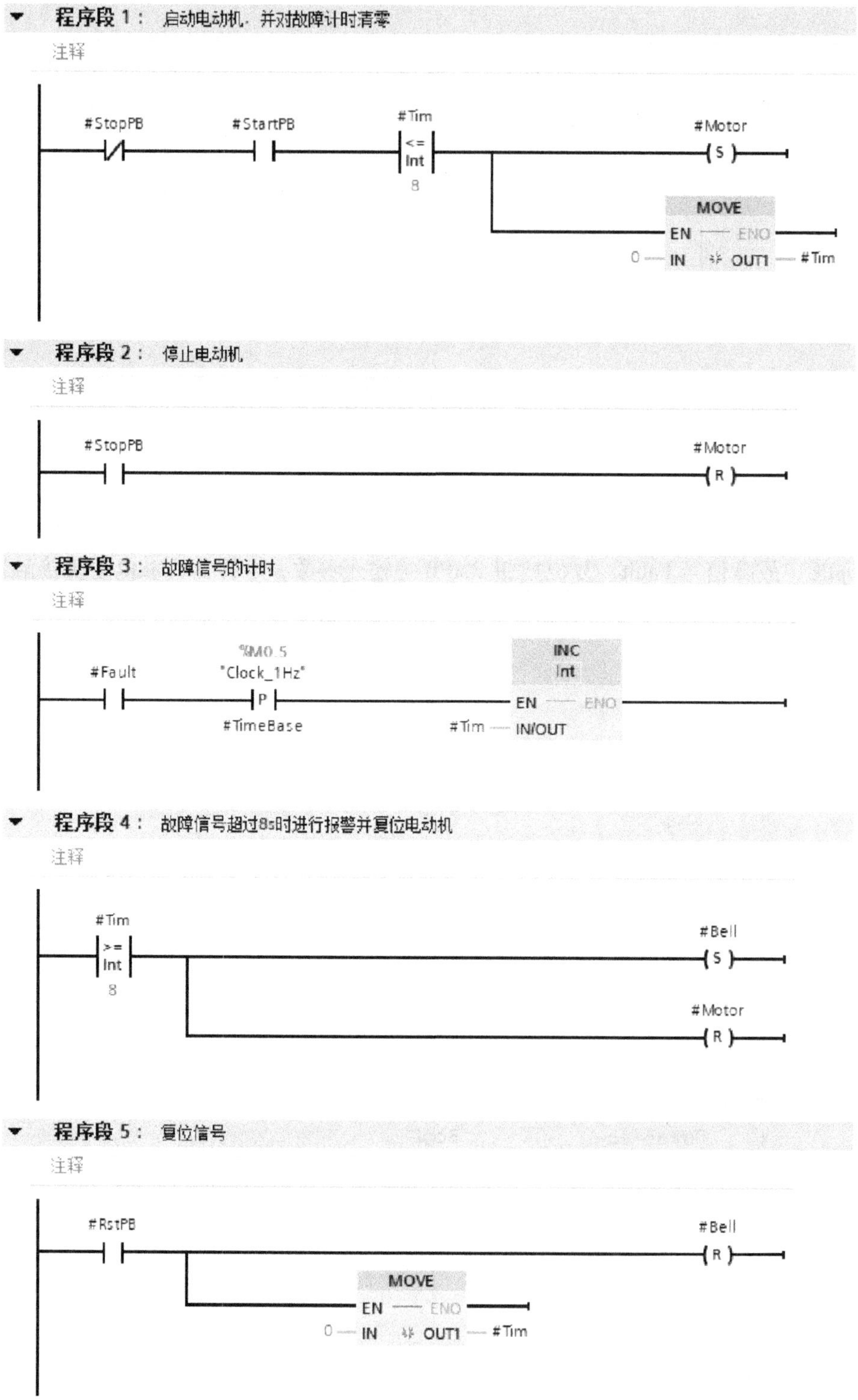

▼ **程序段 1：** 启动电动机，并对故障计时清零

注释

```
        #StopPB        #StartPB        #Tim                              #Motor
        ──┤/├──        ──┤ ├──       ──┤<=├──        ┌─────────────      ──( S )──
                                        Int          │
                                         8           │
                                                     │           ┌─────MOVE─────┐
                                                     │           │     EN   ENO │
                                                     └───────────┤              ├──
                                                              0 ──┤ IN  ※ OUT1 ├── #Tim
                                                                 └──────────────┘
```

▼ **程序段 2：** 停止电动机

注释

```
        #StopPB                                                         #Motor
        ──┤ ├──                                                        ──( R )──
```

▼ **程序段 3：** 故障信号的计时

注释

```
                          %M0.5                           ┌────INC────┐
        #Fault          "Clock_1Hz"                       │    Int    │
        ──┤ ├──          ──┤P├──                          │ EN    ENO │──
                        #TimeBase                  #Tim ──┤ IN/OUT    │
                                                          └───────────┘
```

▼ **程序段 4：** 故障信号超过8s时进行报警并复位电动机

注释

```
        #Tim                                                            #Bell
        ──┤>=├──        ┌──────────────────────────────────            ──( S )──
          Int           │
           8            │                                               #Motor
                        └──────────────────────────────────            ──( R )──
```

▼ **程序段 5：** 复位信号

注释

```
        #RstPB                                                          #Bell
        ──┤ ├──         ┌─────────────────                             ──( R )──
                        │
                        │        ┌─────MOVE─────┐
                        │        │     EN   ENO │
                        └────────┤              ├──
                              0 ──┤ IN  ※ OUT1 ├── #Tim
                                 └──────────────┘
```

图 4-16 FB 梯形图

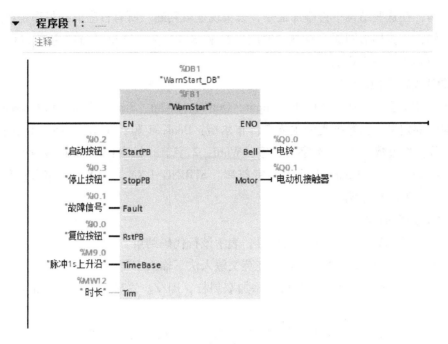

图 4-17　主程序调用 FB1

	名称		数据类型	起始值	保持	可从 HMI/...
		WarnStart_DB				
1	▼	Input				
2	■	StartPB	Bool	false	☐	☑
3	■	StopPB	Bool	false	☐	☑
4	■	Fault	Bool	false	☐	☑
5	■	RstPB	Bool	false	☐	☑
6	▼	Output				
7	■	Bell	Bool	false	☐	☑
8	■	Motor	Bool	false	☐	☑
9	▼	InOut				
10	■	TimeBase	Bool	false	☐	☑
11	■	Tim	Int	0	☐	☑

图 4-18　DB1 块的变量名称和数据类型

4.2　SCL 及其综合应用

4.2.1　SCL 语言指令概述

SCL 是 Structured Contorl Language 的简称,即结构化控制语言。在建立 OB、FB、FC 等程序块时可以直接选择 SCL 语言。SCL 语言类似计算机高级语言,主要用 IF...THEN、CASE... OF...、FOR、WHILE...DO、REPEAT...UNTIL 等语句去构造条件、循环、判断

这样的结构，在这些结构中再添加指令，去实现逻辑判断。所有程序的编写都是在纯文本的环境下编辑，不像梯形图那么直观，但应用起来非常灵活，这也是目前主流 PLC 支持的编程语言和 IEC61131 – 3 规范。

1. SCL 输入输出定义

以 FB、FC 编程为例，SCL 共有 Input、Output、InOut、Static、Temp 和 Constant 等输入输出变量需要定义，其数据类型主要有：布尔型：Bool，1 位；字节：Byte，1 字节；整数：Int，2 字节；长整数：Dint，4 字节；字：Word，2 字节；长字：DWord，4 字节；浮点数：Real，4 字节；字符：Char，1 字节；字符串：STRING［XY］，XX + 2 字节；数组定义：ARRAY［X..Y］of 类型。

2. SCL 指令的规范

1）一行代码结束后要添加英文分号，表示该行代码结束。

2）所有代码程序都为英文字符，在英文输入法下输入字符。

3）可以添加中文注释，注释前先添加双斜杠，即//。这种注释方法只能添加行注释，段注释要插入一个注释段。

4）在 SCL 中变量需要在双引号内，定义好变量后软件能辅助添加。

3. SCL 赋值指令

赋值是比较常见的指令，在 SCL 语言中赋值指令的格式是，一个冒号加等号，即：=。从梯形图到 SCL 指令，具体的赋值变化见表4-3。

表 4-3 梯形图与 SCL 指令的对比

梯形图	SCL 指令	备注
M400.0 ——┤├—— M400.1 ——( )——	M400.1：= M400.0	左右次序跟梯形图相反
M100.0 ——┤/├—— M100.1 ——( )——	M100.1：= NOT M100.0	取反，用 NOT 指令
M100.0 ——┤├—— M100.1 ——(S)——	IF（M100.0）THEN 　　M100.1：= TRUE END_ IF	S 置位指令，用 IF...THEN 语句，输出为 TRUE
M100.0 ——┤├—— M100.1 ——(R)——	IF（M100.0）THEN 　　M100.1：= FALSE END_ IF	R 复位指令，用 IF...THEN 语句，输出为 FALSE

4. 位逻辑运算指令

在 SCL 语言中常用的位逻辑指令有：

1）取反指令：NOT，与梯形图中的 NOT 指令用法相同。

2）与运算指令：AND，相当于梯形图中的串联关系。

3）或运算指令：OR，相当于梯形图中的并联关系。

4）异或运算指令：XOR，在梯形图中字逻辑运算中有异或运算指令，没有 BOOL 的异或指令。

5. 数学运算指令

SCL 语言中数学运算指令与梯形图中的用法基本相同，但助记符不同，常用到的数学运算有：

1）加法：用符号"＋"运算；

2）减法：用符号"－"运算；

3）乘法：用符号"＊"运算；

4）除法：用符号"/"运算；

5）取余数：用符号"MOD"运算；

6）幂：用符号"＊＊"运算。

其他数学函数包括 SIN、COS、TAN、LN、LOG、ASIN、ACOS、ATAN 等。

6. 条件控制指令

常见的条件控制指令如 IF...THEN、CASE... OF... 等，以 IF...THEN 为例，其格式说明如下：

IF a = b THEN

;

ELSIF a = c THEN

;

ELSE

;

END_ IF;

在条件控制指令中常常会用到变量比较，如 >、> =、<、< =、=，也会用到逻辑符号，如 and、or、not 等。

7. 循环控制指令

共有 3 种循环控制指令，分别是 FOR、WHILE...DO、REPEAT...UNTIL 指令，具体如下：

（1）FOR 指令

FOR Control Variable： = Start TO End BY Increment DO

;

END_FOR;

（2）WHILE...DO 指令

WHILE a = b DO

;

END_WHILE;

（3）REPEAT...UNTIL 指令

REPEAT

;

UNTIL a = b

END_REPEAT;

以上循环控制指令也会经常和条件控制指令配合使用。

4.2.2 SCL 编程实例

【实例 4-3】 用 SCL 指令实现广告灯模式切换

ex4-3

 任务说明

如图 4-19 所示，共有 8 个广告灯一字排列。现有 7 种模式，即模式 1 为第 1、8 灯亮，模式 2 为第 1、2、7、8 灯亮，模式 3 为第 1、2、3、6、7、8 灯亮，模式 4 全亮，模式 5 为 2、3、4、5、6、7 灯亮，模式 6 为 3、4、5、6 灯亮，模式 7 为 4、5 灯亮。现在用切换按钮在模式 1–7 之间循环动作。请用 SCL 进行编程。

广告灯8 ◄──────────────────────────── 广告灯1

图 4-19 广告灯模式切换示意

解决步骤

STEP1：定义输入/输出元件和电气接线

表 4-4 所示为输入/输出元件定义，图 4-20 所示为电气接线。

表 4-4 输入/输出元件及控制功能

	PLC 软元件	元件符号/名称
输入	I0.0	SB1/切换按钮
输出	Q0.0 ~ Q0.7	HL1 ~ 8/广告灯 1 ~ 8

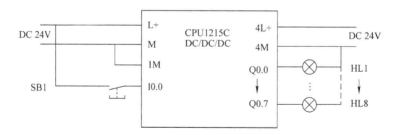

图 4-20 广告灯模式切换电气接线

STEP2：FC 块用 SCL 编程

表 4-5 所示为 7 种广告灯模式的定义，可以用十六进制或十进制来表示 QB0 的输出，即 QB0：= 129（十进制）表示模式 1，QB0：= 195（十进制）表示模式 2……依次类推。显然这种赋值表示方式用 SCL 编程非常直接。

表4-5 7种广告灯模式的定义

模式	Q0.7	Q0.6	Q0.5	Q0.4	Q0.3	Q0.2	Q0.1	Q0.0	十六进制	十进制
1	1	0	0	0	0	0	0	1	81	129
2	1	1	0	0	0	0	1	1	C3	195
3	1	1	1	0	0	1	1	1	E7	231
4	1	1	1	1	1	1	1	1	FF	255
5	0	1	1	1	1	1	1	0	7E	126
6	0	0	1	1	1	1	0	0	3C	60
7	0	0	0	1	1	0	0	0	18	24

图4-21所示是添加SCL语言编程的FC块，与采用梯形图（即LAD）编程不同的是，要选择语言为SCL。

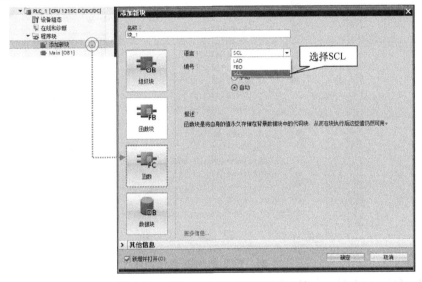

图4-21 添加SCL语言编程的FC块

本实例希望最终能出现的是图4-22所示的FC1 Light块，其中EN和ENO为系统自动生成，输入接口pb表示切换按钮（布尔量），输出Out1表示模式（字节），Mode则是输入输出接口（整数），这些参数定义都需要在图4-23中完成。

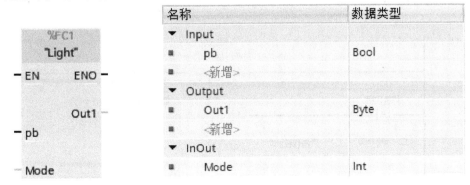

图4-22 FC1 Light块示意   图4-23 FC1的参数定义

编程时可以直接从 SCL 编辑环境 [IF... CASE... FOR... WHILE... (*..*) REGION] 中直接选取 "CASE ... OF ..."、IF... 等常见的语句。图 4-24 所示是本实例 FC1 Light 的具体程序，所有的形参用#开始，如 #pb 表示按钮信号，#Mode 表示模式 1-7，#Out1 表示 QB0 输出十进制字节。

```
 1 ☐IF #pb THEN
 2      // Statement section IF
 3 ☐    CASE #Mode OF
 4          1..6:  // Statement section case 1 to 6
 5              #Mode:=#Mode+1   ;
 6          ELSE  // Statement section ELSE
 7              #Mode:=1;
 8      END_CASE;
 9      ;
10  END_IF;
11 ☐CASE #Mode OF
12      1:  // Statement section case 1
13          #Out1:=129;
14      2:  // Statement section case 2
15          #Out1 := 195;
16      3:  // Statement section case 3
17          #Out1 := 231;
18      4:  // Statement section case 4
19          #Out1 := 255;
20      5:  // Statement section case 5
21          #Out1 := 126;
22      6:  // Statement section case 6
23          #Out1 := 60;
24      7:  // Statement section case 7
25          #Out1 := 24;
26      ELSE  // Statement section ELSE
27          ;
28  END_CASE;
```

图 4-24　FC1 的 SCL 具体程序

STEP3：OB1 组织块调用 FC1

在 OB1 中，只需要将 FC1 拖曳至图 4-25 的梯形图即可，然后将参数按要求进行填写完整，即 pb 端用 I0.0 的上升沿脉冲，Mode 端用 MW12，Out1 端接 QB0 输出。整个梯形图编程简洁明了，说明 FC 块应用 SCL 编程的妙处了。

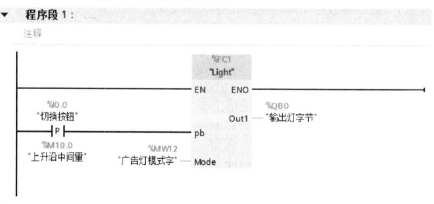

图 4-25　主程序 OB1 梯形图

4.2.3 FB 应用实例

【实例4-4】 用 FB 编程实现电动机控制

ex4-4

任务说明

跟【实例4-2】类似，如图4-26所示，电动机可以通过启动按钮进行起动，通过停止按钮进行停止；在任何时候，有一个故障报警信号（如过热信号等）连续输入时间达到10s时，即刻点亮故障报警灯，同时将运行中的电动机停止。请编写一个FB。

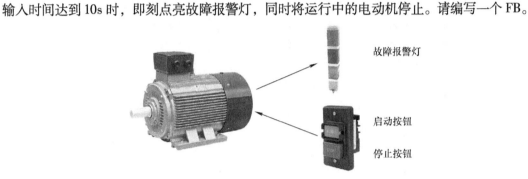

故障报警灯

启动按钮

停止按钮

图 4-26 电动机控制示意

解决步骤

STEP1：定义输入/输出元件和电气接线

表4-6所示为输入/输出元件定义，图4-27所示为电气接线。

表 4-6 输入/输出元件及控制功能

	PLC 软元件	元件符号/名称
输入	I0.0	SB1/启动按钮
	I0.1	SB2/停止按钮
	I0.2	SQ1/故障信号
	I0.3	SB3/复位按钮
输出	Q0.0	KM/电动机接触器
	Q0.1	HL/故障报警灯

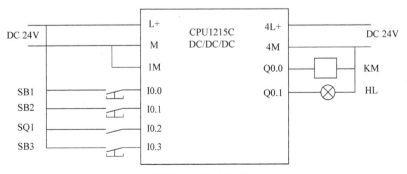

图 4-27 电气接线

STEP2：FB 块的 SCL 编程

添加 FB 块 Motor，确定 FB 函数块的输入输出参数并按照【实例 4-3】的方法进行 SCL 编程（见图 4-28）。FB 的 SCL 编程中，需要注意 Static 参数中定时器的写法，包括 IEC 定时器的类型必须指定为 IEC_TIMER，同时 TON、TP 或 TOF 类型必须写在 SCL 中，如本实例中的 #DelayTime. TON（IN：=#Fault；PT：=#Time）。

名称		数据类型	默认值
▼ Input			
■	StartPB	Bool	false
■	StopPB	Bool	false
■	Fault	Bool	false
■	RstPB	Bool	false
■	Time	Time	T#0ms
▼ Output			
■	Alarm	Bool	false
■	Out	Bool	false
▶ InOut			
▼ Static			
■ ▼	DelayTime	IEC_TIMER	
■	PT	Time	T#0ms
■	ET	Time	T#0ms
■	IN	Bool	false
■	Q	Bool	false

```
1  IF #StartPB THEN
2      // Statement section IF
3      #Out:=TRUE;
4  ELSIF (#DelayTime.Q) OR (#StopPB) THEN
5      #Out := FALSE;
6      IF #DelayTime.Q THEN
7          #Alarm := TRUE;
8      END_IF;
9  END_IF;
10 IF #Time > T#0s THEN
11     // Statement section IF
12     #DelayTime.TON(IN:=#Fault,PT:=#Time);
13 END_IF;
14 IF #RstPB AND NOT #Fault THEN
15     // Statement section IF
16     #Alarm := FALSE;
17 END_IF;
```

图 4-28　FB 函数块的输入输出参数及 SCL 编程

STEP3：OB1 块的编程

写 OB1 主程序，调用 FB 功能块 Motor（见图 4-29）。

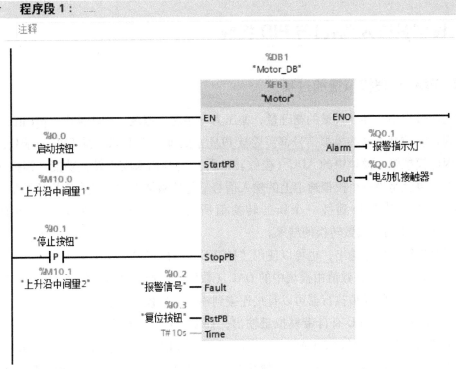

图 4-29　OB1 主程序

STEP4：调试

除了可以进行梯形图的监控之外，还可以进行 DB 块的监控，如本实例中对 FB 调用的 Motor_DB 进行监控，即当电动机接触器为 TRUE 时，此时 Fault 信号进来，进行持续计时，为 T#3S_884MS，如图 4-30 所示。

		名称		数据类型	起始值	监视值
1	◀	▼ Input				
2	◀	■	StartPB	Bool	false	FALSE
3	◀	■	StopPB	Bool	false	FALSE
4	◀	■	Fault	Bool	false	TRUE
5	◀	■	RstPB	Bool	false	FALSE
6	◀	■	Time	Time	T#0ms	T#10S
7	◀	▼ Output				
8	◀	■	Alarm	Bool	false	FALSE
9	◀	■	Out	Bool	false	TRUE
10	◀	InOut				
11	◀	▼ Static				
12	◀	■ ▼ DelayTime		IEC_TIMER		
13	◀	■	PT	Time	T#0ms	T#10S
14	◀	■	ET	Time	T#0ms	T#3S_884MS
15	◀	■	IN	Bool	false	TRUE
16	◀	■	Q	Bool	false	FALSE

图 4-30　FB 调用数据块的监视值

4.3 模拟量输入/输出与 PID 控制

4.3.1 PLC 处理模拟量的过程

在生产过程中,存在大量的物理量,如压力、温度、速度、旋转速度、pH 值、黏度等。为了实现自动控制,这些模拟信号都需要被 PLC 来处理。由于 PLC 的 CPU 只能处理数字量信号,因此模拟输入模块中的 ADC(模数转换器)就是用来实现转换功能。模数转换是顺序执行的,也就是说每个模拟通道上的输入信号是轮流被转换的。模数转换的结果存在结果存储器中,并一直保持到被一个新的转换值所覆盖,在 S7-1200 PLC 中可直接使用"MOVE"指令来访问模数转换的结果。

如果要进行模拟量输出,也可以使用"MOVE"向模拟输出模块中写模拟量的数值(由用户程序计算所得),该数值由模块中的 DAC(数模转换器)变换为标准的模拟信号。采用标准模拟输入信号的模拟执行器可以直接连接到模拟输出模块上。

S7-1200 PLC 的 CPU 有自带模拟量输出,如 CPU1215C 自带 2 个模拟量输入(即 2 * AI)和 2 个模拟量输出(即 2 * AQ)。当用户需要更多的模拟量输入输出点数的时候,就需要像图 4-31 所示进行硬件配置,该系统中包括 CPU1215C DC/DC/DC、SM 1231 AI4 × HF、SM 1231 AI8 × RTD、SM 1232 AQ4 和 SM 1234 AI4/AQ2,因此加起来共有 18 个 AI(其中 8 个接 RTD 传感器)、6 个 AQ。

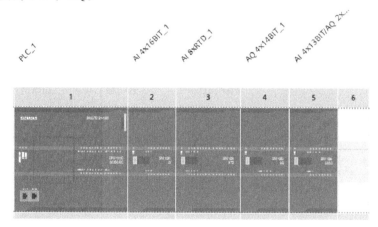

图 4-31 设备配置

可以从博途软件目录中找到 S7-1200 PLC 的模拟量输入/输出模块,目前共有如图 4-32 所示的模块种类。

4.3.2 模拟量使用实例

【实例 4-5】 用 CPU 自带模拟量输出实现变频器多段速控制

ex4-5

📋 **任务说明**

如图 4-33 所示，S7-1200 CPU1215 DC/DC/DC 内置 2 个模拟量输入、2 个模拟量输出，现在采用频率按钮来进行 8 段速度的切换，其频率分别为 10.0、15.5、21.5、25.0、32.3、38.5、42.0、50.0Hz，同时具有变频器启停功能。

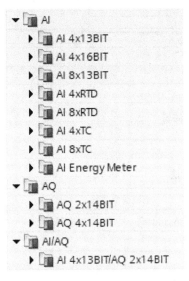

图 4-32　模拟量输入/输出种类

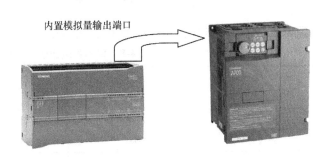

图 4-33　PLC 控制变频器多段速控制示意

🛠 **解决步骤**

STEP1：定义输入/输出元件和电气接线

表 4-7 所示是输入/输出元件。

表 4-7　输入/输出元件

输入	说明	输出	说明
I0.0	启动按钮 SB1	Q0.0	变频器启动
I0.1	停止按钮 SB2	AQ0	变频器频率设定
I0.2	切换按钮 SB3		

图 4-34 所示为变频器多段速控制电气接线，需要注意的是 CPU1215C DC/DC/DC 内置 AQ 输出为电流，如与三菱 700 系列变频器相连，需要选择"4"号电流信号端子，同时用 RH 端子进行同步切换，因此 STF 和 RH 端子信号都接的是 KA 触点。

STEP2：PLC 编程

本实例需要建立 1 个全局 DB 块来存放 2 个数组，第一个数组 Freq，定义为 Array [0..7] of Real，存放 8 段实际频率，即 10.0、15.5、21.5、25.0、32.3、38.5、42.0、50.0Hz；第二个数组为 FreqQ，定义为 Array [0..7] of Int，存放 8 段频率所对应的模拟量

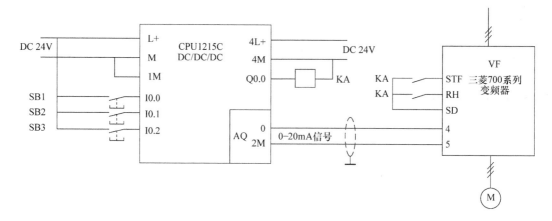

图4-34　变频器多段速控制电气接线

输出值。表4-8所示是模拟量输出的电流表示法。

表4-8　模拟量输出的电流表示法

十进制	十六进制	电流输出范围	
		±20 mA	注释
32767	7FFF		上溢
32512	7F00		
32511	7EFF	23.52 mA	过冲范围
27649	6C01		
27648	6C00	20 mA	额定范围
20736	5100	15 mA	
1	1	723.4 nA	
0	0	0 mA	
−1	FFFF		下冲范围
−32512	8100		
−32513	80FF		下溢
−32768	8000		

接下来建立2个FC块（见图4-35和图4-36），包括FC1 ConvHz用来将频率值转为电流所表示的十进制整数值；FC2 AQHz用来将序号0-7对应的频率值输出到模拟量端口。两个FC均用SCL编写，非常简洁。

图4-37所示是OB1主程序梯形图程序。

程序段1：变频器启停自锁控制。

程序段2：调用FC1 ConvHz来转换"数据块_1".Freq的值（事先输入初始值）为"数据块_1".FreqQ的值。

程序段3：设置多段速序号MW12为0。

程序段4：利用切换按钮进行MW12多段速的0-7切换，这里采用INC指令。

名称	数据类型	默认值
▼ Input		
■ ▶ Arr1	Array[0..7] of Real	
▼ Output		
■ ▶ Arr2	Array[0..7] of Int	
▶ InOut		
▼ Temp		
■ i	Int	

```
1 FOR #i := 0 TO 7 DO
2     // Statement section FOR
3     #Arr2[#i] := ROUND((#Arr1[#i] / 50.0) * 27648);
4 END_FOR;
```

图 4-35 FC1 ConvHz 程序

名称	数据类型
▼ Input	
■ Number	Int
■ ▶ Arr	Array[0..7] of Int
▼ Output	
■ HzInt	Int
▶ InOut	
▼ Temp	
■ i	Int

```
1 FOR #i :=0 TO 7 DO
2     // Statement section FOR
3     IF #Number=#i THEN
4         // Statement section IF
5         #HzInt:=#Arr[#i];
6     END_IF;
7     ;
8 END_FOR;
```

图 4-36 FC2 AQHz 程序

程序段 5：调用 FC2 AQHz 来输出 AQ0，这里是 QW64。

程序段 6：当 MW12 多段速为 8 时，自动转为 0，进入下一轮循环。

程序段 7：当变频器停止运行时，QW64 输出为 0。

▼ 程序段 1：……
　注释

```
        %I0.1              %I0.0                                                    %Q0.0
      "停止按钮"          "启动按钮"                                               "变频器启动"
  ├──┤/├──────┬──────┤ ├──────┬─────────────────────────────────────────────( )──┤
              │                │
              │      %Q0.0     │
              │    "变频器启动"  │
              └──────┤ ├───────┘
```

▼ 程序段 2：……
　注释

```
                            %FC1
                           "ConvHz"
                         ┌─────────────┐
                         │ EN      ENO │
        "数据块_1".Freq ──┤ Arr1   Arr2 ├── "数据块_1".FreqQ
                         └─────────────┘
```

▼ 程序段 3：……
　注释

```
         %Q0.0
       "变频器启动"                    MOVE
      ──┤ P ├──────────────────────┌─────────┐
         %M10.0                    │ EN  ENO │
       "输出上升沿"             0 ──┤ IN      │    %MW12
                                   │    OUT1 ├── "序号"
                                   └─────────┘
```

▼ 程序段 4：……
　注释

```
         %I0.2                      INC
       "切换按钮"                    Int
      ──┤ P ├──────────────────────┌─────────┐
         %M10.1                    │ EN  ENO │
       "输出下降沿"       %MW12      │         │
                        "序号" ──────┤ IN/OUT  │
                                   └─────────┘
```

▼ 程序段 5：……
　注释

```
        %MW12                                  %FC2
        "序号"                                 "AQHz"
      ──┤ <= ├────────────────────────────┌──────────────┐
        │Int │                            │ EN       ENO │
          7                    %MW12       │              │    %QW64
                              "序号" ───────┤ Number  HzInt├── "模拟里AQ1"
                        "数据块_1".FreqQ ───┤ Arr          │
                                           └──────────────┘
```

图 4-37　OB1 主程序梯形图程序

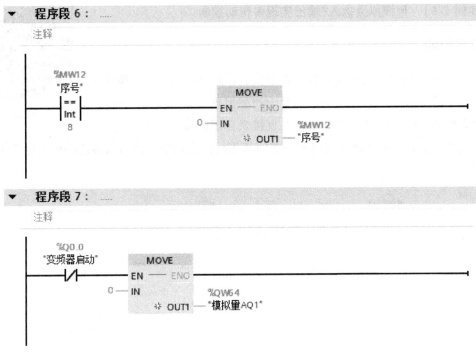

程序段 6：......

注释

程序段 7：......

注释

图 4-37　OB1 主程序梯形图程序（续）

STEP3：调试

对数据块_1 进行在线监控，会发现图 4-38 所示的数组转化情况。对于 8 段速度输出值，实际测量分别为 4.00mA、6.20mA、8.60mA、10.00mA、12.92mA、15.40mA、16.80mA、20.00mA。

名称	数据类型	起始值	监视值
▼ Static			
■ ▼ Freq	Array[0..7] of Real		
■ Freq[0]	Real	10.0	10.0
■ Freq[1]	Real	15.5	15.5
■ Freq[2]	Real	21.5	21.5
■ Freq[3]	Real	25.0	25.0
■ Freq[4]	Real	32.3	32.3
■ Freq[5]	Real	38.5	38.5
■ Freq[6]	Real	42.0	42.0
■ Freq[7]	Real	50.0	50.0
■ ▼ FreqQ	Array[0..7] of Int		
■ FreqQ[0]	Int	0	5530
■ FreqQ[1]	Int	0	8571
■ FreqQ[2]	Int	0	11889
■ FreqQ[3]	Int	0	13824
■ FreqQ[4]	Int	0	17861
■ FreqQ[5]	Int	0	21289
■ FreqQ[6]	Int	0	23224
■ FreqQ[7]	Int	0	27648

图 4-38　Freq 数组转化为 FreqQ 数组

ex4-6

【实例4-6】 用模拟量输入/输出实现多传动控制

任务说明

图4-39所示是多传动控制示意,在纸张、布匹等产品进入传动1之后,传动2需要保持一定的速差才不至于产品出现下垂或断裂。传动1和传动2均由变频器控制,其中传动1直接来自于速度主给定,传动2需要在此速度基础上由速差+或速差-按钮来进行同步调整。请画出多传动控制电气接线图并编程。

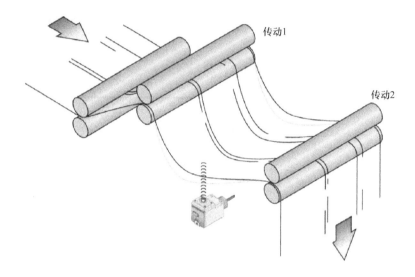

图4-39 多传动控制示意

解决步骤

STEP1:定义输入/输出元件和电气接线

表4-9所示是输入/输出元件,这里采用了CPU1215C DC/DC/DC的内置模拟量输入AI0和内置模拟量输出AQ0和AQ1,需要注意的是AI0为电压信号输入,AQ0和AQ1则为电流信号输出。电气接线如图4-40所示,其中变频器1为VF1,变频器2为VF2。

表4-9 输入/输出元件

输入	说明	输出	说明
I0.0	启动按钮 SB1	Q0.0	变频器1启动
I0.1	停止按钮 SB2	Q0.1	变频器2启动
I0.2	速差+ SB3	AQ0	变频器1频率设定
I0.3	速差- SB4	AQ1	变频器2频率设定
AI0	速度主给定		

STEP2:时间中断组织块编程

多传动控制中,需要设置一定的加速和减速过程,确保传动变频器输出频率保持线性,

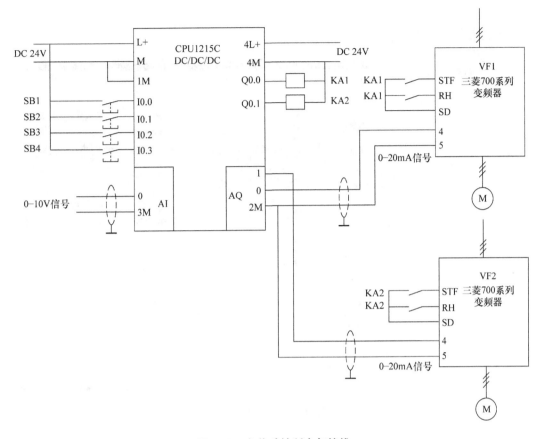

图 4-40　多传动控制电气接线

而不是突变，这里不能采用定时器了，因为每次扫描时间的不固定会导致加速或减速变化，而是要采用时间点固定的程序，即定时触发的时间中断组织块。

图 4-41 所示是时间中断组织块 OB30 的创建过程。图 4-42 是 OB30 中升速或降速的梯形图程序，按定时 100ms 触发时，模拟量输出增加或减少的单位为 55（这里是指最大 20mA 所对应的 27648 而言），该值可以根据实际情况进行改变。

STEP3：FC 和 OB1 编程

VF1 变频器的输出就是输入值，VF2 变频器的输出则是 VF1 的值 *（1 + 速比），本实例设定速比为 0.0% - 5.0%，在实际编程中对应的是"速差 + 按钮"或"速差 - 按钮"变化值，是整数 0 - 50，因此还需要进行转换，这里采用 FC1 FreqRatio。图 4-43 所示是用 SCL 编程的 FC1 块，采用了 INT_TO_REAL 转换指令。

图 4-44 所示是主程序 OB1 梯形图。

程序段 1：初始化设定 MW14 现在频率值和 MW16 速差值。

程序段 2：通过自锁控制实现变频器 1 和 2 的启停。

程序段 3：用"速差 + 按钮"或"速差 - 按钮"变化值，实现 MW16 在 0 - 50 之间变化。

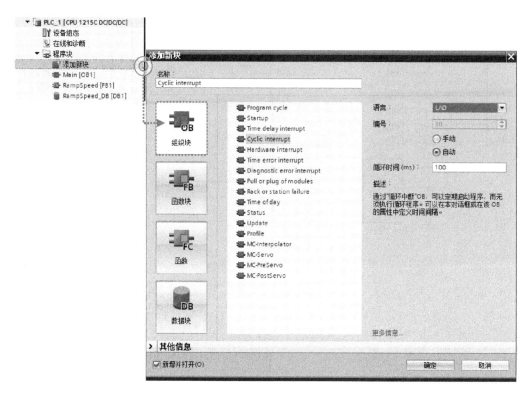

图 4-41 OB30 创建

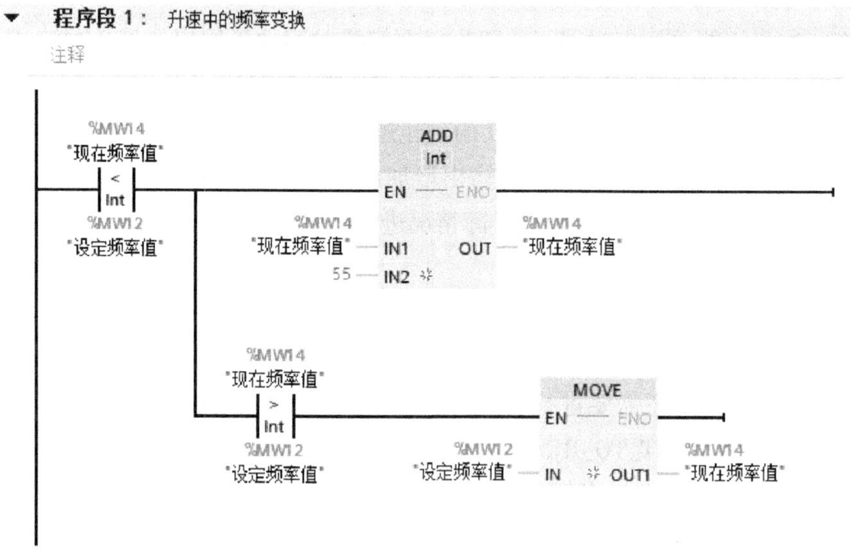

▼ **程序段 1：** 升速中的频率变换

注释

图 4-42 OB30 梯形图

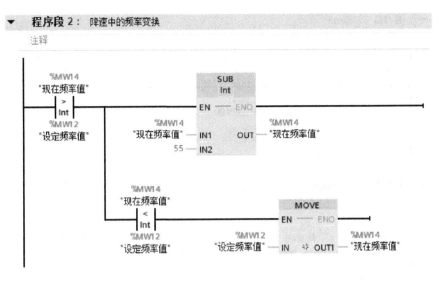

图 4-42　OB30 梯形图（续）

名称	数据类型	默认值	注释
▼ Input			
■　Ratio	Int		
■　Speed1	Int		
▼ Output			
■　Speed2	Int		
▶ InOut			
▼ Temp			
■　Te1	Real		

```
1  #Te1 := (INT_TO_REAL(#Ratio)/10.0 + 100.0) / 100.0 * INT_TO_REAL(#Speed1);
2  #Speed2 := REAL_TO_INT(#Te1);
```

图 4-43　FC1 FreqRatio 编程

程序段 4：变频器 1 的频率值输出。

程序段 5：调用 FC1 FreqRatio 实现变频器 2 的频率值输出。

4.3.3　PID 基本概念

在工程实际中，应用最为广泛的调节器为 PID 控制器，就是根据系统的误差，利用比例、积分、微分计算出控制量进行控制的。

1. 比例（P）控制

比例控制是一种最简单的控制方式。其控制器的输出与输入误差信号成比例关系。当仅有比例控制时，系统输出存在稳态误差。

2. 积分（I）控制

在积分控制中，控制器的输出与输入误差信号的积分成正比关系。对一个自动控制系统，

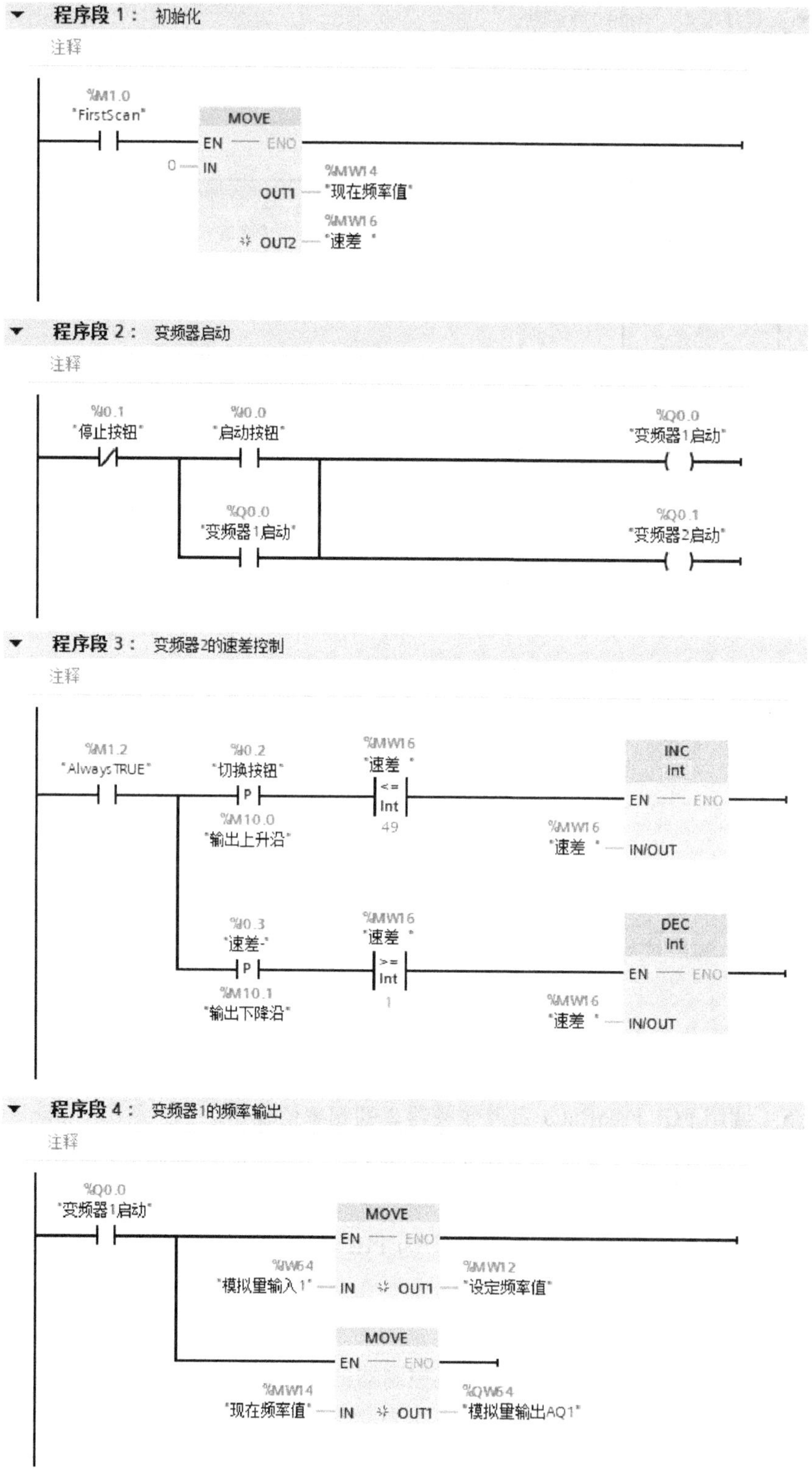

程序段 1: 初始化
注释

程序段 2: 变频器启动
注释

程序段 3: 变频器2的速差控制
注释

程序段 4: 变频器1的频率输出
注释

图 4-44 主程序 OB1 梯形图

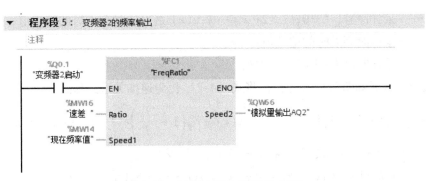

图 4-44 主程序 OB1 梯形图（续）

如果在进入稳态后存在稳态误差，则称这个控制系统是有稳态误差的或简称有差系统。为了消除稳态误差，在控制器中必须引入"积分项"。积分项是误差对时间的积分，随着时间的增加，积分项会增大。这样，即便误差很小，积分项也会随着时间的增加而加大，它推动控制器的输出增大，使稳态误差进一步减小，直到等于零。因此，比例＋积分（PI）控制器可以使系统在进入稳态后无稳态误差。

3. 微分（D）控制

在微分控制中，控制器的输出与输入误差信号的微分（即误差的变化率）成正比关系。自动控制系统在克服误差的调节过程中可能会出现振荡甚至失稳。其原因是有较大惯性组件（环节）或有滞后组件，具有抑制误差的作用，其变化总是落后于误差的变化。解决的办法是使抑制误差的作用的变化"超前"，即在误差接近零时，抑制误差的作用就应该是零。这就是说，在控制器中仅引入"比例"项往往是不够的，比例项的作用仅是放大误差的幅值，而目前需要增加的是"微分项"，它能预测误差变化的趋势，这样，具有比例＋微分的控制器，就能够提前使抑制误差的控制作用等于零，甚至为负值，从而避免了被控量的严重超调。所以对有较大惯性或滞后的被控对象，比例＋微分（PD）控制器能改善系统在调节过程中的动态特性。

在连续控制系统中，模拟 PID 的控制规律形式为

$$u(t) = K_{\mathrm{p}}\Big[e(t) + \frac{1}{T_1}\int e(t)\,\mathrm{d}t + T_{\mathrm{D}}\frac{\mathrm{d}e(t)}{\mathrm{d}t}\Big] \tag{4-1}$$

式中 $e(t)$ ——偏差输入函数；

$\quad\quad u(t)$ ——调节器输出函数；

$\quad\quad K_{\mathrm{p}}$ ——比例系数；

$\quad\quad T_1$ ——积分时间常数；

$\quad\quad T_{\mathrm{D}}$ ——微分时间常数。

由于式（4-1）为模拟量表达式，而 PLC 程序只能处理离散数字量，为此，必须将连续形式的微分方程化成离散形式的差分方程。式（4-1）经离散化后的差分方程为

$$u(k) = K_{\mathrm{p}}\Big[e(k) + \frac{1}{T_1}\sum_{t=0}^{k} T_{\mathrm{e}}(k-i) + T_{\mathrm{D}}\frac{e(k) - e(k-1)}{T}\Big] \tag{4-2}$$

式中 T ——采样周期；

k——采样序号，$k = 0,1,2\cdots i,\cdots k$；$u(k)$ 是采样时刻 k 时的输出值；

$e(k)$ ——采样时刻 k 时的偏差值；

$e(k-1)$ ——采样时刻 $k-1$ 时的偏差值。

为了减小计算量和节省内存开销，将式（4-2）化为递推关系式形式：

$$u(k) = u(k-1) + K_p\left(1 + \frac{T}{T_1} + \frac{T_D}{T}\right)e(k) - K_p\left(1 + \frac{2T_D}{T}\right)e(k-1) + K_p\frac{T_D}{T}e(k-2)$$

$$= u(k-1) + r_{0e}(k) - r_{0e}(k-1) + r_{2e}(k-2)$$

$$= u(k-1) - r_0 f(k) + r_1 f(k-1) - r_2 f(k-2) + S_p(r_0 - r_1 + r_2) \tag{4-3}$$

式中，S_p 是调节器设定值；$f(k)$ 是采样时刻 k 时的反馈值；$f(k-1)$ 是采样时刻 $k-1$ 时的反馈值；$f(k-2)$ 是采样时刻 $k-2$ 时的反馈值；r_0、r_1、r_2 为常数。至此式（4-3）已可以用作编程算法使用了。

在博途软件中，"PID_Compact" 工艺对象是用于实现自动和手动模式下都可自我优化调节的 PID 控制器。图 4-45 显示了带有循环中断 OB＊＊的程序执行示意。

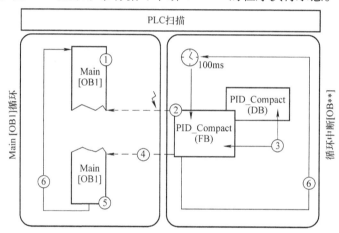

图 4-45　带有循环中断 OB＊＊的程序执行示意

从图 4-45 中可以看出，PID 控制器的工作原理：

① 程序从 Main［OB1］开始执行。

② 循环中断每 100ms 触发一次，它会在任何时间（例如，在执行 Main［OB1］期间）中断程序并执行循环中断 OB 中的程序。在本例中，程序包含功能块 PID_Compact。

③ 执行 PID_Compact 并将值写入数据块 PID_Compact（DB）。

④ 执行循环中断 OB 后，Main［OB1］将从中断点继续执行，相关值将保留不变。

⑤ Main［OB1］操作完成。

⑥ 将重新开始该程序循环。

4.3.4　PID 控制应用实例

【实例 4-7】　流量 PID 控制

ex4-7

任务说明

如图4-46所示的某化工流程中，需要进行流量PID控制，其中进氧化塔上节空气流量设定值为固定值（标定为50%），空气流量测量值输入到PLC的AI0通道，经PID运算后，输出信号到AQ0，来控制空气流量执行机构（即调节阀）。

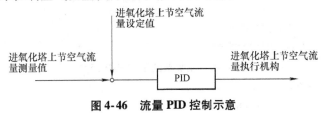

图4-46　流量PID控制示意

解决步骤

STEP1：定义输入/输出元件和电气接线

表4-10所示为输入/输出元件。图4-47所示为电气接线。

表4-10　输入/输出元件

输入	说明	输出	说明
I0.0	手动OFF/自动ON切换SA1	AQ0	调节阀输出信号
AI0	流量计反馈信号		

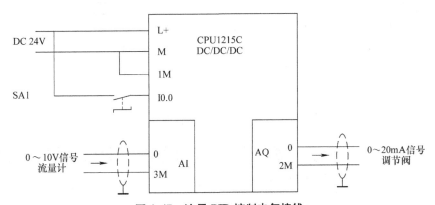

图4-47　流量PID控制电气接线

STEP2：PID函数调用和组态

为了让PID运算以预想的采样频率工作，PID指令必须用在定时发生的中断程序中或者用在主程序中被定时器所控制，以一定频率执行。根据图4-45所示，新建OB30时间中断组织块，然后在右侧的指令中找到"工艺→PID控制→Compact PID"，如图4-48所示出现3个函数，包括PID_Compact、PID_3Step和PID_Temp，分别对应通用控制器等3种不同工艺。该PID函数需要数据块DB，图4-49所示是OB30梯形图。

从项目树中进入如图4-50所示的"工艺对象"PID_Compact_1［DB1］，这时会出现组态和调试两个功能。该功能也可以直接单击OB30梯形图中的FB框中右上角两个图标。

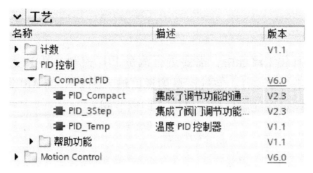

图 4-48　添加新的工艺 PID 函数

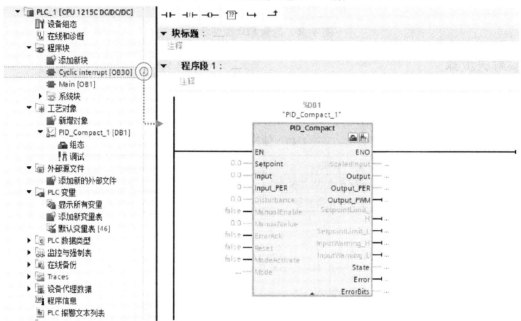

图 4-49　OB30 梯形图

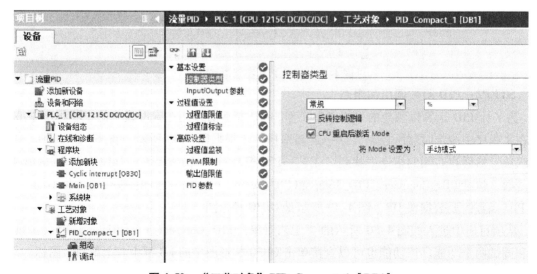

图 4-50　"工艺对象" PID_Compact_1 [DB1]

PID 组态功能菜单包括基本设置、过程值设置和高级设置

1）控制器类型。控制器类型用于预先选择需控制值的单位。常见的控制器类型包括速度控制、压力控制、流量控制、温度控制等，默认是以百分比为单位的"常规"控制器。在本例中，采用默认，如图 4-51 所示。

如果 PID 输出值的增加会引起实际值的减小（例如，由于阀位开度增加而使液位下降，或者由于冷却性能增加而使温度降低），需要选中"反转控制逻辑"复选框。将"CPU 重启后激活 Mode"设置为"手动模式"，以确认系统稳定运行。

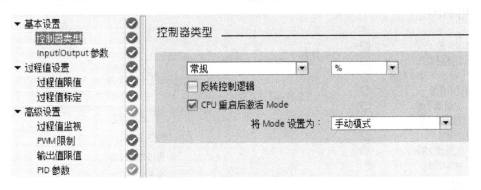

图 4-51　PID 的组态菜单

2）输入/输出参数。在该区域中，为设定值、实际值和工艺对象"PID_Compact"提供输入和输出参数。如图 4-52 所示，输入值可以选择 Input 或 Input_PER（模拟量），Input 表示使用从用户程序而来的反馈值；Input_PER（模拟量）表示使用外设输入。输出值可以选择 Output_PER（模拟量）、Output、Output_PWM。Output 表示输出至用户程序，Output_PER（模拟量）表示外设输出，Output_PWM 表示使用 PWM 输出。本实例中，输入值选择 Input_PER（模拟量），输出值选择 Output_PER（模拟量）。

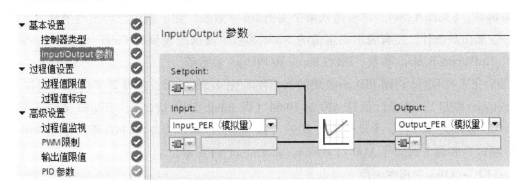

图 4-52　输入/输出参数选择

3）过程值限值与标定。标定上限值和上限为一组，标定下限值和下限为一组，根据传感器输入的电压信号或电流信号进行实际设置。上限和下限为用户设置的高低限值，当反馈值达到上限或下限时，系统将停止 PID 的输出。

4）高级设置。高级设置中的过程值监视是指当反馈值达到上限或下限时，PID 指令块会给出相应的报警位。

当输出是 PWM 而非模拟量时，则需要定义 PWM 限制功能，即最小接通时间和最小关闭时间。

在某些场合，为了确保输出可控的模拟量，可以进行输出值限值的定义，包括上限、下限和对错误的响应。

在高级设置中，PID 参数可以选用手动输入（见图 4-53），采用 PID 或 PI 调节规则（本实例采用 PID）。

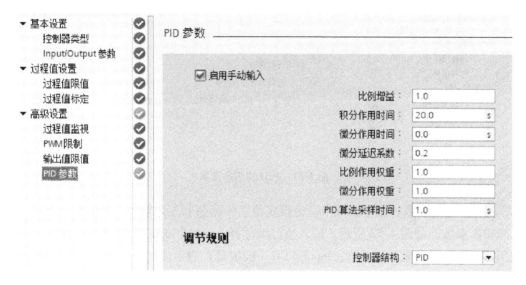

图 4-53 高级设置中的 PID 参数

完成以上的组态之后，就可以在项目树中的 PID_Compact_1［DB1］按右键进入"打开DB 编辑器"（见图 4-54），即可进入单个实例 DB 参数表。除了图中已经出现的输入、输出和输入/输出参数外，还有表示固定值的 Static 参数、表示配置值的 Config 参数、Cycle time参数、CtrlParamsBackup 参数、PIDSelftune 和 PIDCtrl 参数等。

最后完成的 OB30 调用 PID 函数块的梯形图如图 4-55 所示，它设置了流量设定值 50%（即 Setpoint 端口）、流量计信号 AI0 口 IW64（即 Input_PER 端口）、手动模式信号 M12. 0（即 ManualEnable 端口）、手动输出值 20%（即 ManualValue 端口）、PID 模式值 MW10（即Mode 端口）和调节阀信号 AQ0 口 QW64（即 Output_PER 端口）。

STEP3：OB1 主程序编程

主程序的编程就非常简单，只需要将 PID 程序所用到的 MW10（即 PID 模式值 3 或 4）、M12. 0（即手动模式信号）进行逻辑组合即可，具体如图 4-56 所示。

STEP4：PID 调试

单击 PID 工艺对象的"调试"菜单，可以进行 S7 - 1200 PID 调试，其显示面板主要分趋势显示窗口、控制器在线状态等，如图 4-57 所示。

PID_Compact_1					
		名称		数据类型	起始值
1		▼ Input			
2		■	Setpoint	Real	0.0
3		■	Input	Real	0.0
4		■	Input_PER	Int	0
5		■	Disturbance	Real	0.0
6		■	ManualEnable	Bool	false
7		■	ManualValue	Real	0.0
8		■	ErrorAck	Bool	false
9		■	Reset	Bool	false
10		■	ModeActivate	Bool	false
11		▼ Output			
12		■	ScaledInput	Real	0.0
13		■	Output	Real	0.0
14		■	Output_PER	Int	0
15		■	Output_PWM	Bool	false
16		■	SetpointLimit_H	Bool	false
17		■	SetpointLimit_L	Bool	false
18		■	InputWarning_H	Bool	false
19		■	InputWarning_L	Bool	false
20		■	State	Int	0
21		■	Error	Bool	false
22		■	ErrorBits	DWord	16#0
23		▼ InOut			
24		■	Mode	Int	4

图 4-54　打开 PID 数据块

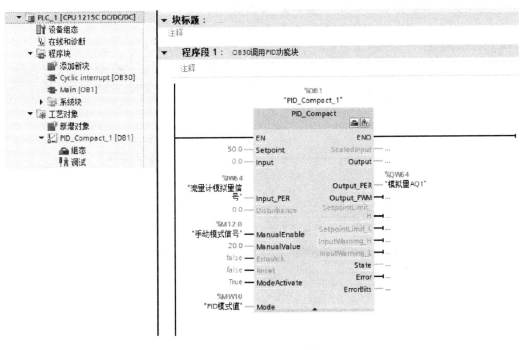

图 4-55　OB30 梯形图

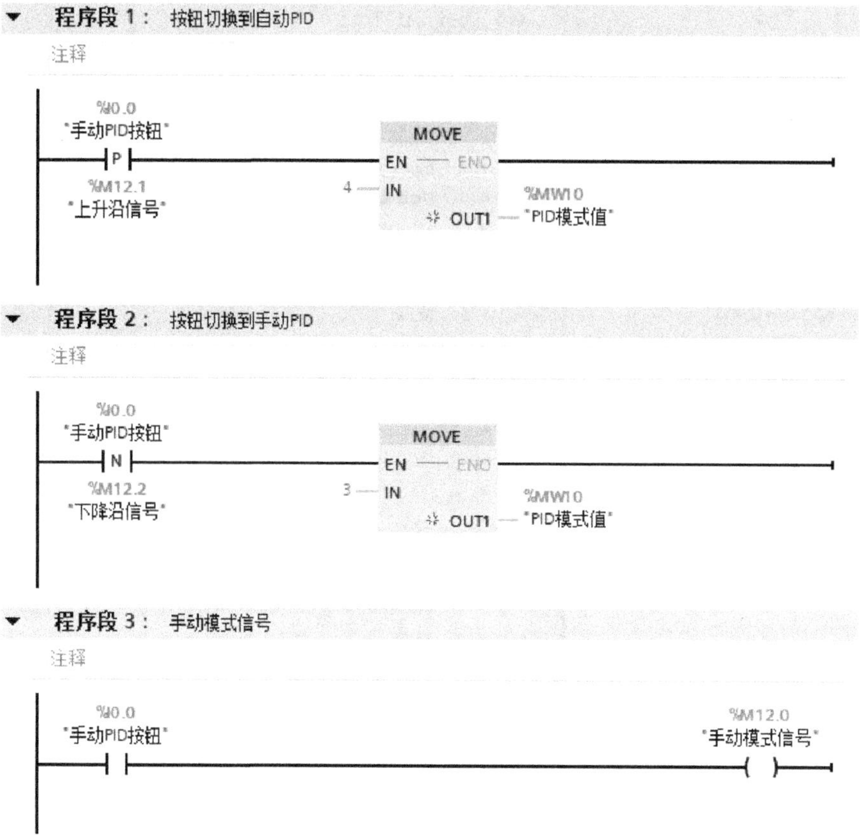

▼　**程序段 1:**　按钮切换到自动PID

　　注释

```
      %I0.0
    "手动PID按钮"                        MOVE
      ─┤P├─                         EN ──── ENO
      %M12.1                    4 ─ IN
    "上升沿信号"                                    %MW10
                                  ✱ OUT1 ─ "PID模式值"
```

▼　**程序段 2:**　按钮切换到手动PID

　　注释

```
      %I0.0
    "手动PID按钮"                        MOVE
      ─┤N├─                         EN ──── ENO
      %M12.2                    3 ─ IN
    "下降沿信号"                                    %MW10
                                  ✱ OUT1 ─ "PID模式值"
```

▼　**程序段 3:**　手动模式信号

　　注释

```
      %I0.0                                        %M12.0
    "手动PID按钮"                                  "手动模式信号"
      ──┤├──────────────────────────────────────────( )──
```

图 4-56　OB1 梯形图

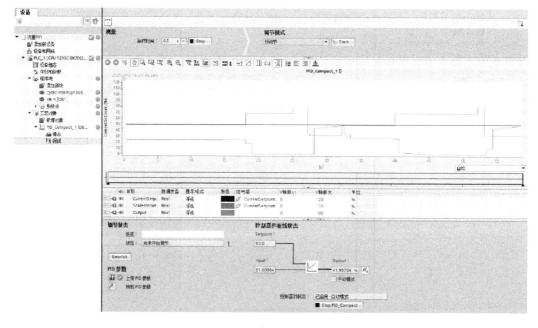

图 4-57　PID 控制器调试窗口

4.4 高速脉冲输出与运动控制

4.4.1 S7 – 1200 PLC 实现运动控制的基础

S7 – 1200 PLC 可以实现运动控制的基础在于集成了高速计数口、高速脉冲输出口等硬件和相应的软件功能。如图 4-58 所示为 S7 – 1200 PLC 的运动控制应用，即 CPU 输出脉冲（即脉冲串输出，Pulse Train Output，简称 PTO）和方向信号到驱动器（步进或伺服），驱动器再将从 CPU 输入的给定值进行处理后输出到步进电机或伺服电机，控制电机加速、减速和移动到指定位置。

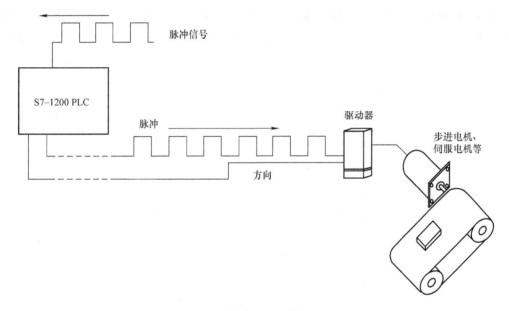

图 4-58 S7 – 1200 PLC 的运动控制应用

S7 – 1200 PLC 的高速脉冲输出包括脉冲串输出 PTO 和脉冲调制输出 PWM，前者可以输出一串脉冲（占空比 50%），用户可以控制脉冲的周期和个数（见图 4-59a）；后者可以输出连续的、占空比可以调制的脉冲串，用户可以控制脉冲的周期和脉宽（见图 4-59b）。

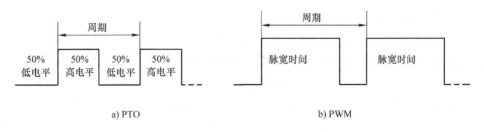

a) PTO　　　　　　　　　　　　　b) PWM

图 4-59 高速脉冲 PTO 和 PWM

S7 – 1200 PLC 的集成 PTO 输出的最高频率为100kHz，信号板输出的最高频率为20kHz，CPU 在使用 PTO 功能时，将占用集成点 Qa. 0、Qa. 2 或信号板的 Q4. 0 作为脉冲输出点，而 Qa. 1、Qa. 3 或信号板的 Q4. 1 作为方向信号输出点，虽然使用了过程映像驱动地址，但这些点会被 PTO 功能独立使用，不会受扫描周期的影响，其作为普通输出点的功能将被禁止。

需要注意的是：目前 S7 – 1200 PLC 的 CPU 输出类型只支持 PNP 输出、电压为 DC24V 的脉冲信号，继电器的点不能用于 PTO 功能，因此在与驱动器连接的过程中尤其要关注。

4.4.2 运动控制相关的指令

在工艺指令中可以获得如图 4-60 所示的一系列运动控制指令，具体为：MC_Power 启用 /禁用轴；MC_Reset 确认错误；MC_Home 使轴回原点，设置参考点；MC_Halt 停止轴；MC_MoveAbsolute 绝对定位轴；MC_MoveRelative 相对定位轴；MC_MoveVelocity 以速度预设值移动轴；MC_MoveJog 在"点动"模式下移动轴；MC_CommandTable 按运动顺序运行轴命令；MC_ChangeDynamic 更改轴的动态设置；MC_WriteParam 写入工艺对象的参数；MC_ReadParam 读取工艺对象的参数。

名称	描述	版本
▶ 📁 计数		V1.1
▶ 📁 PID 控制		
▼ 📁 Motion Control		V6.0
▦ MC_Power	启动/禁用轴	V6.0
▦ MC_Reset	确认错误，重新启动…	V6.0
▦ MC_Home	归位轴，设置起始位置	V6.0
▦ MC_Halt	暂停轴	V6.0
▦ MC_MoveAbsolute	以绝对方式定位轴	V6.0
▦ MC_MoveRelative	以相对方式定位轴	V6.0
▦ MC_MoveVelocity	以预定义速度移动轴	V6.0
▦ MC_MoveJog	以"点动"模式移动轴	V6.0
▦ MC_CommandTable	按移动顺序运行轴作业	V6.0
▦ MC_ChangeDynamic	更改轴的动态设置	V6.0
▦ MC_WriteParam	写入工艺对象的参数	V6.0
▦ MC_ReadParam	读取工艺对象的参数	V6.0

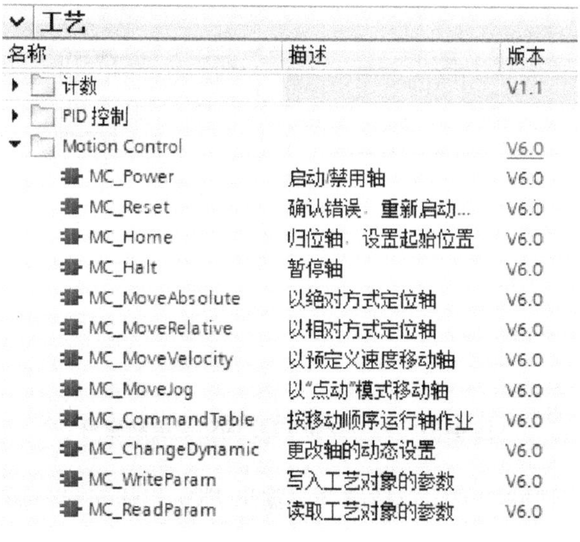

图 4-60 一系列的运动控制指令

1. MC_Power 指令

轴在运动之前必须先被使能，使用运动控制指令"MC_Power"可集中启用或禁用轴。如果启用了轴，则分配给此轴的所有运动控制指令都将被启用。如果禁用了轴，则用于此轴的所有运动控制指令都将无效，并将中断当前的所有作业。

图 4-61 所示为 MC_Power 指令，具体输入端说明如下：

① EN：该输入端是 MC_Power 指令的使能端，不是轴的使能端。MC_Power 指令必须在程序里一直调用，并保证 MC_Power 指令在其他 Motion Control 指令的前面调用。

② Axis：轴名称。

③ Enable：轴使能端。当 Enable 端变高电平后，CPU 就按照工艺对象中组态好的方式使能外部驱动器；当 Enable 端变低电平后，CPU 就按照 StopMode 中定义的模式进行停车。

2. MC_Reset 指令

如图 4-62 所示的 MC_Reset 指令为错误确认，即如果存在一个需要确认的错误，可通过上升沿激活 Execute 端，进行复位。

输入端：

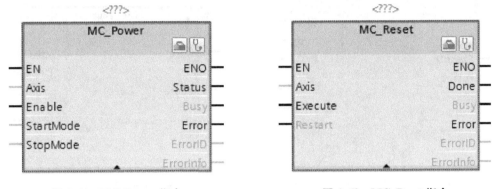

图 4-61　MC_Power 指令　　　　　　图 4-62　MC_Reset 指令

① EN：该输入端是 MC_Reset 指令的使能端。

② Axis：轴名称。

③ Execute：MC_Reset 指令的启动位，用上升沿触发。

④ Restart：Restart = 0：用来确认错误；Restart = 1：将轴的组态从装载存储器下载到工作存储器（只有在禁用轴的时候才能执行该命令）。

输出端：

Done：表示轴的错误已确认。

3. MC_Home 指令

轴回原点由运动控制语句"MC_Home"启动（见图 4-63）。回原点期间，参考点坐标设置在定义的轴机械位置处。回原点模式共有 4 种模式：

1）Mode = 3：主动回原点。在主动回原点模式下，运动控制语句"MC_Home"执行所需要的参考点逼近。将取消其他所有激活的运动。

2）Mode = 2：被动回原点。在被动回原点模式下，运动控制语句"MC_Home"不执行参考点逼近。不取消其他激活的运动。逼近参考点开关必须由用户通过运动控制语句或由机械运动执行。

3）Mode = 0：绝对式直接回原点。无论参考凸轮位置为何，都设置轴位置。不取消其他激活的运动。立即激活"MC_Home"语句中的"Position"参数的值作为轴的参考点和位置值，轴必须处于停止状态才能将参考点准确分配到机械位置。

4）Mode = 1：相对式直接回原点。无论参考凸轮位置为何，都设置轴位置。不取消其他激活的运动。适用于参考点和轴位置的规则：新的轴位置 = 当前轴位置 + "Position"参数的值。

4. MC_Halt 指令

如图 4-64 所示的 MC_Halt 指令为停止轴的运动,每个被激活的运动指令,都可由此块停止,上升沿使能 Execute 后,轴会立即按照组态好的减速曲线停车。

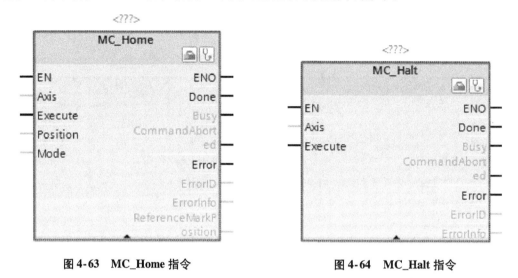

图 4-63　MC_Home 指令　　　　　　　　图 4-64　MC_Halt 指令

5. MC_MoveAbsolute 指令

图 4-65 所示的 MC_MoveAbsolute 指令为绝对位置移动,它需要在定义好参考点、建立起坐标系后才能使用,通过指定参数 Position 和 Velocity 可到达机械限位内的任意一点,当上升沿使能 Execute 选项后,系统会自动计算当前位置与目标位置之间的脉冲数,并加速到指定速度,在到达目标位置时减速到启动/停止速度。

6. MC_MoveRelative 指令

如图 4-66 显示的 MC_MoveRelative 语句表示相对位置移动,它的执行不需要建立参考点,只需定义运行距离、方向及速度。当上升沿使能 Execute 端后,轴按照设置好的距离与速度运行,其方向根据距离值的符号决定。

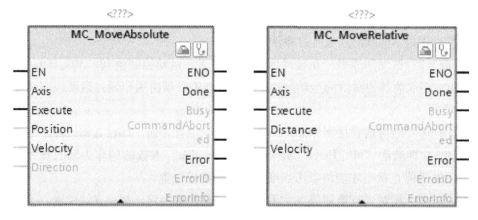

图 4-65　MC_MoveAbsolute 指令　　　　　图 4-66　MC_MoveRelative 指令

绝对位置移动指令与相对位置移动的主要区别在于：是否需要建立起坐标系统（即是否需要参考点）。绝对位置移动指令需要知道目标位置在坐标系中的坐标，并根据坐标自动决定运动方向而不需要定义参考点；而相对位置移动只需要知道当前点与目标位置的距离（Distance），由用户给定方向，无须建立坐标系。

7. MC_MoveVelocity 指令

图4-67所示为速度运行指令，即使轴以预设的速度运行。

指令输入端：

① Velocity：轴的速度。

② Direction：方向数值

- Direction = 0：旋转方向取决于参数"Velocity"值的符号；
- Direction = 1：正方向旋转，忽略参数"Velocity"值的符号；
- Direction = 2：负方向旋转，忽略参数"Velocity"值的符号。

③ Current：

- Current = 0：轴按照参数"Velocity"和"Direction"值运行；
- Current = 1：轴忽略参数"Velocity"和"Direction"值，以当前速度运行。

可以设定"Velocity"数值为0.0，触发指令后，轴会以组态的减速度停止运行，相当于MC_Halt指令。

8. MC_MoveJog 指令

图4-68所示为点动指令，即在点动模式下以指定的速度连续移动轴。在使用该指令的时候，正向点动和反向点动不能同时触发。

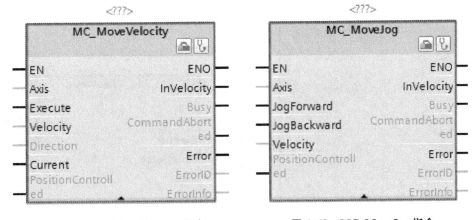

图4-67　MC_MoveVelocity 指令　　　　图4-68　MC_MoveJog 指令

指令输入端：

① JogForward：正向点动，不是用上升沿触发，JogForward为1时，轴运行；JogForward为0时，轴停止。类似于按钮功能，按下按钮，轴就运行，松开按钮，轴停止运行。

② JogBackward：反向点动。在执行点动指令时，保证JogForward和JogBackward不会同时触发，可以用逻辑进行互锁。

③ Velocity：点动速度。

9. MC_ChangeDynamic 指令

图 4-69 所示为更改动态参数指令，即更改轴的动态设置参数，包括加速时间（加速度）值、减速时间（减速度）值、急停减速时间（急停减速度）值、平滑时间（冲击）值等。

指令输入端：

① ChangeRampUp：更改"RampUpTime"参数值的使能端。当该值为 0 时，表示不进行"RampUpTime"参数的修改；该值为 1 时，进行"RampUpTime"参数的修改。每个可修改的参数都有相应的使能设置位，这里只介绍一个。当触发 MC_ChangeDynamic 指令的 Execute 引脚时，使能修改的参数值将被修改，不使能的不会被更新。

② RampUpTime：轴参数中的"加速时间"。

③ RampDownTime：轴参数中的"减速时间"。

10. MC_WriteParam 指令

图 4-70 所示为写参数指令，可在用户程序中写入或更改轴工艺对象和命令表对象中的变量。

指令输入端：

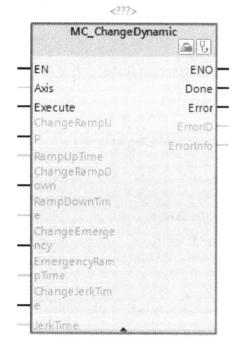

图 4-69　MC_ChangeDynamic 指令

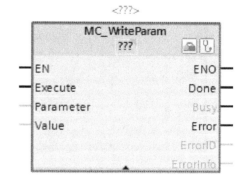

图 4-70　MC_WriteParam 指令

① 参数类型：与"Parameter"数据类型一致。

② Parameter：输入需要修改的轴工艺对象的参数，数据类型为 VARIANT 指针。

③ Value：根据"Parameter"数据类型，输入新参数值所在的变量地址。

11. MC_ReadParam 指令

图 4-71 所示为 MC_ReadParam 指令，即读参数指令，可在用户程序中读取轴工艺对象和命令表对象中的变量。

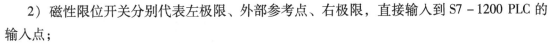

图 4-71　MC_ReadParam 指令

4.4.3　步进控制应用实例

【实例 4-8】　滑动座步进电机控制

 任务说明

ex4-8

现需要对工作台的滑动座步进电机进行控制（见图 4-72），根据如下要求进行编程：

1）滑动座由步进电机带动丝杠在轨道上左右滑行；

2）磁性限位开关分别代表左极限、外部参考点、右极限，直接输入到 S7 - 1200 PLC 的输入点；

3）该滑动座需要左右点动、速度运行、回原点等基本功能。

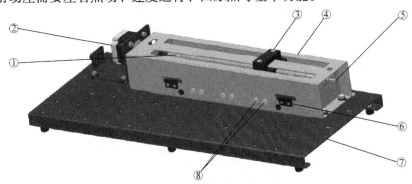

图 4-72　工作台滑动座步进电机

①—丝杠　②—步进电机　③—滑动座　④—机盖　⑤—杆端　⑥—左右机械限位
⑦—工作台底座　⑧—磁性限位开关（分别是左极限、外部参考点、右极限）

解决步骤

STEP1：定义输入/输出元件和电气接线

表 4-11 所示为输入/输出元件，图 4-73 所示为电气接线，其中步进驱动器采用 HB - 4020M 系列，步进电机采用 57 两相系列。HB - 4020M 细分型步进电机驱动器驱动电压 DC12 ~ 32V，适配 4、6 或 8 出线、电流 2.0A 以下、外径 39 - 57MM 型号的二相混合式步进电机，可运用在对细分准确度有一定要求的设备上。由于 PLC 的脉冲信号为 PNP 24V，因此需要考虑串接 2kΩ 电阻。

表 4-11　输入/输出元件

输入	说明	输出	说明
I0.0	SB1/回原点按钮	Q0.0	PTO 脉冲输出
I0.1	SB2/速度运行按钮	Q0.1	方向

（续）

输入	说明	输出	说明
I0.2	SQ2/左限位	Q0.2	使能（本实例可以为默认）
I0.3	SQ3/右限位		
I0.4	SB3/正向点动按钮		
I0.5	SB4/反向点动按钮		
I0.6	SQ1/原点限位		

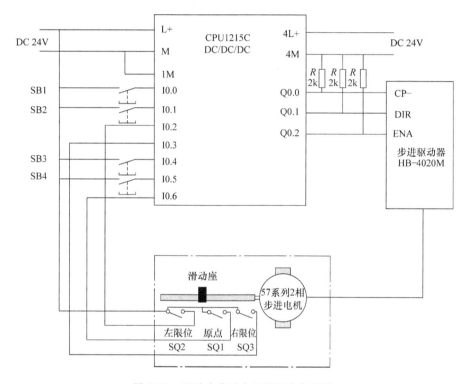

图4-73 滑动座步进电机控制电气接线

STEP2：工艺对象"轴"的组态

在进行组态之前，首先要按如图4-74所示进行PTO设定，即脉冲A和方向B。本实例选用PTO1，则脉冲输出为Q0.0，方向输出为Q0.1。

如图4-75所示，新增对象"轴"，在这里是特指用"轴"工艺对象表示的驱动器工艺映像。"轴"工艺对象是用户程序与驱动器之间的接口。该工艺对象接收用户程序中的运动控制命令，执行这些命令并监视其运行情况。运动控制命令在用户程序中通过运动控制语句启动。

在创建了"轴"工艺对象后，即可在项目树的"工艺对象"中找到"轴_1"，并选择"组态"菜单即可（见图4-76）。

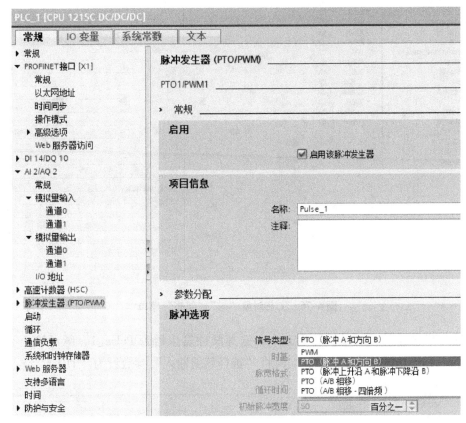

图 4-74 PTO 的脉冲选项

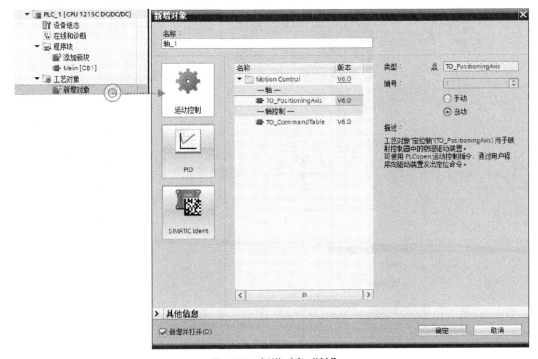

图 4-75 新增对象"轴"

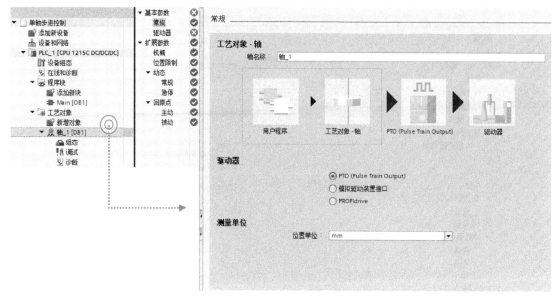

图 4-76　工艺对象"轴""组态"菜单

在图 4-77 所示的"驱动器"组态中,选择脉冲发生器为 Pulse_1,脉冲输出为 Q0.0,方向为 Q0.1,不选择轴使能信号,同时将"选择就绪输入"参数设为"TRUE"。

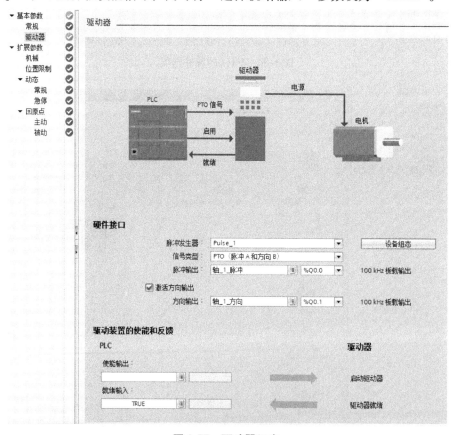

图 4-77　驱动器组态

机械组态的参数如图 4-78 所示。选项"电机每转的脉冲数"为电机旋转一周所产生的脉冲个数;选项"电机每转的运载距离"为电机旋转一周后生产机械所产生的位移。

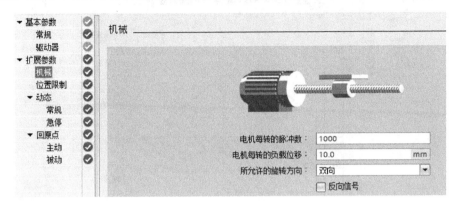

图 4-78　机械组态

图 4-79 所示为位置限制组态,它可以设置两种限位,即软件限位和硬件限位,如两者都启用,则必须输入硬件下限开关输入(这里设置左限位 I0.2)、硬件上限开关输入(这里设置右限位 I0.3)、激活方式(高电平)、软件下限和软件上限。在达到硬件限位时,"轴"将使用急停减速斜坡停车;在达到软件限位时,激活的"运动"将停止,工艺对象报故障,在故障被确认后,"轴"可以恢复在原工作范围内运动。

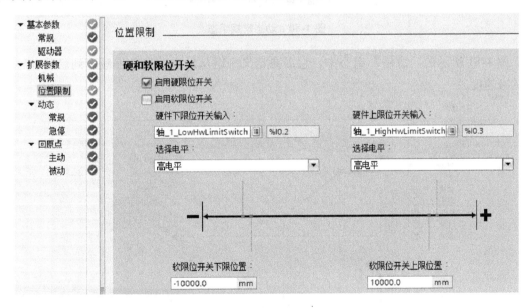

图 4-79　位置限制组态

图 4-80 所示为动态常规组态参数,它包括速度限值的单位、最大速度、启动和停止速度、加速度、加速与减速时间。加减速度与加减速时间这两组数据,只要定义其中任意一组,系统就会自动计算另外一组数据。

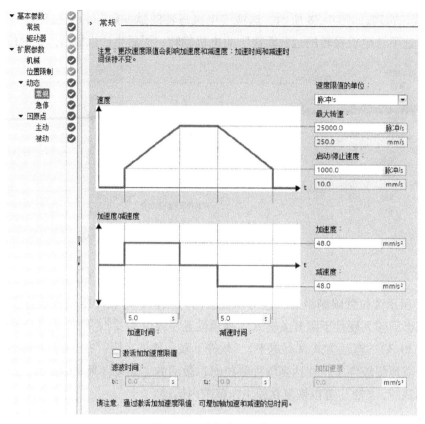

图4-80 动态常规组态

图4-81所示的"急停"组态中,它需要定义一组从最大速度急停减速到启动/停止速度的减速度。

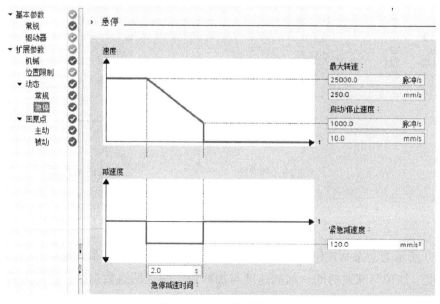

图4-81 动态急停组态

202

在图4-82所示的回原点组态中，需要输入参考点开关（本实例选择为I0.6）。"允许硬限位开关处自动反转"选项使能后，在轴碰到原点之前碰到了硬件限位点，此时系统认为原点在反方向，会按组态好的斜坡减速曲线停车并反转，若该功能没有被激活并轴到达硬件限位，则回原点过程会因为错误被取消，并紧急停止。逼近方向定义了在执行原点过程中的初始方向，包括正逼近速度和负逼近速度两种。逼近速度为进入原点区域时的速度；减小的速度为到达原点位置时的速度。原点位置偏移量则是当原点开关位置和原点实际位置有差别时，在此输入距离原点的偏移量。

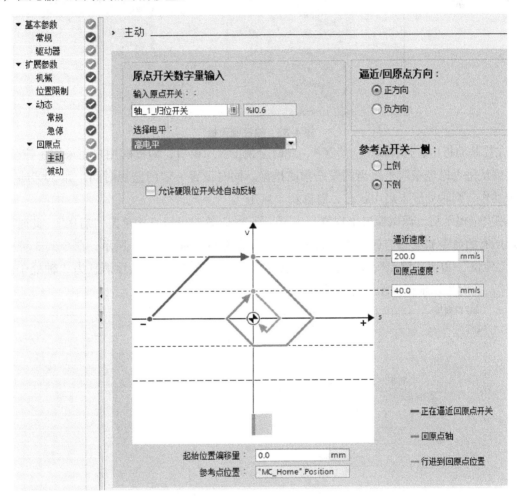

图4-82   回原点组态

STEP3：工艺对象"轴"的调试

在对工艺"轴"进行组态后，将PLC的硬件配置和软件全部下载到实体PLC之后，用户就可以选择"调试"功能，使用控制面板调试步进电机及驱动器，以测试轴的实际运行功能。调试的功能选择如图4-83所示，图中显示了选择调试功能后的控制面板的最初状态，除了"激活"指令外，所有的指令都是灰色。如果错误消息返回"正常"，则可以进行调试。需要注意的是，为了确保调试正常，建议清除主程序，但需要保留工艺对象"轴"。

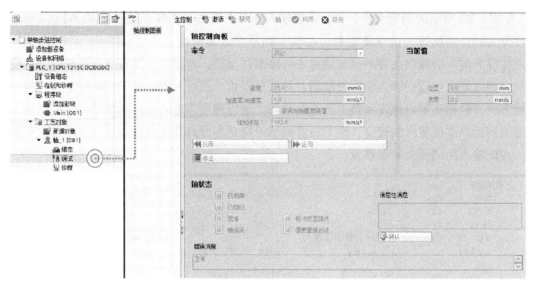

图 4-83　轴控制面板

在控制面板中，选择主控制：![激活]，此时会跳出提示窗口，即提醒用户在采用主控制前，先要确认是否已经采取了适当的安全预防措施。同时设置一定的监视时间，如3000ms，如果未动作，则轴处于未启用状态，需重新"启用"。

在安全提示后，调试窗口出现轴：![启用] ![禁用]，这时可以直接单击"启用"。此时就会出现所有的命令和状态信息都是可见的，而不是灰色的。如图4-84所示，命令共3种"点动""定位"和"回原点"，轴状态为"已启用"和"就绪"，信息性消息为"轴处于停止状态"。此时可以根据提示进行相关调试。

轴控制面板		
命令	点动 ▼	**当前值**
速度： 25.0　mm/s		位置： 0.0　mm
加速度/减速度： 4.8　mm/s²		速度： 0.0　mm/s
☐ 激活加加速度限值		
加加速度： 192.0　mm/s³		
◀◀ 反向	▶▶ 正向	
■ 停止		

轴状态

☐ 已启用
☐ 已归位
☐ 就绪　　☐ 驱动装置错误
☐ 轴错误　☐ 需要重新启动

信息性消息

轴处于停止状态

![确认]

错误消息

正常

图 4-84　轴控制面板处于就绪状态

STEP4：主程序的编程

如图 4-85 所示编写 PLC 梯形图程序。

程序段 1：调用运动控制指令 MC_Power 启用或禁用"轴_1"。

程序段 2：调用 MC_Home 回原点。

程序段 3：调用 MC_MoveJog 指令进行点动控制，包括左点动、右点动、点动速度。

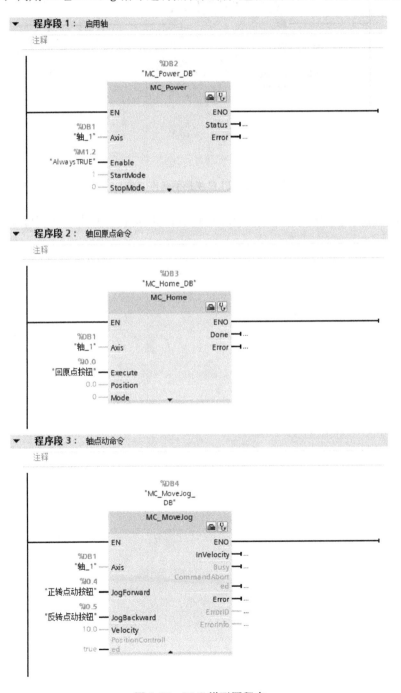

图 4-85　PLC 梯形图程序

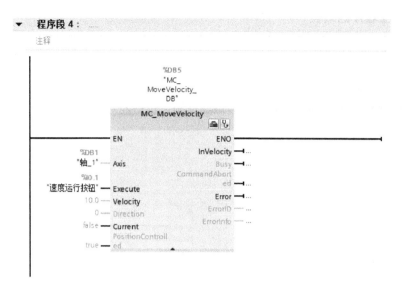

图 4-85　PLC 梯形图程序 （续）

程序段 4：调用 MC_MoveVelocity 指令进行左右速度运行，其中速度值可以正负表示。

第5章

Chapter 5

S7-1500 PLC硬件配置与参数设置

　　构成一个完整的大中型 S7-1500 PLC 运行系统，不仅需要 CPU、电源、数字量输入输出模块、模拟量输入输出模板等硬件接线，还需要在博途软件的设备或网络视图中对各种 PLC、HMI 以及驱动相关联设备和模块进行排列、设置和联网等硬件配置，这些图形化方式与"实际"的模块机架一样，博途可以自动或手动分配地址，并指定一个唯一的硬件标识符。本章还介绍了 CPU 参数、I/O 模块参数配置、分布式 I/O 模块参数的具体含义，并实例介绍了 PROFINET IO 模式下的 DI 模块和 DQ 组态的应用，将此无缝集成到博途软件，极大提高了大中型 PLC 的工程组态效率。

5.1 S7-1500 PLC 基础

5.1.1 S7-1500 PLC 概述

　　S7-1500 PLC 是一种模块化控制的大中型 PLC 系统，它采用模块化与无风扇设计，很容易实现分布式结构，并应用在纺织机械、包装机器、通用机械、机床、汽车工程、水处理

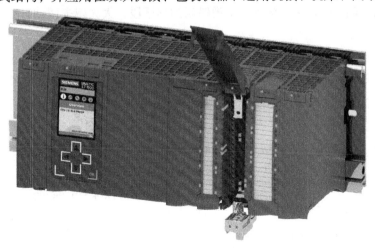

图 5-1　CPU1511-1 PN 外观及其安装示意

和食品饮料等行业。图 5-1 所示为 S7 - 1500 PLC 标准 CPU 中的其中一款——CPU1511 - 1 PN 外观及其安装示意。

S7 - 1500 PLC 的特点主要体现在高性能、开放性、高效的工程组态、集成运动控制功能、可靠诊断和创新型设计等 6 个方面。

1. 高性能

S7 - 1500 PLC 的高性能体现在以下几个方面:

1) CPU 最快的位指令运行速度达 1ns;

2) 采用百兆级背板总线,确保极端的响应时间;

3) 强大的通信能力,CPU 本体支持最多三个以太网网口;

4) 支持最快 125μs 的 PROFINET 数据刷新时间。

2. 开放性

集成标准化的 OPC UA 通信协议,连接控制层和 IT 层,实现与上位 SCADA、MES、ERP 或者云端的安全高效通信。还可通过 PLC SIM Adv 将虚拟 PLC 的数据与仿真软件对接,通过虚拟调试提前预知错误,减少现场调试时间。

3. 高效的工程组态

统一编程调试平台,程序通用,拓展性强。支持 IEC 61131 - 3 编程语言(LAD、FBD、STL、SCL 和 Graph)。借助 ODK,S7 - 1500 PLC 还可直接运行高级语言算法(C/C + +)。

4. 集成运动控制功能

可直接在控制器中对速度控制轴、凸轮传动等从简单到复杂的运动控制任务进行编程,还可借助 I/O 模块实现各种 PTO 等轴控制工艺功能。S7 - 1500T 还进一步扩充 S7 - 1500 PLC 产品线,支持绝对同步、凸轮控制等高端运动控制功能。

5. 可靠诊断

借助 1:1 LED 通道分配,可在现场快速定位错误。发生故障时无须编程就可通过编程软件、HMI、Web Server 等途径快速实现通道级诊断。使用标准化的 ProDiag 功能,可高效分析过程错误,甚至在 HMI 中直接查看出现错误的程序段,大大减少调试与生产停机时间。

6. 创新型设计

PLC 的 CPU 自带面板支持诊断、初始调试和维护,可以对变量状态、IP 地址分配、备份、趋势图显示直接查看,读取程序循环时间,同时支持自定义页面和多语言等功能。西门子在该款 PLC 中设计了智能多功能型 I/O 模块,以及优化的产品线,方便用户选型与备品备件的替代。

表 5-1 所示为标准型与紧凑型 PLC 的技术指标。

表 5-1　标准型与紧凑型 PLC 的技术指标

CPU 类型	性能领域	PROFIBUS 接口	PROFINET IO RT/IRT 接口	PROFINET IO RT 接口	PROFINET 基本功能	工作存储器	位操作的处理时间
CPU 1511 - 1 PN	适用于中小型应用的标准 CPU	—	1	—	—	1.15MB	60ns
CPU 1513 - 1 PN	适用于中等应用的标准 CPU	—	1	—	—	1.8MB	40ns

（续）

CPU 类型	性能领域	PROFIBUS 接口	PROFINET IO RT/IRT 接口	PROFINET IO RT 接口	PROFINET 基本功能	工作存储器	位操作的处理时间
CPU 1515－2 PN	适用于大中型应用的标准 CPU	—	1	1	—	3.5MB	30ns
CPU 1516－3 PN/DP	适用于高端应用和通信任务的标准 CPU	1	1	1	—	6MB	10ns
CPU 1517－3 PN/DP	适用于高端应用和通信任务的标准 CPU	1	1	1	—	10MB	2ns
CPU 1518－4 PN/DP	适用于高性能应用、高要求通信任务和超短响应时间的标准 CPU	1	1	1	1	24MB	1ns
CPU 1511C－1 PN	适用于中小型应用的紧凑型 CPU	—	1	—	—	1.175MB	60ns
CPU 1512C－1 PN	适用于中等应用的紧凑型 CPU	—	1	—	—	1.25MB	48ns

5.1.2 标准型 CPU 1511－1 PN 的硬件属性

　　S7－1500 PLC 产品系列的所有 CPU 均配有纯文本信息显示屏，可以显示所有连接模块的订货号、固件版本和序列号信息。此外，还可以设置 CPU 的 IP 地址，以及进行其他网络设置。显示屏直接以纯文本形式显示错误消息，以及 S7－1500 PLC 显示屏仿真器中介绍的其他功能。

　　图 5-2 所示是 CPU1511－1 PN 的外观。它包括 LED 指示灯、CPU 显示屏和按键等，它通过配置系统电源、I/O 模块和带有集成 DIN 导轨的安装导轨就可以组成一个完整的 PLC 运行系统（见图 5-3）。

　　本书第 5 章和第 6 章的实例是以标准型 CPU 1511－1 PN 基础来进行讲解。图 5-4 所示就是该款 PLC 配置 I/O 模块与分布 ET 200MP、HMI 设备共同组成的自动化工程组态。

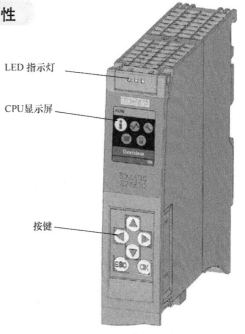

LED 指示灯

CPU 显示屏

按键

图 5-2　CPU1511－1 PN 的外观

5.1.3 电源选型

　　S7－1500 CPU 通过负载电源（PM）进行供电，为背板总线供电的系统电源（PS）则集成在 CPU 中。电源选型首先是根据自动化工程规模确定所需的自动化系统电源；其次根据具体系统组态，最多可使用两个附加系统电源模块，对集成的系统电源进行扩展。如果需要实施的工程具有较高的电力要求（如 I/O 负载组），则可额外连接负载电源。表 5-2 列出了

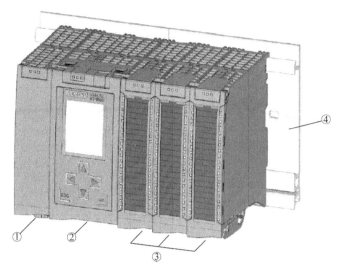

图 5-3　完整的 PLC 运行系统

①—系统电源　②—CPU　③—I/O 模块　④—带有集成 DIN 导轨的安装导轨

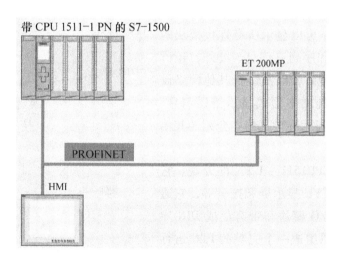

图 5-4　自动化工程组态

S7 – 1500 PLC 两种电源选型的主要差异。

表 5-2　S7 – 1500 PLC 电源的主要差异

电源	说明
负载电源（PM）	为 S7 – 1500 PLC 系统组件提供 DC 24V 电压，如 CPU、系统电源（PS）、I/O 模块的 I/O 电路以及各种传感器和执行器。负载电源可直接安装在 CPU 的左边（不连接背板总线） 通过系统电源为背板总线供电时，可通过 DC 24V 电压为 CPU/接口模块供电
系统电源（PS）	仅提供内部所需的系统电压 为部分模块电子元件和 LED 指示灯供电

5.1.4 输入和输出模块

1. 概述

I/O 模块可用作自动化工程中 PLC CPU 与过程之间的接口，CPU 通过传感器和执行器检测当前的过程状态，并触发相应的响应。S7 - 1500 PLC 支持各种品种繁多的 I/O 模块，表 5-3 列出了 S7 - 1500 PLC 选配 I/O 模块的技术特性，包括高速型（HS）、高性能型（HF）、标准型（ST）、基本型（BA）等 4 种类型。

表 5-3　S7 - 1500 PLC 选配 I/O 模块的技术特性

功能类别	性价比	是否带有模拟量模块
高速型（HS）	适用于超高速应用的专用模块 输入延时时间极短 转换时间极短 等时同步模式	否
高性能型（HF）	应用极为灵活 尤其适用于复杂应用 支持按通道进行参数设置 支持按通道进行诊断 支持附加功能	带有模拟量模块 ● 最高准确度（<0.1%） ● 高共模电压（如 DC 60V/AC 30V），如果进行单通道电气隔离
标准型（ST）	价格适中 支持按负载组/模块进行参数设置 支持按负载组/模块进行诊断	带有模拟量模块 ● 通用模块 ● 准确度 = 0.3% ● 共模电压为 10 ~ 20V
基本型（BA）	经济实用型基本模块 无参数设置 无诊断功能	否

根据工厂的复杂程度和具体技术与功能需求，可根据图 5-5 所示的方法灵活地选择 I/O 模块类型进行模块化工程规划。

2. 前连接器和屏蔽触点

前连接器用于接线 I/O 模块。对于支持 EMC 标准信号的模块（如模拟量模块和工艺模块），接线前连接器时还需要一个屏蔽触点。使用螺钉型端子和直插式端子时，这些前连接器可连接 35mm 模块；使用直插式端子时，可连接 25mm 模块。25mm 模块的前连接器是 I/O 模块自带。这些前连接器通过一个直插式供电元件，即可为模拟量模块提供 DC24V 的电压。屏蔽触点包括屏蔽支架和屏蔽端子，屏蔽支架与屏蔽端子一同使用时，可在最短的安装时间内实现模块层级屏蔽线的低阻抗连接，其安装时无须使用工具。图 5-6 所示为前连接器的型号与外观。

对不带屏蔽触点元件的 I/O 模块的前连接器进行准备和接线请按如下步骤进行操作：

211

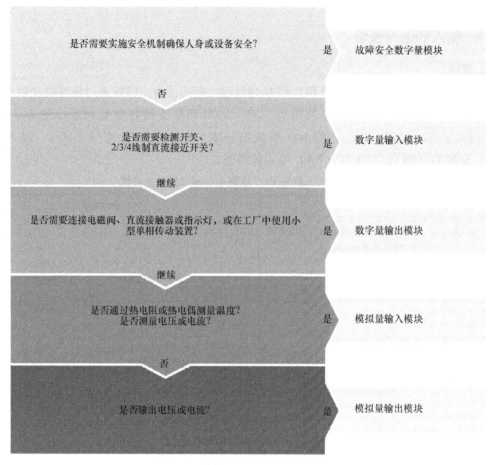

图5-5 选择I/O模块类型的步骤

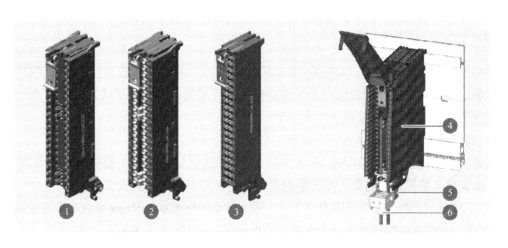

图5-6 前连接器的型号与外观

①—带螺钉型端子的35mm前连接器 ②—带直插式端子的35mm前连接器
③—带直插式端子的25mm前连接器 ④—前连接器 ⑤—屏蔽支架 ⑥—屏蔽端子

1）断电后，将电缆束上附带的电缆固定夹（电缆扎带）放置在前连接器上（见图5-7a）。

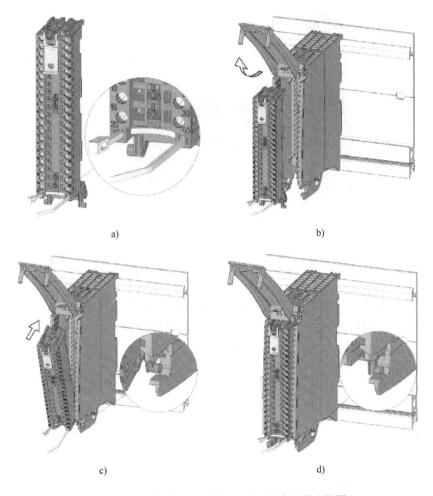

a) b)

c) d)

图5-7 不带屏蔽触点元件的I/O模块的前连接器

2）向上旋转已接线的I/O模块前盖，直至其锁定（见图5-7b）。

3）将前连接器接入预接线位置。要这样做，需将前连接器挂到I/O模块底部，然后将其向上旋转，直至前连接器锁上（见图5-7c）。

4）在此位置，前连接器仍然从I/O模块中凸出（见图5-7d）。但是，前连接器和I/O模块尚未进行电气连接。通过预接线位置，可以轻松地对前连接器进行接线。

5）开始将前连接器直接接入最终位置。使用固定夹将电缆束环绕，拉动该固定夹以将电缆束拉紧。

使用带屏蔽端子元件的I/O模块的前连接器时，需要卸下连接器下半部分的连接分离器，并插入电源元件，从下方将屏蔽支架插入前连接器的导向槽中，直至其锁定到位；将电缆束的附带电缆固定夹（电缆扎带）置于前连接器上，如图5-8所示。

图5-9所示为电源元件单元，端子41/42和43/44彼此电气连接。如果将电源电压连接

到 41（L+）和 44（M），则通过端子 42（L+）和 43（M），可以将电位与下一个模块形成环路。

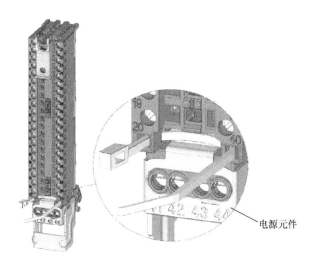

图5-8　带屏蔽端子元件的I/O模块的前连接器

如图 5-10 所示，使用固定夹（电缆扎带）将电缆束环绕，拉动该固定夹，以将电缆束拉紧，再从下方将屏蔽线夹插入屏蔽支架中，以连接电缆套管。

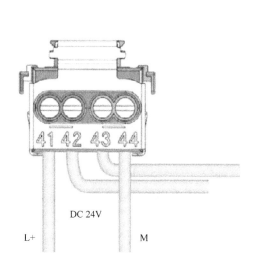

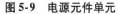

图5-9　电源元件单元

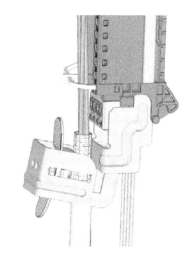

图5-10　屏蔽支架

3. 数字量输入 DI 32×24VDC BA 模块

图 5-11 所示是数字量输入 DI 32×24VDC BA 模块（6ES7521-1BL10-0AA0，该编号为订货号，下同）的外观，该模块具有下列技术特性：

1）32 点数字量输入，漏型输入，并按每组 16 个进行电隔离。

2）额定输入电压为 24VDC，其中信号"0"为 −30V 到 +5V，信号"1"为 +11V 到

+30V。输入电流信号"1"的典型值为 2.7mA。

3）适用于开关以及 2/3/4 线制接近开关，其中允许的最大静态电流（以 2 线制传感器为例）为 1.5mA。

4）当输入电压额定值时的输入延时：从"0"到"1"时的时间为 3~4ms，从"1"到"0"时的时间也为 3~4ms。

5）与数字量输入模块 DI 16×24VDC BA（6ES7521-1BH10-0AA0）的硬件相兼容。

图 5-12 显示了 DI 32×24VDC BA 模块如何接线模块以及通道地址的分配情况，即输入字节 a 到 d 分别对应 CH0-CH31。

图 5-13 所示为 DI 32×24VDC BA 模块的 LED 指示灯，该模块除了各个 CH0-CH31 的通断指示，还有 2 个指示灯即 RUN 状态 LED 指示灯（绿色）和 ERROR 错误 LED 指示灯（红色），具体灯的指示与含义及解决方法见表 5-4。

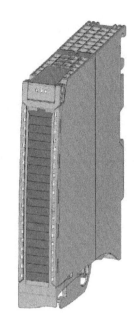

图 5-11 DI 32×24VDC BA 模块的外观

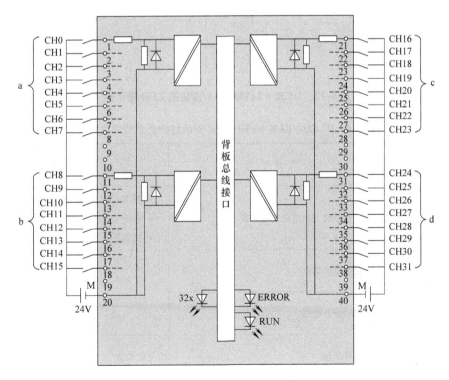

图 5-12 DI 32×24VDC BA 模块的接线与通道分配

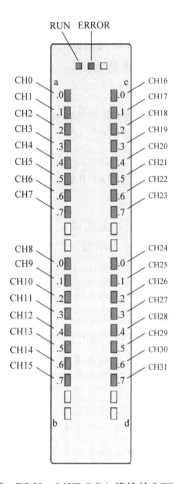

图 5-13　DI 32 ×24VDC BA 模块的 LED 指示灯

表 5-4　DI 模块 RUN 和 ERROR 指示灯的含义和解决方法

LED		含义	解决方法
RUN	ERROR		
□ 灭	□ 灭	背板总线上电压缺失或过低	• 接通 CPU 和/或系统电源模块 • 验证是否插入了 U 形连接器 • 检查是否插入了过多的模块
※ 闪烁	□ 灭	模块正在启动	—
■ 亮	□ 灭	模块准备就绪	
※ 闪烁	※ 闪烁	硬件缺陷	更换模块

4. 数字量输出 DQ 32 ×24VDC/0.5A HF 模块

数字量输出 DQ 32 ×24VDC/0.5A HF 模块（6ES7522 – 1BL01 – 0AB0）具有下列技术

特性：

1）输出 32 个数字量，且每组 8 个电气隔离。

2）额定输出电压为 24VDC，每个通道的额定输出电流为 0.5A。

3）可组态替代值（按通道）、可组态诊断（按通道）。

4）适用于电磁阀、直流接触器和指示灯以及执行器的开关循环计数器。

5）与 DQ 16 × 24VDC/0.5A ST（6ES7522 - 1BH00 - 0AB0）、DQ 16 × 24VDC/0.5A HF（6ES7522 - 1BH01 - 0AB0）、DQ 32 × 24VDC/0.5A ST（6ES7522 - 1BL00 - 0AB0）等数字量输出模块的硬件相兼容。

图 5-14 是说明了数字量输出 DQ 32 × 24VDC/0.5A HF 模块的端子分配和通道地址分配（输出字节 a 到输出字节 d）。

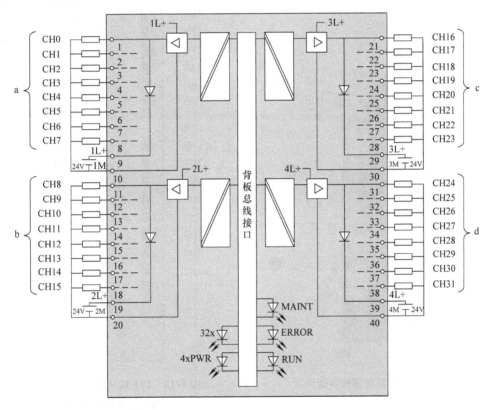

图 5-14　DQ 32 × 24VDC/0.5A HF 模块的接线与通道分配

当 4 个负载组连接到非隔离的相同电位上时，可以使用前连接器随附的电位跳线，并确保每个电位跳线上的最大电流负载不超过 8A，具体操作步骤示意如图 5-15 所示，描述如下：

1）将 24V DC 电源连接到端子 19 和 20 上。

2）在 9 和 29（L +）、10 和 30（M）、19 和 39（L +）、20 和 40（M）端子之间插入电位跳线。

3）在端子 29 和 39 之间、30 和 40 之间插入跳线。

4）使用端子9和10为下一个模块供电。

图 5-16 所示为数字量输出模块的 LED 指示灯，其含义相比数字量输入来说更加复杂，RUN 、ERROR 和 PWR1－4 的指示含义见表 5-5 和表 5-6 所示。MAINT 状态指示灯亮时，表示维护中断"限值警告"挂起。

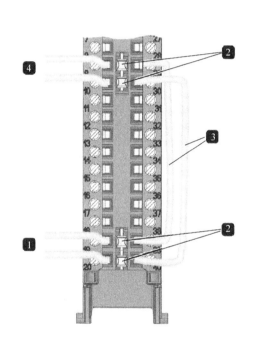

图 5-15　电位跳线操作步骤示意

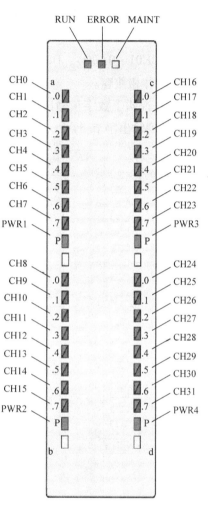

图 5-16　DQ 32 ×24VDC/0.5A HF 模块的 LED 指示灯

表 5-5　状态和错误指示灯 RUN 和 ERROR 含义及解决方案

LED		含义	解决方案
RUN	ERROR		
□ 灭	□ 灭	背板总线上电压缺失或过低	• 接通 CPU 和/或系统电源模块 • 验证是否插入 U 形连接器 • 检查是否插入了过多的模块

（续）

LED		含义	解决方案
RUN	ERROR		
☼ 闪烁	□ 灭	模块启动并在设置有效参数分配之前一直闪烁	—
■ 亮	□ 灭	模块已组态	
■ 亮	☼ 闪烁	表示模块错误（至少一个通道上存在故障，例如，接地短路）	判断诊断数据并消除该错误（例如，检查电缆）
☼ 闪烁	☼ 闪烁	硬件故障	更换模块

表5-6　PWR1/PWR2/PWR3/PWR4 的状态指示灯含义及解决方案

LED PWRx	含义	解决方案
□ 灭	电源电压 L + 过低或缺失	检查电源电压 L +
■ 亮	有电源电压 L + 且电压正常	—

5. 模拟量输入 AI 8 × U/I/RTD/TC ST 模块

模拟量输入 AI 8 × U/I/RTD/TC ST 模块（6ES7531 – 7KF00 – 0AB0）具有下列技术特性：

1）8 个模拟量输入，可按照通道设置电压的测量类型、电流的测量类型、4 通道电阻的测量类型、4 通道热电阻（RTD）的测量类型、热电偶（TC）的测量类型。

2）能读取 16 位准确度（包括符号）。

3）可组态的诊断（每个通道）。

4）可按通道设置超限时的硬件中断（每个通道设置 2 个下限和 2 个上限）。

AI 8 × U/I/RTD/TC ST 模拟量模块可连接多种类型的传感器，与老版本的 PLC 模块不同，不需要量程卡进行模块内部的跳线，而是使用不同序号的端子连接不同类型的传感器，并且需要在博途软件中进行配置。这样的好处是没有通道组的概念，相邻通道间连接传感器类型没有限制。例如，第一个通道连接电压信号，第二个通道可以连接电流信号。

图 5-17 所示是 AI 8 × U/I/RTD/TC ST 模块用于电压测量的引脚分配，其中将电源元件插入前连接器，可为模拟量模块供电，连接电源电压与端子 41（L +）和 44（M）。然后通过端子 42（L +）和 43（M）为下一个模块供电。

图 5-18 是 AI 8 × U/I/RTD/TC ST 模块的二线制变送器电流测量示意，共有 8 个通道。

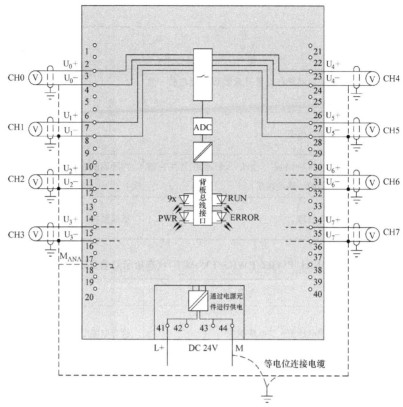

图 5-17　AI 8 × U/I/RTD/TC ST 模块电压测量示意

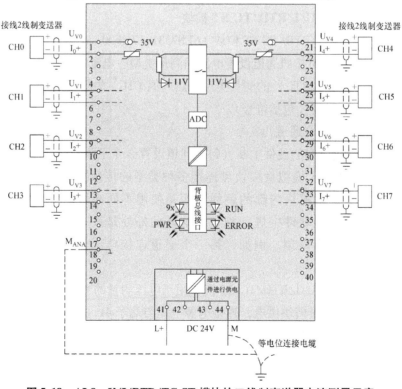

图 5-18　AI 8 × U/I/RTD/TC ST 模块的二线制变送器电流测量示意

图 5-19 所示为 AI 8 × U/I/RTD/TC ST 模块的 RTD 测量示意，共有 3 种接线方式，分别对应 2 线制、3 线制、4 线制的 RTD 接线。图 5-20 所示为 AI 8 × U/I/RTD/TC ST 模块的接地型热电偶测量示意。

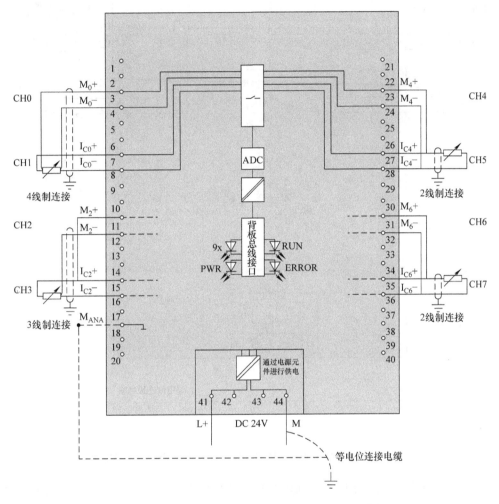

图 5-19　AI 8 × U/I/RTD/TC ST 模块的 RTD 测量示意

AI 8 × U/I/RTD/TC ST 模块的接线总结如下：

1）连接电压类型传感器时，使用通道 4 个端子中的第 3、第 4 端子连接。

2）连接 4 线制电流信号时，其仪表的电源线与信号线分开，使用通道中第 2、第 4 端子连接。

3）连接 2 线制电流信号时，其仪表的电源线与信号线共用，使用通道中第 1、第 2 端子连接。

4）连接热电阻信号时，使用 1、3、5、7 通道的第 3、第 4 端子向传感器提供恒流源信号 IC + 和 IC － ，在热电阻上产生电压信号，使用相应通道 0、2、4、6 通道的第 3、第 4 端子作为测量端。测量 2、3、4 线制热电阻信号的原理相同，都需要占用两个通道。考虑到导

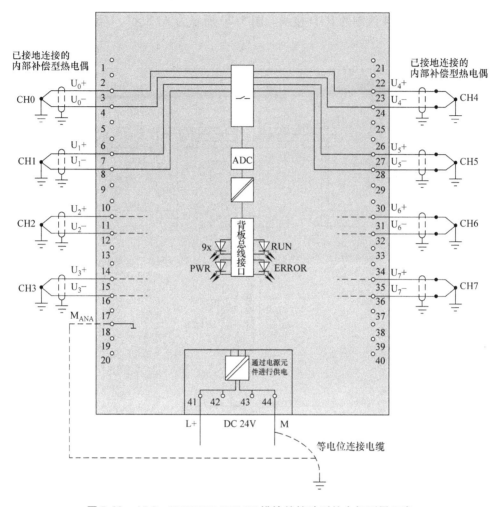

图 5-20   AI 8 × U/I/RTD/TC ST 模块的接地型热电偶测量示意

线电阻对测量阻值的影响，使用 4 线制接线和 3 线制接线，可以补偿测量电缆中由于电阻引起的偏差，使测量结果更准确。

5）连接热电偶时，使用通道中第 3、第 4 端子连接。热电偶由一对传感器以及所需安装和连接部件组成。热电偶的两根导线可以使用不同金属或金属合金进行焊接。根据所使用材料的成分，可以分为几种热电偶，例如 K 型、J 型和 N 型热电偶。不管其类型如何，所有热电偶的测量原理都相同。

6. 模拟量输出模块 AQ 8 × U/I HS

模拟量输出模块 AQ 8 × U/I HS（6ES7532 - 5HF00 - 0AB0）具有下列技术特性：

1）基于通道的 8 模拟量输出选择，可以选择电流输出的通道、电压输出的通道。

2）准确度 16 位（包含符号）。

3）可组态的诊断（每个通道）。

4）快速更新输出值。

图 5-21 所示为 AQ 8 × U/I HS 模块的电压输出接线示意，它可以采用 2 线制连接，也可以采用 4 线制连接。

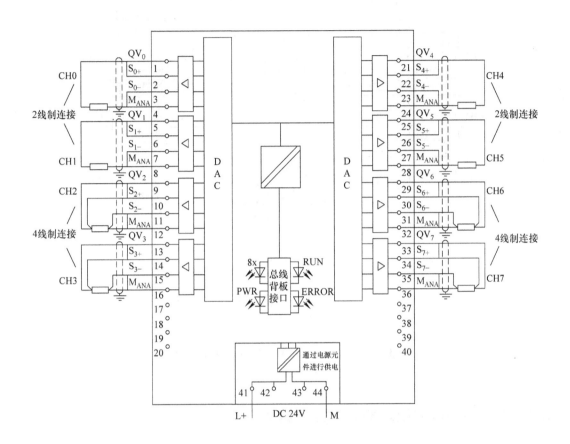

图 5-21　AQ 8 × U/I HS 模块的电压输出接线示意

图 5-22 所示是 AQ 8 × U/I HS 输出电流接线示意。

AQ 8 × U/I HS 模块的接线总结如下：

1）连接 2 线制电压负载时，使用通道 4 个端子中的第 1、第 4 端子连接负载。第 1 和第 2 端子需要短接，第 3 和第 4 端子需要短接。

2）连接 4 线制电压负载时，使用通道 4 个端子中的第 1、第 4 端子连接负载，第 2 和第 3 端子同样需要连接到负载。连接负载的电缆会产生分压作用，这样加在负载端两端的电压值可能不准确。使用通道中的 S +、S − 端子连接相同的电缆到负载侧，测量电缆实际的阻值，并在输出端加以补偿，这样将保证输出的准确性。

3）连接电流负载时，使用通道 4 个端子中的第 1 和第 4 端子连接负载。

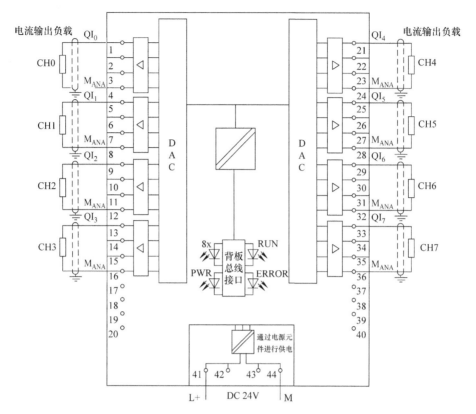

图 5-22　AQ 8 × U/I HS 输出电流接线示意

5.2　S7 –1500 PLC 硬件配置的基本流程

5.2.1　硬件配置的功能

在西门子博途软件项目中可以包含多个 PLC 站点、HMI 以及驱动等设备。在使用 S7 –1500 CPU 之前，需要创建一个项目并添加 S7 –1500 PLC 站点，其中主要包含系统的硬件配置信息和控制设备的用户程序。

硬件配置是对 PLC 硬件系统的参数化过程，使用博途软件将 CPU、电源、信号模块等硬件配置到相应的机架上，同时对 PLC 等硬件模块的参数进行设置。硬件配置对于系统的正常运行非常重要，它的功能如下：

1）配置信息下载到 CPU 中，CPU 功能按配置的参数执行。

2）将 I/O 模块的物理地址映射为逻辑地址，用于程序块调用。

3）CPU 可以比较模块的配置信息与实际安装的模块是否匹配，如 I/O 模块的安装位置、模拟量模块选择的测量类型等。如果不匹配，CPU 报警并将故障信息存储于 CPU 的诊断缓存区中，这种情况下需要根据 CPU 提供的故障信息做出相应的修改。

4）CPU 根据配置的信息对模块进行实时监控，如果模块有故障，CPU 报警并将故障信息存储于 CPU 的诊断缓存区中。

5）一些智能模块的配置信息存储于 CPU 中，例如，通信处理器 CP/CM、工艺模块 TM 等，模块故障后直接更换，不需要重新下载配置信息。

5.2.2 配置 S7 –1500 PLC 的中央机架

博途软件的工程界面分为博途视图和项目视图，在两种视图下均可以组态新项目。这里以博途视图为例介绍如何添加和组态一个 S7 –1500 PLC 设备。首先，根据实际的需求选择添加的新设备（见图 5-23），这些设备可以是"控制器""HMI""PC 系统"等，这里选择 CPU1511 –1PN，设备名称为默认的"PLC_1"，用户也可以对其进行修改。CPU 的固件版本要与实际硬件的版本匹配。勾选弹出窗口左下角的"打开设备视图"选项，单击"确定"按钮即直接打开设备视图进行中央机架的配置。

图 5-23　添加新设备 S7 –1500 PLC

1. 遵循原则

配置 S7 – 1500 PLC 的中央机架应遵循以下原则：

1）中央机架最多有 32 个模块，使用 0 ~ 31 共 32 个插槽，CPU 占用 1 号插槽如图 5-24 所示，不能修改。

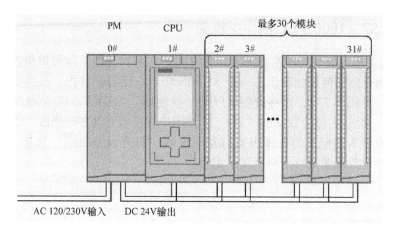

图 5-24　中央机架的硬件配置

2）插槽 0 可以放入负载电源模块 PM 或者系统电源 PS。由于负载电源 PM 不带有背板总线接口，所以也可以不进行硬件配置。如果将一个系统电源 PS 插入 CPU 的左侧，则该模块可以与 CPU 一起为机架中的右侧设备供电。

3）CPU 右侧的插槽中最多可以插入 2 个额外的系统电源模块。这样加上 CPU 左侧可以插入一个系统电源模块，在主机架上最多可以插入 3 个系统电源模块（即电源段的数量最多是 3 个）。所有模块的功耗总和决定了需要的系统电源模块数量。

4）从 2 号插槽起，可以依次放入 I/O 模块或者通信模块。由于 S7 – 1500 PLC 机架不带有源背板总线，所以相邻模块间不能有空槽位。

5）S7 – 1500 PLC 系统不支持中央机架的扩展，但可以通过 PROFINET 配置 ET200MP 等模块来扩展。

6）2 ~ 31 号槽可放置最多 30 个信号模块、工艺模块或点对点通信模块。PROFINET/ Ethernet 通信处理器和 PROFIBUS 通信处理器的个数与 CPU 的类型有关，比如 CPU 1518 支持共 8 个通信处理器模块，而 CPU1511 则支持 4 个。模块数量与模块的宽窄尺寸无关。如果需要配置更多的模块则需要使用分布式 I/O。

2. 博途软件上配置中央机架

如图 5-25 所示，中央机架默认情况下只显示了 0 ~ 6 号插槽，单击插槽上方的▼，可以展开所有插槽。

在中央机架上添加硬件模块的方式如下：

首先选中插槽，然后在图 5-26 右侧的硬件目录中用鼠标双击选中的模块，即可将模块添加到机架上，或者使用更加方便的拖放方式，将模块从右侧的硬件目录中直接添加到机架

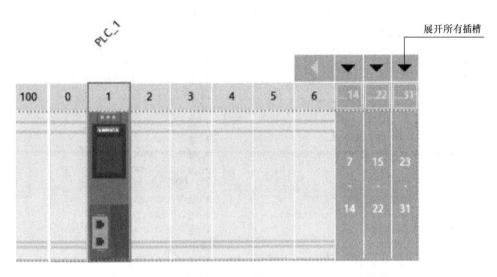

图 5-25　博途软件显示的 S7 - 1500 PLC 中央机架

上的插槽中。机架中带有 32 个槽位，按实际需求及配置规则将硬件分别插入到相应的槽位中。需要注意模块的型号和固件版本都要与实际的相一致。一般情况下，添加模块的固件版本都是最新的。如果当前使用的模块固件版本不是最新的，可以在硬件目录下方的信息窗口中选择相应的固件版本。图 5-26 所示是插入 PS 电源后的中央机架。

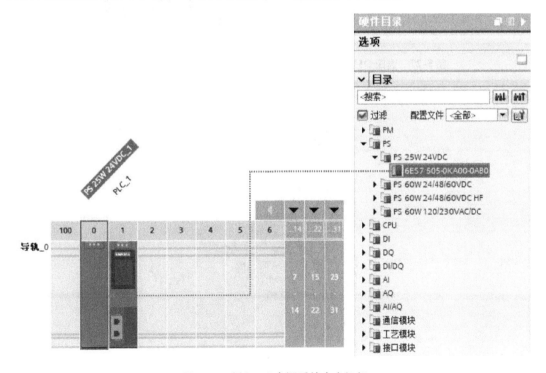

图 5-26　插入 PS 电源后的中央机架

  然后依次添加4个DI、2个DQ和1个AI模块，分别如图5-27~图5-29所示，最后完成的中央机架如图5-30所示。

图5-27 选择DI模块   图5-28 选择DQ模块

图5-29 选择AI模块

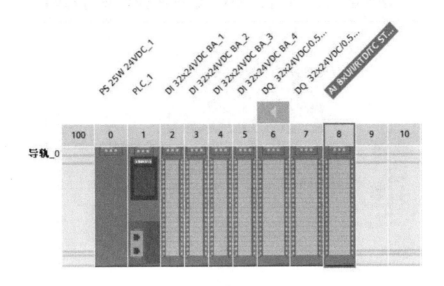

图 5-30 完成后的中央机架

5.3 CPU 参数配置

5.3.1 概述

CPU 的属性对 S7-1500 PLC 系统运行有特殊意义, 可在博途软件中对 CPU 进行以下设置:

1) 启动特性;

2) 接口的参数分配 (如 IP 地址和子网掩码);

3) Web 服务器 (如激活、用户管理和语言);

4) OPC UA 服务器;

5) 全局安全证书管理器;

6) 循环时间 (如最大循环时间);

7) 屏幕操作属性;

8) 系统和时钟存储器;

9) 用于密码保护等级的参数设置和访问权限分配;

10) 时间和日期设置 (夏令时/标准时)。

可设置的属性及相应的值范围可通过系统指定, 不可编辑的域呈灰色状态。这里以 CPU1511-1 PN 为例介绍 CPU 的参数设置。如图 5-31 所示, 选中机架中的 CPU, 在博途底部的窗口中显示 CPU 的属性视图。在这里可以配置 CPU 的各种参数, 如 CPU 的启动特性、通信接口以及显示屏的设置等。

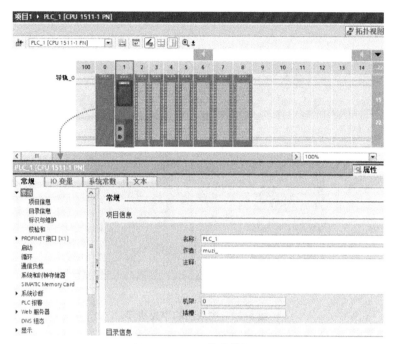

图 5-31　CPU 的属性视图

5.3.2　PROFINET 接口

1. 常规

PROFINET ［X1］表示 CPU 集成的第一个 PROFINET 接口，在 CPU 的显示屏中有标符用于识别。单击"常规"标签，如图 5-32 所示，用户可以在名称、作者、注释等空白处做一些提示性的标注。这些标注不同于"标识和维护"数据，不能通过程序块读出。

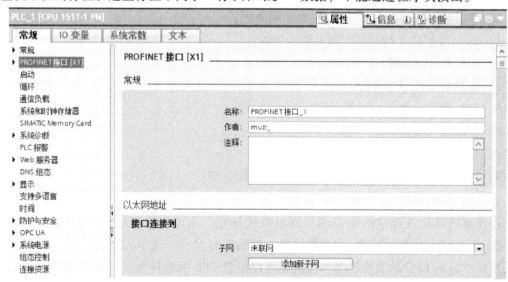

图 5-32　PROFINET 接口常规信息

2. 以太网地址

在"以太网地址"选项中，可以创建网络、设置 IP 地址参数等，如图 5-33 所示。

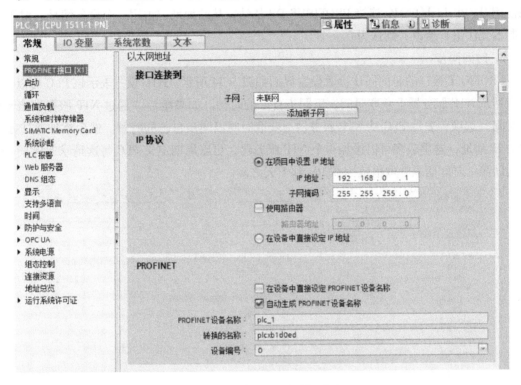

图 5-33　"以太网地址"选项

图 5-33 中的主要参数及选项的功能描述如下：

1）接口连接到　如果有连接的子网，可以通过下拉菜单选择需要连接到的子网。如果选择的是"未联网"。那么也可以通过"添加新子网"按钮，为 PROFINET 接口（X1）添加新的以太网网络。新添加的以太网的子网名称默认为 PN/IE_1。

2）IP 协议　默认状态为"在项目中设置 IP 地址"，可以根据需要设置"IP 地址"和"子网掩码"。这里使用默认的 IP 地址 192.168.0.1，以及子网掩码 255.255.255.0。如果该 PLC 需要和其他非同一子网的设备进行通信，那么需要激活"使用 IP 路由器"选项，并输入路由器（网关）的 P 地址。

如果激活"在设备中直接设定 IP 地址"，表示不在硬件组态中设置 IP 地址，而是使用函数"T_CONFIG"或者显示屏等方式分配 IP 地址。

3）PROFINET　如果激活"在设备中直接设定 PROFINET 设备名称"选项，表示当 CPU 用于 PROFINET IO 通信时，不在硬件组态中组态设备名，而是通过函数"T_CONFIG"或者显示屏等方式分配设备名。

选择"自动生成 PROFINET 设备名称"表示博途根据接口的名称自动生成 PROFINET 设备名称。如果取消该选项，则可以由用户设定 PROFINET 设备名。

"转换的名称"表示此 PROFINET 设备名称转换为符合 DNS 惯例的名称，用户不能修改。

"设备编号"表示 PROFINET IO 设备的编号。故障时可以通过函数读出设备的编号。如果使用 IE/PB Link PN IO 连接 PROFIBUS DP 从站,从站地址也占用一个设备编号。对于 IO 控制器无法进行修改,默认为 0。

3. 时间同步

PROFNET 接口的时间同步参数设置界面如图 5-34 所示。NTP 模式表示该 PLC 可以通过以太网从 NTP 服务器上获取时间,以同步自己的时钟。如果激活"通过 NTP 服务器启动同步时间"选项,表示 PLC 从 NTP 服务器上获取时间以同步自己的时钟。然后添加 NTP 服务器的 IP 地址,这里最多可以添加 4 个 NTP 服务器,更新周期定义 PLC 每次请求时钟同步的时间间隔,时间间隔的取值范围在 10s 到 1 天之间。

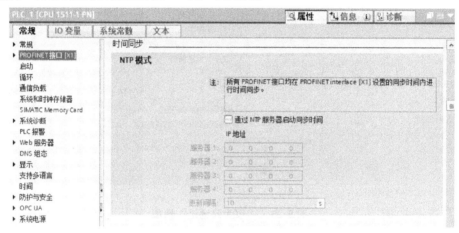

图 5-34　时间同步

4. 操作模式

PROFINET 接口的操作模式参考图 5-35 所示。在"操作模式"中,可以将该接口设置为 PROFINET IO 控制器或者 IO 设备。"IO 控制器"选项不可修改,这就意味着:一个 PROFINET 网络中的 CPU 即使被设置作为 IO 设备,也可以同时作为 IO 控制器使用。

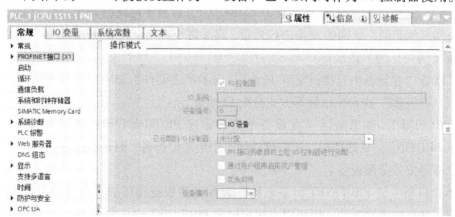

图 5-35　操作模式

如果该 PLC 作为智能设备，则需要激活"IO 设备"，并在"已分配的 IO 控制器"选项中选择一个 IO 控制器，如果 IO 控制器不在该项目中则选择"未分配"（见图 5-36）。如果激活"PN 接口的参数由上位 IO 控制器进行分配"，则 IO 设备的名称由 IO 控制器分配。

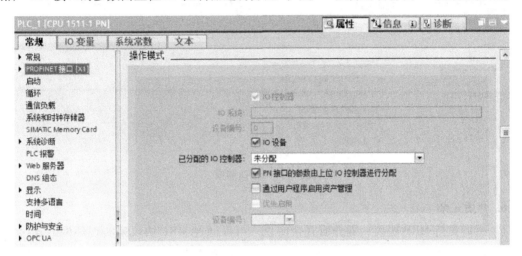

图 5-36　"IO 设备"选项

5. 接口选项

在高级选项中，可以对接口的特性进行设置，接口选项如图 5-37 所示。其主要参数及选项的功能描述如下：

1）"若发生通信错误，则调用用户程序"选项。默认情况下，一些关于 PROFINET 接口的通信事件，例如维护信息、同步丢失等，会进入 CPU 的诊断缓冲区，但不会调用诊断中断 OB82。但是如果激活"若发生通信错误，则调用用户程序"选项，出现上述事件时，CPU 将调用 OB82。

2）"不带可更换介质时支持设备更换"选项。如果不通过 PG 或存储介质替换旧设备，则需要激活"不带可更换介质时支持设备更换"选项。新设备不是通过存储介质或者 PG 来获取设备名，而是通过预先定义的拓扑信息和正确的相邻关系由 IO 控制器直接分配设备名。"允许覆盖所有已分配 IO 设备名称"是指当使用拓扑信息分配设备名称时，不再需要将设备进行"重置为出厂设置"操作（S7-1500 CPU 需要固件版本 V1.5 或更高版本）。

3）"使用 IEC V2.2LLDP 模式"。LLDP 表示"链路层发现协议"，是 IEEE-802.1AB 标准中定义的一种独立于制造商的协议。以太网设备使用 LLDP，按固定间隔向相邻设备发送关于自身的信息，相邻设备则保存此信息。所有联网的 PROFINET 设备接口必须设置为同一种模式（IECV2.3 或 IECV2.2）。当组态同一个项目中 PROFINET 子网的设备时，博途自动设置正确的模式，用户无需考虑设置问题。如果是在不同项目下组态（如使用 GSD 组态智能设备），则可能需要手动设置。

4）"保持连续监视"选项。选项默认为 30s，表示该服务用于面向连接的协议，例如 TCP 或 ISOonTCP，周期性（30s）地发送 Keep-alive 报文检测伙伴的连接状态和可达性，并用于故障检测。

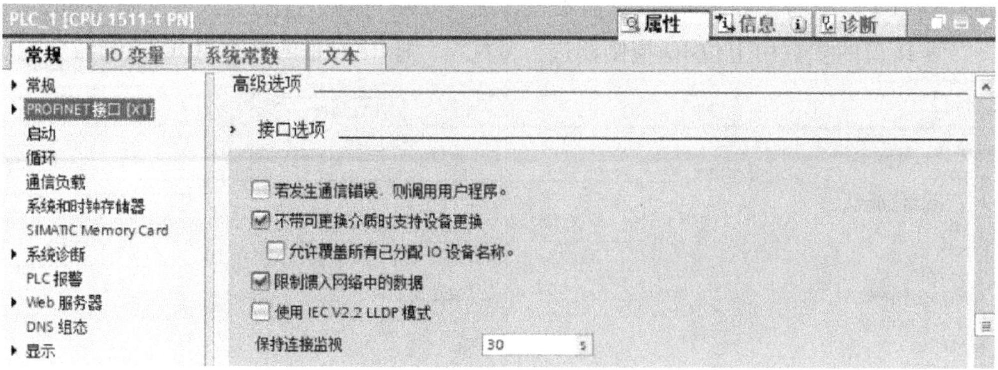

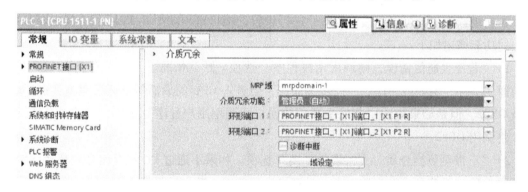

图5-37　接口选项

6. 介质冗余

PN接口支持MRP协议，即介质冗余协议。可以通过MRP协议来实现环网的连接，设置界面如图5-38所示。如果使用环网，在"介质冗余功能"中选择"管理器""客户端""管理员（自动）"。环网管理器发送检测报文用于检测网络连接状态，而客户端只是转发检测报文。当网络出现故障，希望调用诊断中断OB82，则激活"诊断中断"。

图5-38　介质冗余

7. 实时设定

实时设定的选项如图5-39所示，其参数设定如下：

1）IO通信。设置PROFINET的发送时钟，默认为1ms，最大为4ms，最小为250μs。该时间表示IO控制器和IO设备交换数据的最小时间间隔。

2）同步。同步域是指域内的PROFINET设备按照同一时基进行时钟同步，准确来说，一台设备为同步主站（时钟发生器），所有其他设备为同步从站。在"同步功能"选项可以设置此接口是"未同步""同步主站"或"同步从站"。当组态IRT通信时，所有的站点都在一个同步域内。

3）带宽。博途根据IO设备的数量和I/O字节，自动计算"为周期性IO数据计算出的带宽"大小，最大带宽一般为"发送时钟"的一半。

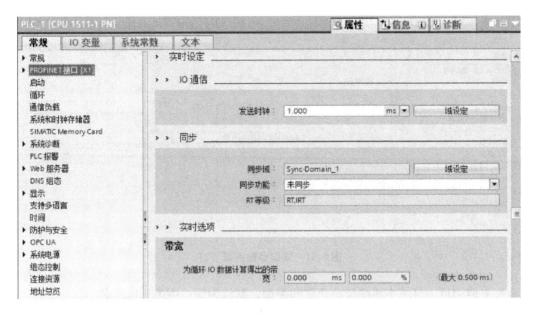

图 5-39　实时设定

8. 端口参数

端口参数界面如图 5-40 和图 5-41 所示，具体介绍如下：

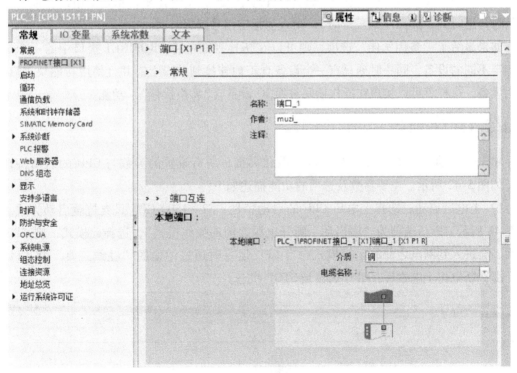

图 5-40　端口参数界面（1）

1）常规。用户可以在名称、作者、注释空白处做一些提示性的标注。

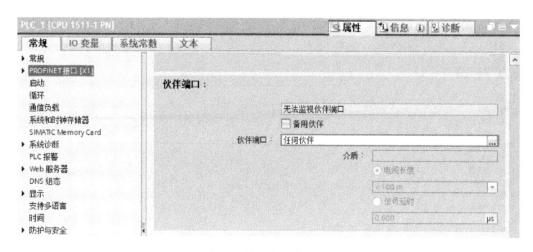

图 5-41　端口参数界面（2）

2）本地端口。显示本地端口；介质的类型，默认为铜；铜缆无电缆名。

3）伙伴端口。可以在"伙伴端口"下拉列表中选择需要连接的伙伴端口，如果在拓扑视图中已经组态了网络拓扑，则在"伙伴端口"处会显示连接的伙伴端口、"介质"类型以及"电缆长度"或"信号延迟"等信息。其中对于"电缆长度"或"信号延迟"两个参数，仅适用于 PROFINET IRT 通信。选择"电缆长度"，则博途根据指定的电缆长度自动计算信号延迟时间；选择"信号延时"，则人为指定信号延迟时间。

如果激活了"备用伙伴"选项，则可以在拓扑视图中将 PROFINET 接口中的一个端口连接至不同的设备，同一时刻只有一个设备真正地连接到端口上。并且使用功能块来启用/禁用设备，这样就可以实现在操作期间替换 IO 设备（"替换伙伴"）功能。

5.3.3　CPU 启动

单击"启动"标签进入 CPU 启动参数化界面，所有设置的参数与 CPU 的启动特性有关，如图 5-42 所示。主要参数及选项的功能描述如下：

1）上电后启动。选择上电后 CPU 的启动特性，S7 – 1500 CPU 只支持暖启动方式。如图 5-43 所示，默认选项为"暖启动 – 断开电源之前的操作模式"，选择此模式，则 CPU 上电后，会进入到断电之前的运行模式。当 CPU 运行时通过博途的"在线工具"将 CPU 停止，那么断电再上电之后，CPU 仍然是 STOP 状态。

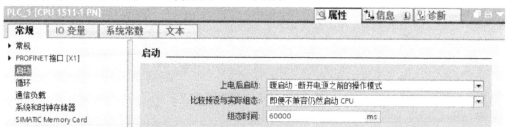

图 5-42　启动

图5-43 上电后启动选项

如图5-43所示的3种启动模式中,选择模式"暖启动 - RUN"后,CPU上电后进入暖启动和运行模式。如果CPU的模式开关为"STOP",则CPU不会执行启动模式,也不会进入运行模式。

2)比较预设与实际组态。图5-44所示的选项决定当硬件配置信息与实际硬件不匹配时,CPU是否可以启动。

图5-44 比较预设与实际组态

"仅兼容时启动CPU"表示如果实际模块与组态模块一致或者实际的模块兼容硬件组态的模块,那么CPU可以启动。兼容是指安装的模块要匹配组态模块的输入输出数量,且必须匹配其电气和功能属性。兼容模块必须完全能够替换已组态的模块,功能可以更多,但是不能更少。比如组态的模块为DI 16×24VDC HF(6ES7521 - 1 BH00 - 0AB0),实际模块为DI32×24VDC HF(6ES7521 - 1 BL00 - 0AB0),则实际模块兼容组态模块,CPU可以启动。

"即便不兼容仍然启动CPU",表示实际模块与组态的模块不一致,但是仍然可以启动CPU,比如组态的是DI模块,实际的是AI模块。此时CPU可以运行,但是带有诊断信息提示。

3)组态时间。CPU启动过程中,将检查集中式I/O模块和分布式I/O站点中的模块在组态的时间内是否准备就绪,如果没有准备就绪,则CPU的启动特性取决于"比较预设与实际组态"中的硬件兼容性的设置。

5.3.4 CPU循环扫描

图5-45所示的界面中设置与CPU循环扫描相关的参数,主要参数及选项的功能描述如下:

1)最大循环时间。设定程序循环扫描的监控时间。如果超过了这个时间,在没有下载OB80的情况下,CPU会进入停机状态。通信处理、连续调用中断(故障)、CPU程序故障等都会增加CPU的扫描时间。在S7 - 1500 CPU中,可以在OB80中处理超时错误,此时扫描监视时间会变为原来的2倍,如果此后扫描时间再次超过了此限制,CPU仍然会进入停机

图 5-45　循环选项

状态。

2）最小循环时间。在有些应用中需要设定 CPU 最小的扫描时间。如果实际扫描时间小于设定的最小时间，CPU 将等待，直到达到最小扫描时间后才进行下一个扫描周期。

5.3.5　通信负载

CPU 间的通信以及调试时程序的下载等操作将影响 CPU 的扫描时间，假定 CPU 始终有足够的通信任务要处理，图 5-46 所示的"通信产生的循环负载"参数可以限制通信任务在一个循环扫描周期中所占的比例，以确保 CPU 的扫描周期中通信负载小于设定的比例。

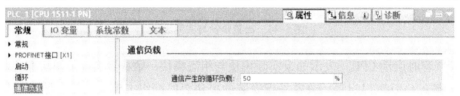

图 5-46　通信负载

5.3.6　显示屏功能

单击"显示"标签进入 SIMATIC S7 – 1500 PLC 的显示屏参数化界面，在该界面中可以设置 CPU 显示屏的相关参数。显示屏参数化界面主要参数及选项的功能描述如下：

1）常规。当进入待机模式时，显示屏保持黑屏，并在按下任意按键时立刻重新激活。

如图 5-47 为显示功能中的常规。其中"显示待机模式"的时间表示显示屏进入待机模式所需的无任何操作的持续时间。当进入节能模式时，显示屏将以低亮度显示信息。按下任意显示屏按键时，节能模式立即结束。

"节能模式"的时间表示显示屏进入节能模式所需的无任何操作的持续时间。"显示的默认语言"表示显示屏默认的菜单语言。设置之后下载至 CPU 中立即生效，也可以在显示屏中更改显示屏的显示语言。

"自动更新"更新显示屏的时间间隔。

"密码"标签设置在显示屏"屏保"启用写访问或启用屏保时的操作密码，以防止通过显示屏对 CPU 进行未授权的访问。为了安全起见，还可以设置在无任何的操作下访问授权自动注销的时间。设置密码后，如果在显示屏上对 CPU 的参数等进行修改，则必须首先提供密码。

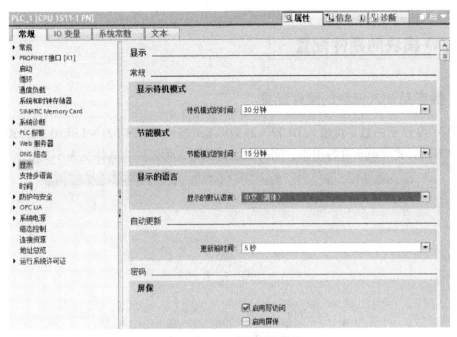

图5-47　显示功能中的常规

2）监控表。在"监控表"中可添加项目中的"监控表"和"强制表"，并设置访问方式是"只读"或"读/写"。单击"监控表"选项，在右侧的表格中选择需要显示的监控表或者强制表。如图5-48所示。下载后可以在显示屏中的"诊断"→"监视表"菜单下显示或者修改监控表、强制表中的变量。显示屏只支持符号寻址的方式，所以监控表或者强制表中绝对寻址的变量不能显示。

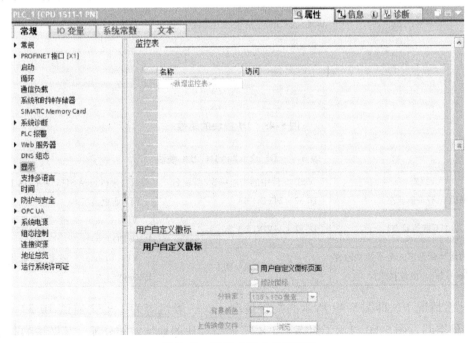

图5-48　显示功能中的监控表

5.4 I/O 模块的硬件配置

5.4.1 数字量输入模块的硬件配置

以图 5-49 所示的数字量输入 DI 32 × 24VDC BA 模块（6ES7521 – 1BL10 – 0AA0）为例，它可通过不同方式对模块进行组态，同时可以组态为 3 种形式，具体见表 5-7。

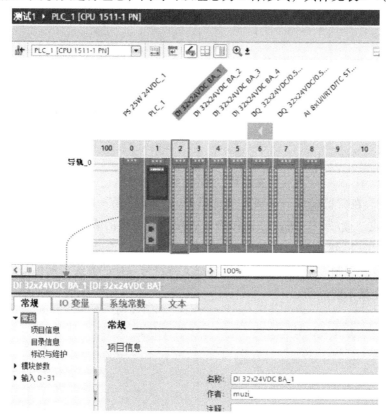

图 5-49 DI 模块的属性

表 5-7 DI 32 × 24VDC BA 模块

组态	GSD 文件中的简短标识/模块名	集成在硬件目录 STEP 7（TIA Portal）中
1 × 32 通道（不带值状态）	DI 32 × 24VDC BA	V13 或更高版本
4 × 8 通道（不带值状态）	DI 32 × 24VDC BA S	V13 Update 3 或更高版本（仅限 PROFINET IO）
1 × 32 通道（带最多 4 个子模块的模块内部 Shared Input 的值状态）	DI 32 × 24VDC BA MSI	V13 Update 3 或更高版本（仅限 PROFINET IO）

在正常情况下，即图 5-49 所示的配置情况下，一般组态为 1 × 32 通道 DI 32 × 24VDC BA 的地址空间。图 5-50 显示了组态为 1 × 32 通道模块的地址空间分配。其模块的起始地址可任意指定。通道的地址将从该起始地址开始。模块上已印刷字母"a"到"d"。例如，

"IB a"是指模块起始地址输入字节×。

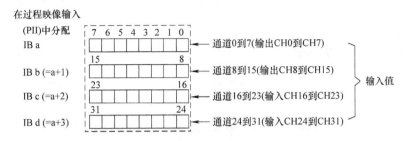

图5-50　1×32通道模块的地址空间分配

图5-51所示为DI 32×24VDC BA模块的"属性→模块参数→常规",定义了启动的3种情况,分别是"来自CPU""仅兼容时启动CPU""即便不兼容仍然启动CPU",这个根据工程实际来选择。

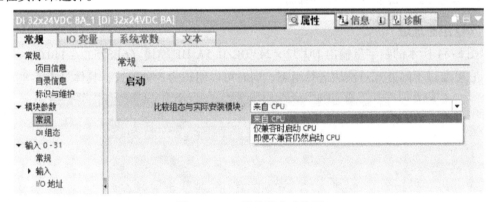

图5-51　DI模块的启动选项

图5-52所示为DI组态的情况,由于本次组态为主控制器,不是PROFINET IO,因此子模块的组态(模块分配)显示灰色,共享设备的模块副本(MSI)显示灰色。因此,本次组态为连续的32个输入,其地址可以任意指定,如图5-53所示,其中本模块默认为I0.0~I3.7。

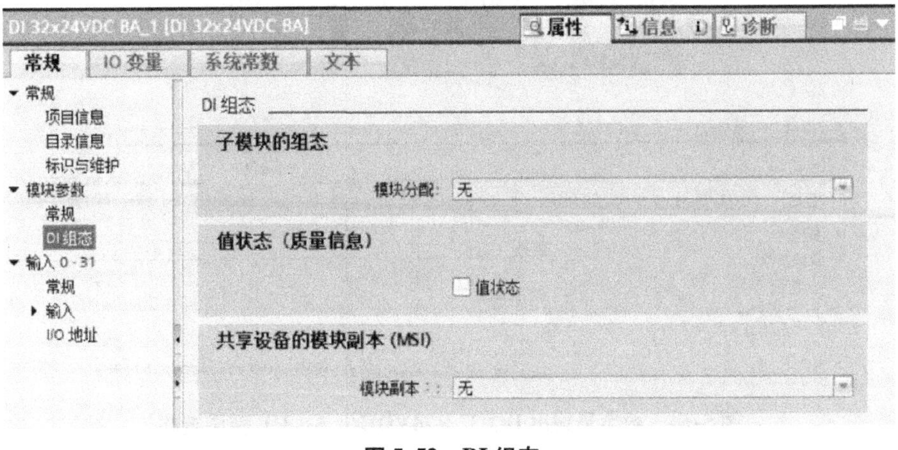

图5-52　DI组态

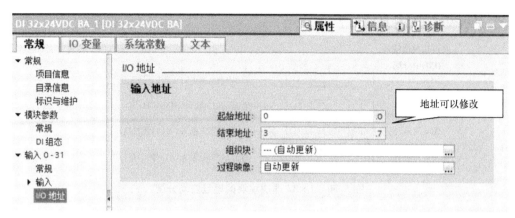

图 5-53　I/O 地址

5.4.2　数字量输出模块的硬件配置

1. DQ 组态地址

以图 5-54 所示的数字量输出 DQ 32×24VDC/0.5A HF 模块（6ES7522-1BL01-0AB0）为例，它可通过不同方式对模块进行组态，同时可以组态为 5 种形式，具体见表 5-8。

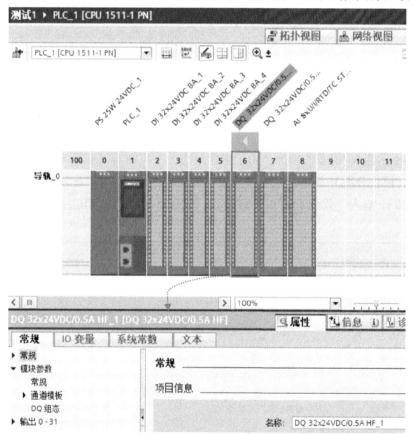

图 5-54　数字量输出 DQ 32×24VDC/0.5A HF 模块组态

表 5-8 数字量输出 DQ 32×24VDC/0.5A HF 模块组态选项

组态	GSD 文件中的缩写/模块名	集成在硬件目录 STEP 7（TIA Portal）V13 SP1 + HSP 0143 及更高版本中
1×32 通道（无值状态）	DQ 32×24VDC/0.5A HF	√
1×32 通道（带值状态）	DQ 32×24VDC/0.5A HF QI	√
4×8 通道（无值状态）	DQ 32×24VDC/0.5A HF S	√ （仅限 PROFINET IO）
4×8 通道（带值状态）	DQ 32×24VDC/0.5A HF S QI	√ （仅限 PROFINET IO）
1×32 通道（带最多 4 个子模块中模块内部 Shared Output 的值状态）	DQ 32×24VDC/0.5A HF MSO	√ （仅限 PROFINET IO）

在正常情况下，即图 5-55 所示的配置情况下，一般组态为 32 通道 DQ 32×24VDC/0.5A HF 的地址空间。如果勾选了"值状态"则同时又具有 32 通道的输入。

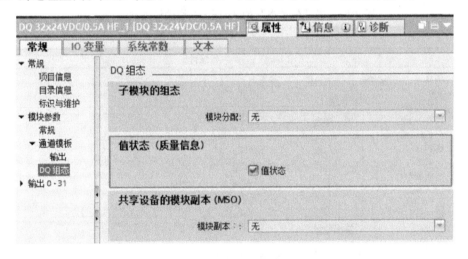

图 5-55 DQ 组态

图 5-56 显示了组态为带"值状态"的 32 通道模块的地址空间分配。可任意指定模块的起始地址。通道的地址将从该起始地址开始。在模块上印有字母"a～d"。"QB a"是指模块起始地址输出字节 a。

图 5-57 所示为带"值状态"的 I/O 地址，很显然，与之前相比，数字量输出模块只有输出地址。不一样的是，它同时增加了输入地址。

2. 通道模板输出组态

以图 5-58 所示的数字量输出 DQ 32×24VDC/0.5A HF 模块的通道模板输出组态，即在"无电源电压 L +""断路""接地短路"下启用诊断。图 5-59 所示为对 CPU STOP 模式的响应方式，即"关断""保持上一个值""输出替换值 1"3 种的任何一种。

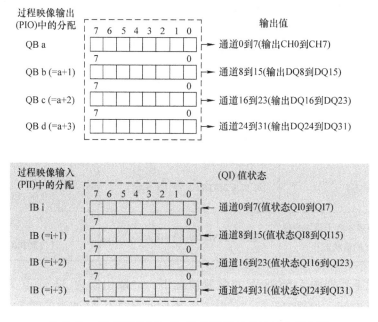

图 5-56 带"值状态"的 32 通道模块的地址空间分配

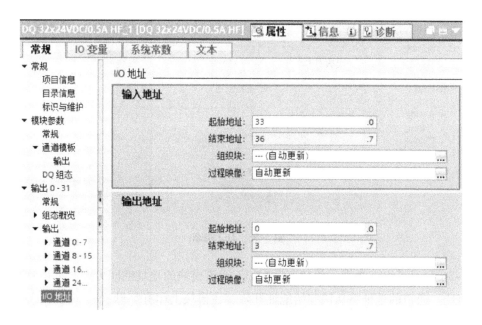

图 5-57 带"值状态"的 I/O 地址

以上两种设置既可以全部应用到所有的 32 个通道,也可以在每一个通道中进行单独设置,如图 5-60 所示是通道 0 的输出组态,既可以在参数设置上选择"来自模板",也可以选择"手动"。

当输出通道参数设置完毕后,可以在"输出参数"一栏中看到所有的通道参数概览(见图 5-61)。

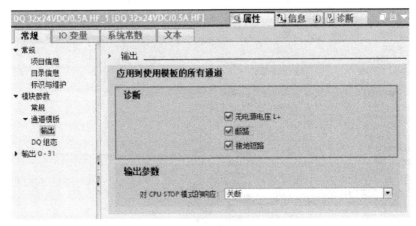

图 5-58　通道模板输出组态

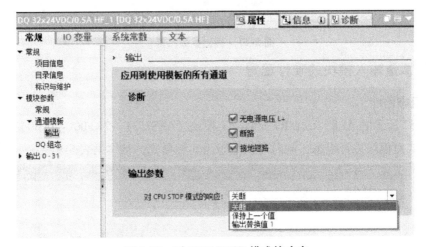

图 5-59　对 CPU STOP 模式的响应

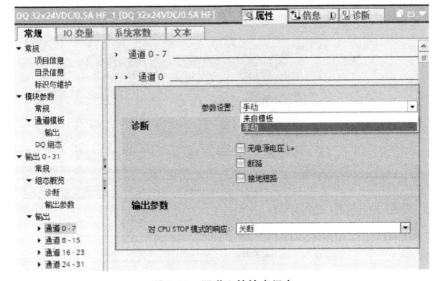

图 5-60　通道 0 的输出组态

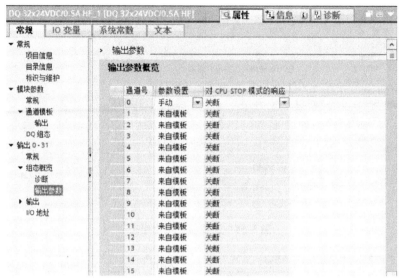

图 5-61　输出参数概览

5.4.3　模拟量输入模块的硬件配置

1. AI 组态地址

以图 5-62 所示的 AI 8 × U/I/RTD/TC ST 模块（6ES7531 – 7KF00 – 0AB0）为例，它可通过不同方式对模块进行组态，同时可以组态为 5 种形式，具体见表 5-9。

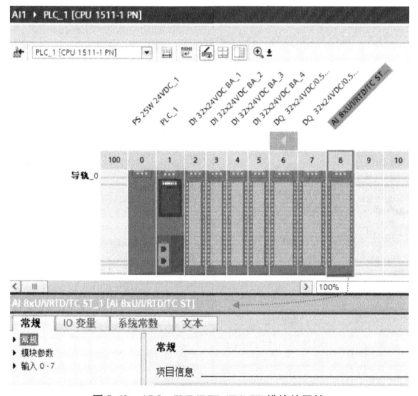

图 5-62　AI 8 × U/I/RTD/TC ST 模块的属性

表 5-9　AI 8×U/I/RTD/TC ST 模块的组态

组态	GSD 文件中的简短标识/模块名	集成在硬件目录 STEP 7（TIA Portal）中
1×8 通道（不带值状态）	AI 8×U/I/RTD/TC ST	V12 或更高版本
1×8 通道（带值状态）	AI 8×U/I/RTD/TC ST QI	V12 或更高版本
8×1 通道（不带值状态）	AI 8×U/I/RTD/TC ST S	V13 Update 3 或更高版本（仅限 PROFINET IO）
8×1 通道（带值状态）	AI 8×U/I/RTD/TC ST S QI	V13 Update 3 或更高版本（仅限 PROFINET IO）
1×8 通道（带最多 4 个子模块中模块内部共享输入的值状态）	AI 8×U/I/RTD/TC ST MSI	V13 Update 3 或更高版本（仅限 PROFINET IO）

图 5-63 显示了组态为 8 通道模块的地址空间分配。可任意指定模块的起始地址。通道的地址将从该起始地址开始。"IB×"是指模块起始地址的输入字节×。

图 5-63　组态为带值状态的 1×8 通道 AI 8×U/I/RTD/TC ST 的地址空间

图 5-64 所示为 AI 模块参数选择了"值状态"，则模块的 I/O 地址占用了 17 个字节，即图 5-65 所示的 IB63 – IB79，如果去掉"值状态"，则为 16 个字节，即 IB63 – IB78。

2. AI 通道输入属性

AI 模块可以选择通道模板，来设置"诊断"和"测量"属性，也可以手动设置每一个通道的"诊断"和"测量"属性。图 5-66 所示是应用到使用模板的所有通道，包括无电源电压 L+、上溢、下溢、共模等 4 种诊断和电流、电压、热敏电阻、热电偶等多种测量输入。

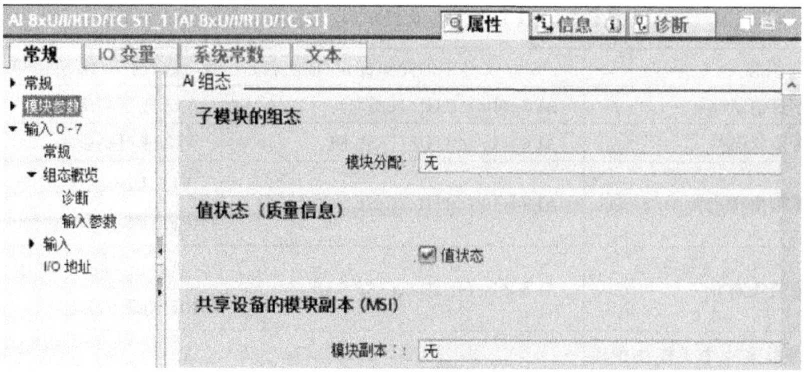

图 5-64　值状态选项

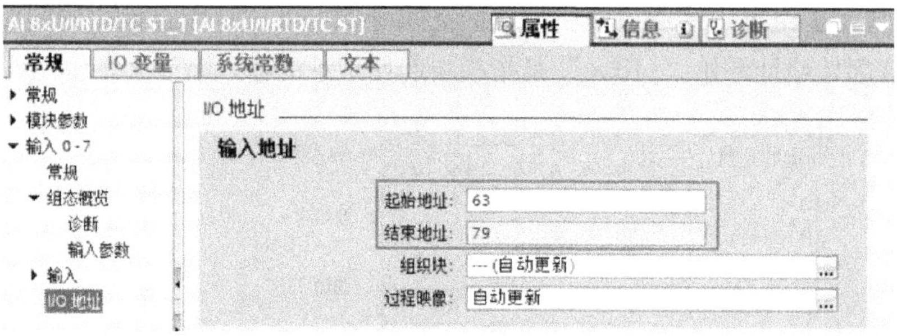

图 5-65　输入地址

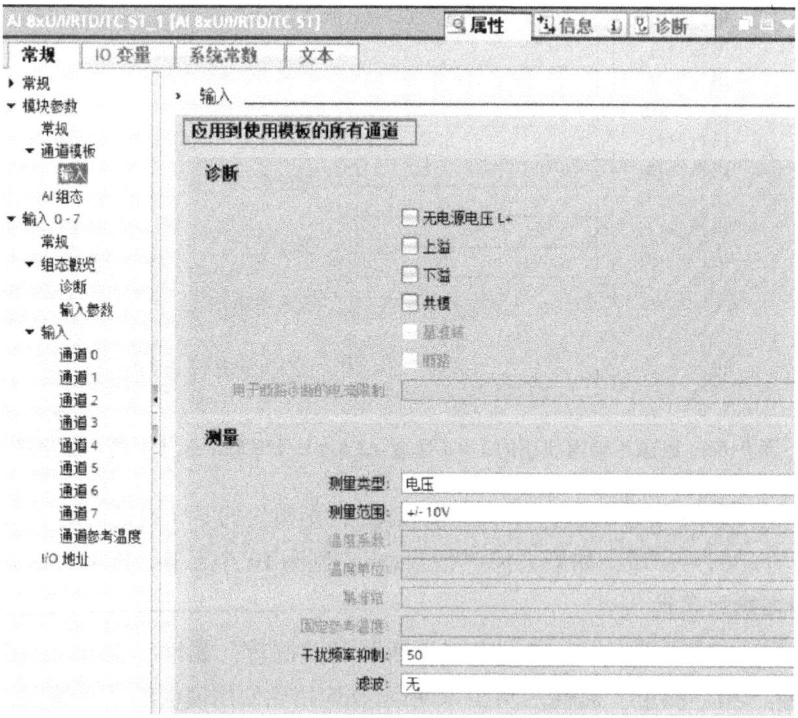

图 5-66　应用到使用模板的所有通道

图5-67所示为通道0~7的参数设置是手动还是来自模板。

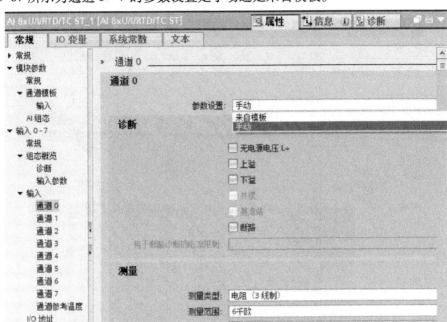

图5-67　通道0~7的参数设置

无论是来自模板还是每一个通道的手动设置，均需要对诊断和测量进行设置，包括测量类型、测量范围、干扰频率抑制和滤波等。

完成以上的步骤后，就可以在图5-68所示的输入参数概览中看到通道0~7的参数设置、测量类型和测量范围等信息。

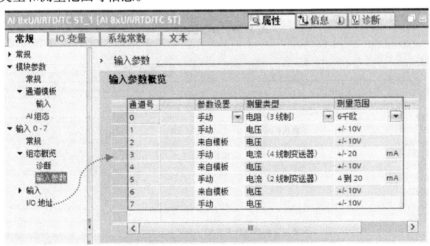

图5-68　输入参数概览

5.4.4　模拟量输出模块的硬件配置

1. AQ组态地址

以图5-69所示的AQ 8 × U/I HS（6ES7532 – 5HF00 – 0AB0）为例，它可通过不同方式

对模块进行组态（见图 5-70），同时可以组态为 5 种形式，具体见表 5-10。

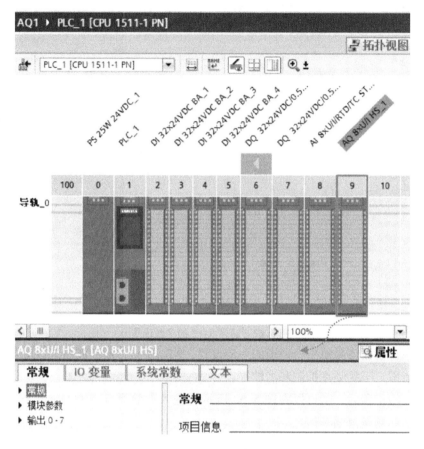

图 5-69　AQ 组态一

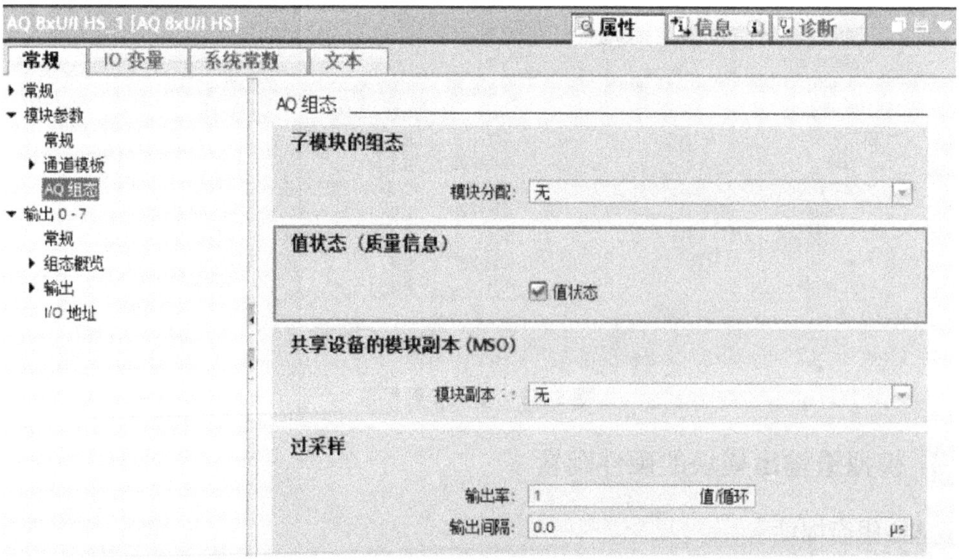

图 5-70　AQ 组态二

表 5-10 AQ 8 × U/I HS 的组态

组态	GSD 文件中的缩写/模块名	集成在硬件目录 STEP 7（TIA Portal）中
1×8 通道（不带值状态）	AQ 8 × U/I HS	V12 或更高版本
1×8 通道（带值状态）	AQ 8 × U/I HS QI	V12 或更高版本
8×1 通道（不带值状态）	AQ 8 × U/I HS S	V13 Update 3 或更高版本（仅限 PROFINET IO）
8×1 通道（带值状态）	AQ 8 × U/I HS S QI	V13 Update 3 或更高版本（仅限 PROFINET IO）
1×8 通道（带最多 4 个子模块中模块内部共享输出的值状态）	AQ 8 × U/I HS MSO	V13 Update 3 或更高版本（仅限 PROFINET IO）

图 5-71 显示了组态为 1×8 通道模块的地址空间分配。可在图 5-72 中任意指定模块的起始地址。通道的地址将从该起始地址开始。"QB ×"表示模块起始地址输出字节×。

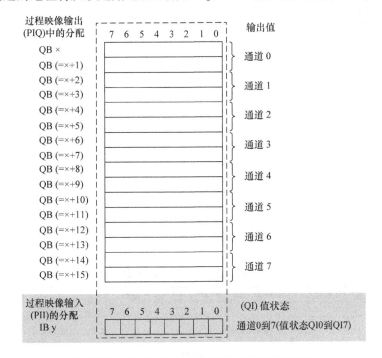

图 5-71 组态为 1×8 通道模块的地址空间分配

2. AQ 通道输入属性

AQ 模块可以选择通道模板，来设置"诊断"和"输出参数"属性，也可以手动设置每一个通道的"诊断"和"输出参数"属性。图 5-73 所示是应用到使用模板的所有通道，包括无电源电压 L +、接地短路、上溢、下溢、共模等多种诊断和电压、电流两种输出形式。

图 5-74 所示为通道 0～7 的参数设置是手动还是来自模板。

无论是在通道模板中，还是每一个通道的手动设置，均需要对诊断和输出进行设置，包括选择输出类型、输出范围和对 CPU STOP 模式的响应等。

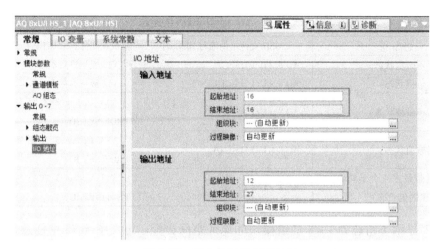

图 5-72　输入地址和输出地址

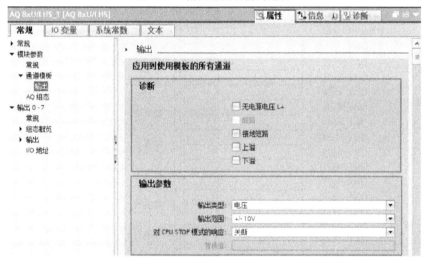

图 5-73　模板的诊断和输出参数

图 5-74　通道 0 的参数设置来源

5.5 分布式 I/O 参数配置

5.5.1 ET200MP 概述

所有的 S7-1500 CPU 都集成了一个 PROFINET 接口，可以作为 PROFINET 系统的 IO 控制器来接驳分布式 I/O 产品 ET200MP。图 5-75 所示是 S7-1500 PLC 与 ET200MP 组成的自动化控制系统。

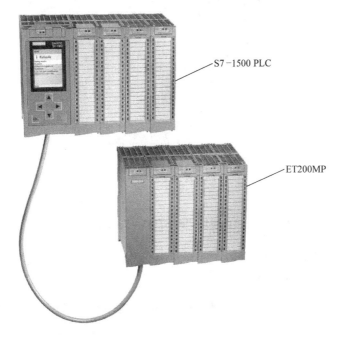

图 5-75 S7-1500 PLC 与 ET200MP 组成的自动化控制系统

ET200MP 使用与 S7-1500 PLC 相同的安装导轨，支持 PROFIBUS 和 PROFINET 总线，有 4 种接口模块：IM155-5DP ST（标准型）、IM 155-5PNBA（基本型）、IM 155-5PNST（标准型）及 IM155-5 HF（高性能型）。其中 IM155-5DP ST（标准型）和 IM 155-5PNBA（基本型）接口模块最多支持 12 个 IO 信号模块；IM 155-5PN ST（标准型）和 IM155-5HF（高性能型）接口模块最多支持 32 个模块（30 个信号模块和 2 个电源模块）；IM155-5 HF（高性能型）接口模块支持 PROFINET 的冗余系统。ET200MP 可以使用的标准数字量模块、模拟量模块、工艺模块及通信模块等信号模块与 S7-1500 PLC 系列模块相同。

5.5.2 配置 ET200MP

在右侧的硬件目录下的"分布式 I/O"→"ET200MP"→"接口模块"→"PROPINET"→"IM155-5 PN ST"找到接口模块"6ES7155-5AA01-0AB0"，如图 5-76 所示。在下方的信息窗口中能够选择此模块的固件版本，可以看到关于这个模块的详细信息。

图 5-76 接口模块"6ES7155 – 5AA01 – 0AB0"

将接口模块拖放至网络视图中，如图 5-77 所示。并单击"未分配"图标，在弹出的菜单中选择控制器接口（见图 5-78）。

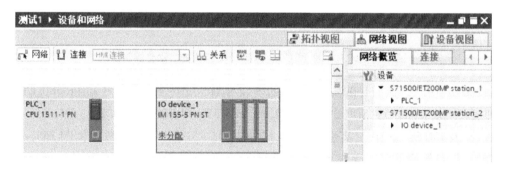

图 5-77 拖放 PROFINET 设备至网络视图中

在控制器 PLC _ 1 的端口保持按压状态并拖拽到 IO 设备 ET200MP 的端口上，出现连接的符号后释放鼠标按键，就可以生成 PROFINET 子网（见图 5-79）。

连接建立后需要设置发送时钟，选中控制器 CPU 1511 – 1 PN 的 PROFINET 接口，在属性窗口中选择"高级选项→实时设定→IO 通信"标签，在"发送时钟"中添加需要的公共发送时钟，默认为"1ms"。IO 设备的刷新时间由博途软件自动计算和设置，用户也可自行修改。

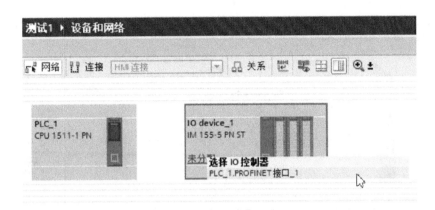

图 5-78　选择 IO 控制器

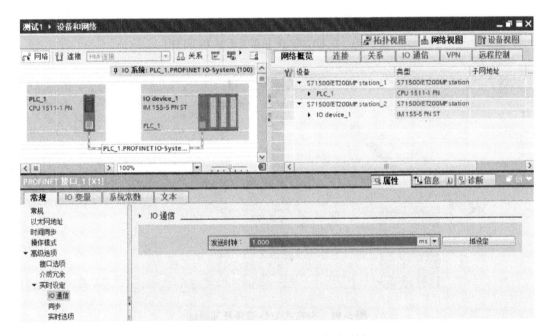

图 5-79　建立连接和设置发送时钟

　　双击 IO 设备 ET200MP，进入设备视图，按照图 5-80 所示，在 ET200MP 机架上添加 DI 和 DQ，其模块与中央机架一致，完成后的分布式 I/O 模块及其地址如图 5-81 所示。

5.5.3　PROFINET IO 模式下的 DI 模块组态

　　图 5-82 所示为正常情况的 DI 模块地址，即组态为 1×32 通道，地址为连续的 I32.0 - I35.7。另外，它还可以组态为 4×8 通道 DI 32×24VDC BA S 的地址空间和 1×32 通道 DI 32×24VDC BA MSI 的地址空间。

1. 组态为 4×8 通道 DI 32×24VDC BA S 的地址空间

　　在图 5-83 所示的 DI 组态中，模块分配有 2 个选项，一个是无，另一个是 4 个带 8 路数字

图 5-80　在 ET200MP 机架上添加 DI 和 DQ

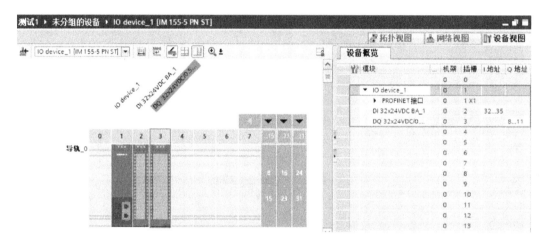

图 5-81　分布式 I/O 模块及其地址

模块	...	机架	插槽	I 地址	Q 地址
		0	0		
▼ IO device_1		0	1		
▶ PROFINET接口		0	1 X1		
DI 32x24VDC BA_1		0	2	32...35	

图 5-82　正常情况的 DI 模块地址

量输入的子模块。这里选择后者，即组态为 4×8 通道模块，此时模块的通道分为 4 个子模块，在共享设备中使用该模块时，可将子模块分配给不同的 IO 控制器，而且与 1×32 通道模块组态不同，这 4 种子模块都可任意分配起始地址（见图 5-84）。

当选择完模块分配后，就会看到图 5-85 所示的左下角出现了"输入 0 – 7""输入 8 – 15""输入 16 – 23""输入 24 – 31"，并可以分别输入不同的模块地址，如 4 个模块分别设置

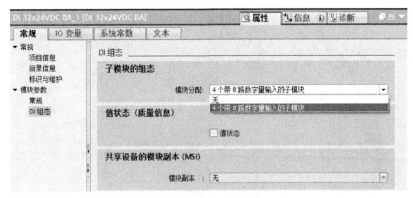

图 5-83 模块分配选项

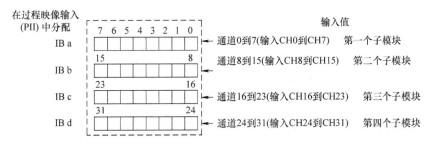

图 5-84 组态为 4×8 通道 DI 32×24VDC BA S 的地址空间

为 32、42、52、62，设置完成后的地址示意如图 5-86 所示，有独立地址、独立插槽。

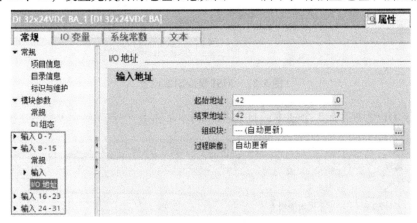

图 5-85 不同的模块地址

2. 组态为 1×32 通道 DI 32×24VDC BA MSI 的地址空间

组态 1×32 通道模块（模块内部共享输入，MSI）时，可将模块的通道 0 到 31 复制到最多 4 个子模块，如图 5-87 所示。在不同的子模块中通道 0 到 31 将具有相同的输入值。在共享设备中使用该模块时，可将这些子模块分配给最多 4 个 IO 控制器，而每个 IO 控制器都对这些通道具有读访问权限。

一旦选择了 MSI，则"值状态"自动选用，如图 5-88 所示。图 5-89 所示为组态为 MSI

图5-86　独立地址和独立插槽

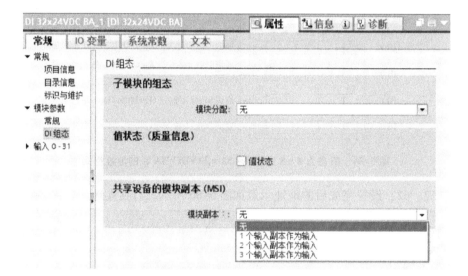

图5-87　MSI模块副本设置

后的地址，该DI模块共有3个副本，且自身和副本都占8个字节。

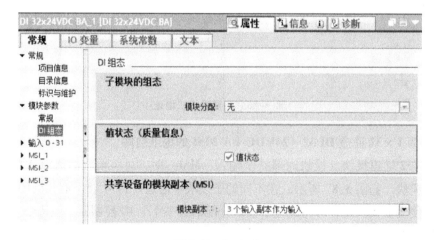

图5-88　DI组态

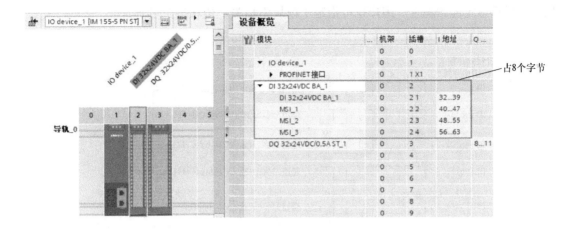

图 5-89 组态为 MSI 后的地址

值状态的含义取决于所在的子模块。对于第 1 个子模块（基本子模块），将不考虑该子模块的值状态。对于第 2 个到第 4 个子模块（MSI 子模块），值状态为 0 表示值不正确或基本子模块尚未组态（未就绪）。图 5-90 ~ 图 5-93 显示了基本子模块 、MSI _ 1、MSI _ 2、MSI _ 3 的地址空间分配。

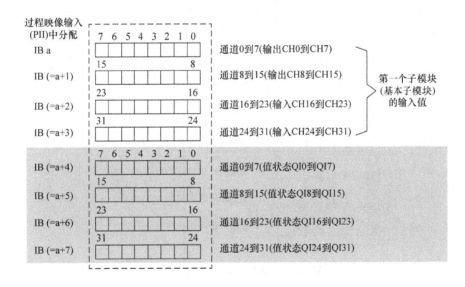

图 5-90 第一个子模块（基本子模块）的地址空间分配

5.5.4 PROFINET IO 模式下的 DQ 模块组态

1. 组态为 4 ×8 通道的地址空间

PROFINET IO 模式下的 DQ 模块（DQ 32 × 24VDC/0.5A HF）组态，如图 5-94 所示。组态为 4 × 8 通道模块时，模块的通道应分为多个子模块（见图 5-95）。在共享设备中使用该模块时,可将子模块分配给不同的 IO 控制器。与 1×32 通道模块组态不同,这 4 种子模块都可任意指定起始地址。用户也可指定子模块中相关"值状态"的地址。

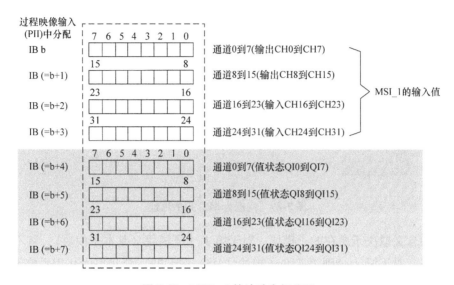

图 5-91　MSI _ 1 的地址空间分配

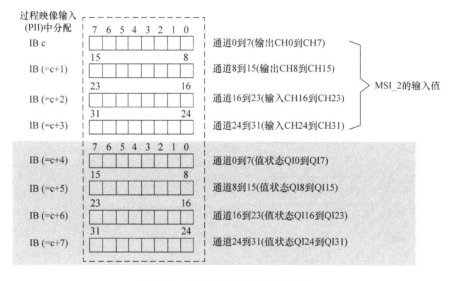

图 5-92　MSI _ 2 的地址空间分配

图 5-96 是组态为 4×8 通道 DQ 32×24VDC/0.5A HF S QI 的地址空间(带值状态)显示。

2. 组态为 1×32 通道 MSO 的地址空间

与共享设备的模块副本(MSI)类似,图 5-97 所示为共享设备的模块副本(MSO),可以选择无副本、1 个输入副本、2 个输入副本和 3 个输入副本共 4 种情况作为输入。

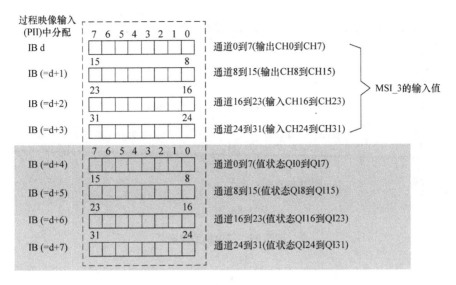

过程映像输入
(PII)中分配

| IB d | 7 6 5 4 3 2 1 0 | 通道0到7(输出CH0到CH7) |

IB (=d+1) 15 ... 8 通道8到15(输出CH8到CH15)

IB (=d+2) 23 ... 16 通道16到23(输入CH16到CH23)

IB (=d+3) 31 ... 24 通道24到31(输入CH24到CH31)

MSI_3的输入值

IB (=d+4) 7 6 5 4 3 2 1 0 通道0到7(值状态QI0到QI7)

IB (=d+5) 15 ... 8 通道8到15(值状态QI8到QI15)

IB (=d+6) 23 ... 16 通道16到23(值状态QI16到QI23)

IB (=d+7) 31 ... 24 通道24到31(值状态QI24到QI31)

图 5-93   MSI_3 的地址空间分配

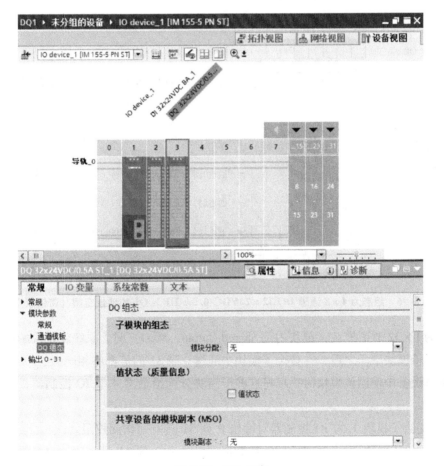

图 5-94   DQ 组态

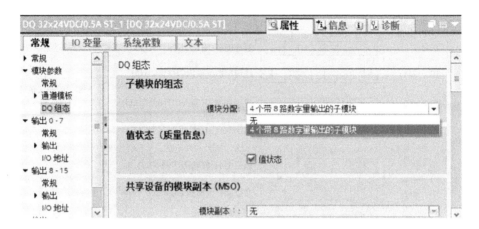

图 5-95 子模块的组态

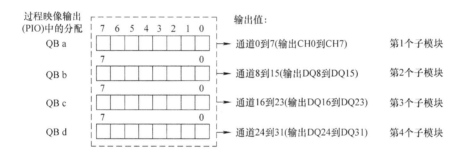

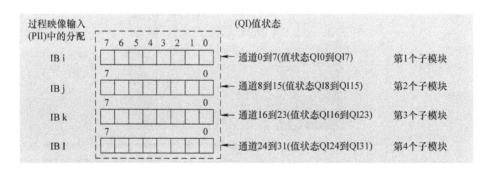

图 5-96   组态为 4×8 通道 DQ 32×24VDC/0.5A HF S QI 的地址空间（带值状态）

组态为 1×32 通道模块（模块内部 Shared Output，MSO）时，系统将模块的通道 0 到 31 复制到多个子模块中。之后，在各个子模块中通道 0 到 31 的值都将相同。

在共享设备中使用该模块时，可将这些子模块分配给最多 4 个 IO 控制器，并遵循以下规则：

1）分配给子模块 1 的 IO 控制器对输出 0 到 31 具有写访问权限。

2）分配给子模块 2、3 或 4 的 IO 控制器则对输出 0 到 31 具有读访问权限。

3）IO 控制器的数量取决于所使用的接口模块。

4）对于第一个子模块（基本子模块），值状态为 0 表示值不正确或基本子模块的 IO

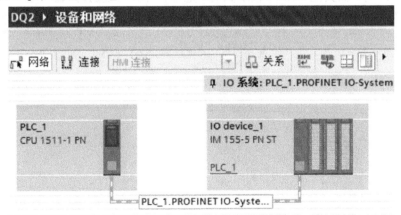

图 5-97　共享设备的模块副本（MSO）

控制器处于 STOP 状态。对于第 2 ~ 4 个子模块（MSO 子模块），值状态 "0" 表示值不正确，或发生基本子模块尚未组态（未就绪）、IO 控制器与基本子模块间的连接已中断、基本子模块的 IO 控制器处于 STOP / POWER OFF 状态等错误。

【实例 5-1】　**DQ 模块共享设备访问的硬件配置与地址分析**

任务说明

有 4 个 S7 – 1500 CPU 控制器（CPU1511 – 1 PN）通过 PROFINET 共同接驳了一个 ET200MP（IM155 – 5 PN ST）分布式 I/O 站，该站配置有 1 个 DQ 模块（DQ 32 × 24VDC/0.5A HF），现需要对该 DQ 模块进行共享设备访问，请进行 DQ 模块的硬件配置，并分析其地址。

ex5-1

解决步骤

STEP1：新建项目并联网

新建项目 DQ2，进行 PLC _ 1 和 IO device _ 1 的联网，如图 5-98 所示。

图 5-98　组态为 1 × 32 通道模块实例

STEP2：添加 DQ 模块

IO device_1，添加 DQ 模块（DQ 32 × 24VDC/0.5A HF），选择带"值状态"，选择模块副本为"3 个输入副本作为输入"，如图 5-99 所示。完成后，就会在左侧出现 3 个新的 MSO_1、MSO_2 和 MSO_3。

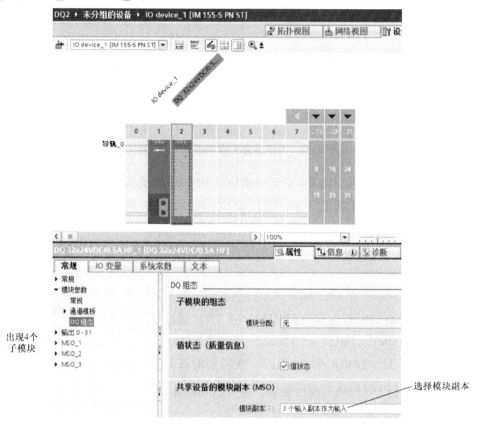

图 5-99　组态为 1 × 32 通道模块实例

图 5-100 所示为 DQ 4 个子模块的地址情况，其中基本子模块有 I 地址和 Q 地址，允许 CPU 进行读写访问，而其他 MSO 子模块只有 I 地址，即只有读的访问。

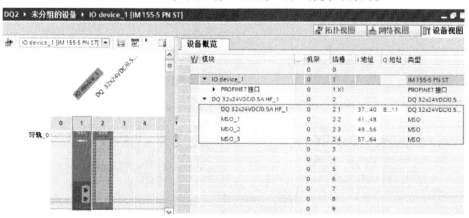

图 5-100　DQ 4 个子模块的地址

STEP3：地址解析

根据 MSO 的原则，DQ 基本子模块的输出和输入地址及信息如图 5-101 所示，DQ 的另外 3 个子模块 MSO _ 1、MSO _ 2 和 MSO _ 3 相对应的输入地址及信息如图 5-102~图 5-104 所示。

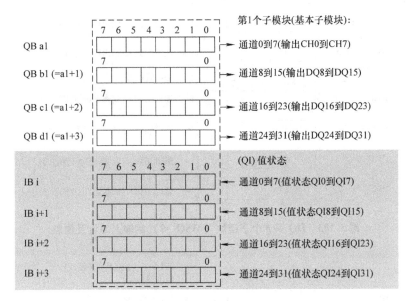

图 5-101 DQ 基本子模块的输出和输入地址及信息

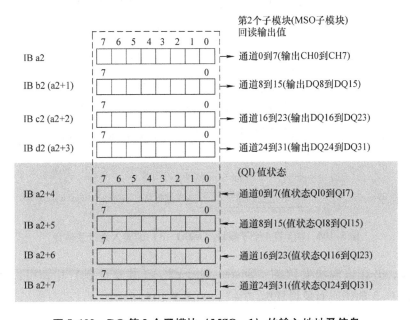

图 5-102 DQ 第 2 个子模块（MSO _ 1）的输入地址及信息

STEP4：设置模块参数为共享设备

在项目 DQ2 中，设置 PLC _ 1 的地址为 192.168.10.1，IM155 – 5 PN ST 的网址为

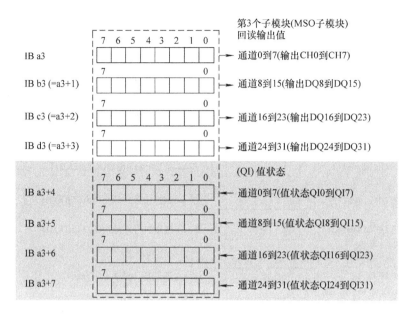

图 5-103 DQ 第 3 个子模块（MSO_2）的输入地址及信息

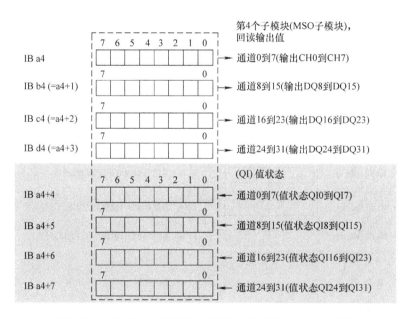

图 5-104 DQ 第 4 个子模块（MSO_3）的输入地址及信息

192.168.10.5，并在该模块参数的"Shared Device"（共享设备）中，可以将 MSO_1、MSO_2、MSO_3 的访问对象设置为"-"，如图 5-105 所示。

STEP5：新建其他项目

重新建立一个项目命名为"DQ2_MSO_1"（见图 5-106），其中 PLC 命名为 PLC_2，IP 地址为 192.168.10.2；IM 155-5 PN ST 名字不变，仍为 IO device_1，IP 地址不变，为 192.168.10.5；DQ 模块的设置跟上述一致。如图 5-107 所示，在 IO device_1 模块参数的

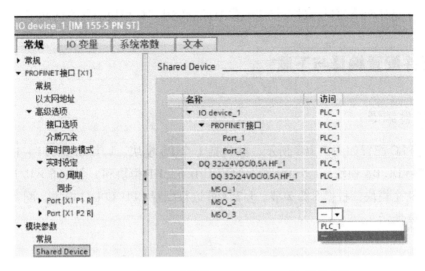

图5-105　PLC_1连接的IM155-5 PN ST模块参数

"Shared Device"（共享设备）中，可以将基本子模块、MSO_2、MSO_3的访问对象设置为"-"，而将MSO_1的访问对象设置为"PLC_2"。

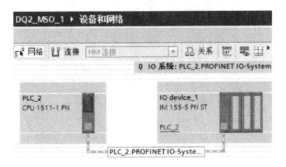

图5-106　新建项目DQ2_MSO_1

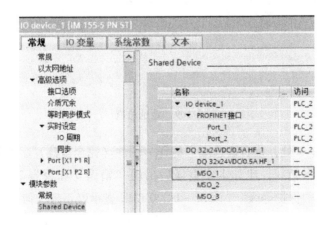

图5-107　修改MSO_1的访问选项

依次建立另外两个项目，进行相应的修改就能完成 DQ 模块的共享访问了。

5.6 硬件配置编译与下载

5.6.1 硬件编译

某主站 PLC 配置如图 5-108 所示，共包括 1 个 PS 模块、1 个 CPU1511 - 1 PN 模块、4 个 DI 32 × 24VDC BA 模块、1 个 DQ 32 × 24VDC/0.5A HF 模块和 1 个 AI 8 × U/I/RTD/TC ST 模块，共计 9 个模块，根据 5.2.2 节、5.2.3 节进行配置 CPU 和 I/O 模块，配置完的地址总览如图 5-109 所示。

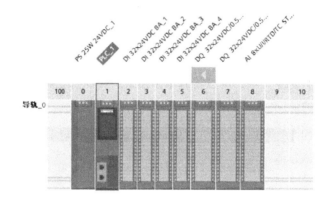

图 5-108　主站 PLC 配置

地址总览

类型	起始地	结束地	大小	模块	机架	插槽	设备名称	设备	主站/IO 系统
I	0	3	4 字节	DI 32x24VDC BA_1	0	2	PLC_1 [CPU 1511-1 PN]	-	-
I	4	7	4 字节	DI 32x24VDC BA_2	0	3	PLC_1 [CPU 1511-1 PN]	-	-
I	8	11	4 字节	DI 32x24VDC BA_3	0	4	PLC_1 [CPU 1511-1 PN]	-	-
I	12	15	4 字节	DI 32x24VDC BA_4	0	5	PLC_1 [CPU 1511-1 PN]	-	-
O	0	3	4 字节	DQ 32x24VDC/0.5A HF_1	0	6	PLC_1 [CPU 1511-1 PN]	-	-
O	4	7	4 字节	DQ 32x24VDC/0.5A HF_2	0	7	PLC_1 [CPU 1511-1 PN]	-	-
I	16	31	16 字...	AI 8xU/I/RTD/TC ST_1	0	8	PLC_1 [CPU 1511-1 PN]	-	-

图 5-109　地址总览

在项目树的 PLC_1 处，按右键选择"编译→硬件（完全重建）"。编译完成后，就会出现图 5-110 所示的编译结果，比如本次编译后出现"错误 0 和警告 2"，其中警告分别为"PLC_1 不包含组态的保护等级""该 S7 - 1 500 CPU 显示屏不带任何密码保护"。

根据编译结果提示，分别对两个警告进行相应处理，如图 5-111 所示为 PLC_1 的访问级别增加密码，图 5-112 所示为 CPU 的显示屏增加密码。

修改完成后，再次编译的结果为"错误 0、警告 0"。当然，警告本身有些也可以忽略，

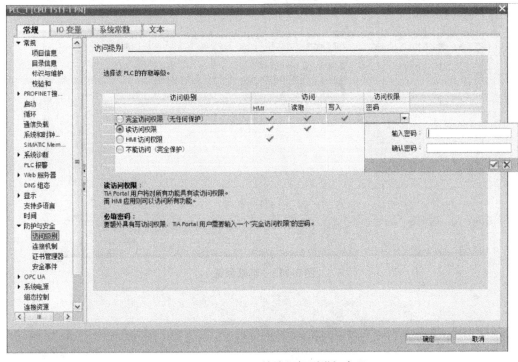

图 5-110　编译结果

图 5-111　PLC_1 的访问级别增加密码

不去关注。

5.6.2 硬件配置下载

当硬件配置编译完成之后，就可以选择"扩展在线""下载到设备""扩展的下载到设备"等选项了进行下载。图 5-113 所示硬件配置时的下载预览情况，下载完毕，再次联机，则会看到图 5-114 显示的 PLC 相关模块均显示 ✓（绿色），表示硬件配置正常，配置工作结束。

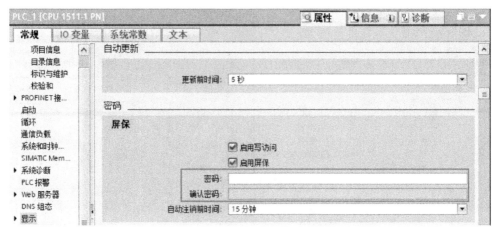

图 5-112　CPU 的显示屏增加密码

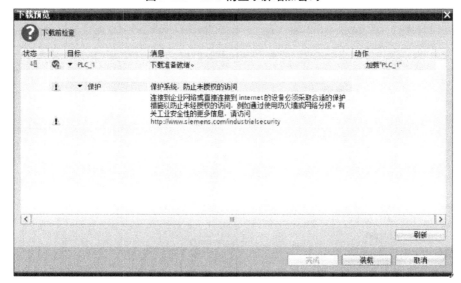

图 5-113　下载预览

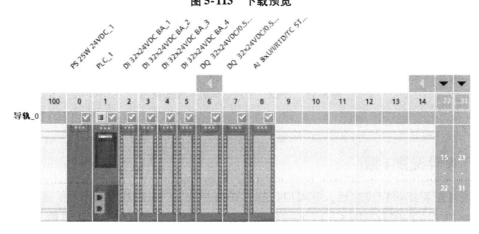

图 5-114　PLC 在线

第6章

S7-1500 PLC通信与工艺指令编程

Chapter **6**

PROFINET 是由 PROFIBUS 国际组织推出的新一代工业以太网自动化总线标准，S7-1500 PLC借助该总线，可以将工厂自动化和企业信息管理层 IT 技术有机地融为一体，借助 PROFINET IO 控制器、PROFINET IO 设备，组成多类型的控制系统。PLC 之间的 I-Device功能，使用 CPU 做智能 I/O 设备，既可以接收控制器数据，自身还可以运行 CPU 逻辑程序。除此之外，本章还介绍了计数模块和运动控制，前者又称 TM Count 模块，分为安装在 S7-1500 PLC 主机架上或 ET 200MP 的分布式 IO 站上的 TM Count 2×24V 模块和可安装在 ET 200SP CPU 主机架上或 ET 200SP 的分布式 IO 站上的 TM Count 1×24V 模块两种；后者包含的对象类型可以是速度轴、位置轴、外部编码器以及同步轴。

6.1 S7-1500 PLC 通信基础

6.1.1 西门子 SIMATIC NET 工业通信与网络结构

1. PLC 通信概述

在工业现场中，通信主要发生在 PLC 与 PLC 之间、PLC 与计算机之间，如图6-1 所示。前者是因为一个中大型自动化项目通常由若干个控制相对独立的 PLC 站组成，PLC 站之间往往需要传递一些连锁信号，同时 HMI 系统也需要通过网络控制 PLC 站的运行并采集过程信号归档，这些都需要通过 PLC 的通信功能实现。而在 PLC 与计算机连接构成的综合系统中，计算机主要完成数据处理、修改参数、图像显示、打印报表、文字处理、系统管理、编制 PLC 程序、工作状态监视、远程诊断等任务。

PLC 工业通信，可以更有效地发挥每一个独立 PLC 站点、HMI 系统、计算机等的优势，互补应用上的不足，扩大整个控制系统的处理能力。没有 PLC 工业通信，就不可能完成诸如控制机器和整个生产线，监视最新运输系统或管理配电等复杂任务。没有强大的通信解决方案，企业的数字化转型也是不可能的。由此可见，PLC 工业通信的重要性。

271

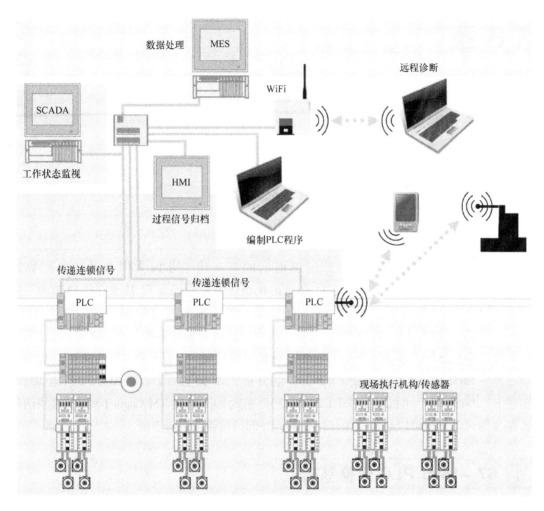

图6-1 PLC工业通信示意

2. SIMATIC NET 结构

西门子工业通信网络统称 SIMATIC NET，它提供了各种开放的、应用于不同通信要求及安装环境的通信系统。图 6-2 所示为 4 种不同的 SI-MATIC NET 通信网络。从上到下分别为 Industrial Ether-net（工业以太网）、PROFIBUS、InstabusEIB 和 AS – In-terface，对应的通信数据量由大到小，实时性由弱到强。

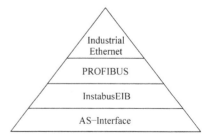

图6-2 SIMATIC NET 结构

1）工业以太网（Industrial Ethernet） 依据 IEEE 802.3 标准建立的单元级和管理级的控制网络，传输数据量大，数据终端传输速率为 100Mbit/s。通过西门子 SCALANCE X 系列交换机，主干网络传输速率可达到 1000Mbit/s。

2）PROFIBUS PROFIBUS 作为国际现场总线标准 IEC61158 的组成部分（TYPE Ⅲ）和

机械行业标准 JB/T10308.3 – 2001，具有标准化的设计和开放的结构，以令牌方式进行主←→主或主←→从通信。PROFIBUS 传输中等数据量，在通信协议中只有 PROFIBUS – DP（主←→从通信）具有实时性。

3）InstabusEIB   InstabusEIB 应用于楼宇自动化，可以采集亮度进行百叶窗控制、温度测量及门控等操作。通过 DP/EIB 网关，可以将数据传送到 PLC 或 HMI 中。

4）AS – Interface   AS – I（Actuator – Sensor interface）网络通过 AS – I 总线电缆连接最底层的执行器及传感器，将信号传输至控制器。AS – I 通信数据量小，适合位信号的传输。每个从站通常最多带有 8 个位信号，主站轮询 31 个从站的时间固定为 5ms，适合实时性的通信控制。

6.1.2 从 PROFIBUS 到 PROFINET 的转变

PROFIBUS 是基于 RS485 网络，现场安装方便，通信速率可以根据 PROFIBUS 电缆长度灵活调整，通信方式简单。经过几十年的发展，第三方厂商支持的 PROFIBUS 设备种类较多，在以往的使用中深受广大工程师和现场维护人员的青睐。但随着工业的快速发展，控制工艺对工业通信的实时性和数据量又有了更高的要求，同时也需要将日常的办公通信协议应用到工业现场中，这是 PROFINET 推出的初衷，基于工业以太网的 PROFINET 完全满足现场实时性的要求。

每一个 S7 – 1500 CPU 都集成了 PROFINET 接口，通过 PROFINET 可以实现通信网络的一网到底，即从上到下都可以使用同一种网络，便于网络的安装、调试和维护，需要注意的是，强烈建议控制网络与监控网络使用不同的子网。表 6-1 所示为 PROFINET 与 PROFIBUS 的技术指标对比。

表 6-1   PROFINET 与 PROFIBUS 的技术指标对比

技术指标	PROFIBUS	PROFINET
通信方式	RS – 485	Ethernet
传输带宽	12Mbit/s	1Gbit/s 到 100Mbit/s
用户数据	244bytes	1440bytes
地址空间	126	不受限制
传输模式	主/从	生产者/消费者
无线网络	可能实现	IEEE 802.11，15.1
运动轴数	32	>150

为了继承 PROFIBUS 的使用方式，PROFINET 在 TIA 博途软件配置上基本相同。PROFINET 设备 GSD 文件命名规则由以下部分按顺序构成，1 – 6 项之间用 " – " 连接：

1）GSDML；

2）GSDML Schema 的版本 ID：Vx. Y；

3）制造商名称；

4）设备族名称；

5）GSD 发布日期，格式 yyyymmdd；

6）GSD 发布时间（可选），个数 hhmmss，hh 为 00 – 24；

7）后缀 ".xml"。

例如："GSDML – V2.31 – Vendor – Device.20200315.xml"。

GSD 文件一旦发布后如不更改名称不允许改变，若发布新版本 GSD 文件，则发布日期必须改变。

6.1.3 S7 – 1500 PLC 以太网支持的通信服务

S7 – 1500 PLC 各系列 CPU 中具有集成的以太网接口（X1、X2、X3，最多 3 个接口）、通信模块 CM 1542 – 1 和通信处理器 CP 1543 – 1 均可以作为以太网通信的硬件接口。将这些以太网接口支持的通信服务按实时通信和非实时通信进行划分，不同接口支持的通信服务如表 6-2 所示。其中 CPU1515、CPU1516、CPU 1517 带有两个以太网接口，CPU1518 带有 3 个以太网接口，第二、第三个以太网接口主要为了安全的目的进行网络的划分，避免管理层网络故障影响控制层网络。

表 6-2 S7 – 1500 PLC 系统以太网接口支持的通信服务

接口类型	实时通信		非实时通信		
	PROFINET IO 控制器	I – Device	OUC 通信	S7 通信	Web 服务器
CPU 集成的接口 X1	√	√	√	√	√
CPU 集成的接口 X2	×	×	√	√	√
CPU 集成的接口 X3	×	×	√	√	√
CM1542 – 1	√	×	√	√	√
CP1543 – 1	×	×	√	√	√

S7 – 1500 PLC 之间非实时通信有两种：Open User Communication（OUC）通信服务和 S7 通信服务，实时通信只有 PROFINET IO。表 6-2 中 I – Device 是将 CPU 作为一个智能设备，也是实时通信。不同的通信服务适用不同的现场应用。

1. OUC 通信

OUC（开放式用户通信，与 S7 – 300/400 的 S5 兼容通信相同）服务适用于 S7 – 1500/300/400 PLC 之间通信、S7 PLC 与 S5 PLC 间的通信，以及 PLC 与 PC 或与第三方设备进行通信。

OUC 通信有下列通信连接：

1）ISO Transport：该通信连接支持第四层（ISO Transport）开放的数据通信，主要用于 SIMATIC S7 – 1500/300/400 PLC 与 SIMATIC S5 的工业以太网通信。S7 PLC 间的通信也可以使用 ISO 通信方式。ISO 通信使用 MAC 地址，不支持网络路由。一些新的通信处理器不再支持该通信服务，S7 – 1500 PLC 系统中只有 CP1543 – 1 支持 ISO 通信方式。ISO 通信方式基于面向消息的数据传输，发送的长度可以是动态的，但是接收区必须大于发送区。最大通信字节数 64KB。

2）ISO – on – TCP：应用 RFC1006 通信协议将 ISO 映射到 TCP 上，实现网络路由，其最大通信字节数64KB。

3）TCP/IP：该通信连接支持TCP/IP协议开放的数据通信。用于连接SIMATIC S7和PC以及非西门子设备，最大通信字节数64KB。

4）UDP：支持简单数据传输，数据无须确认，与TCP/IP通信相比，UDP没有连接，最大通信字节数1472。

不同接口支持OUC通信连接的类型如表6-3所示。

表6-3　S7–1500 PLC系统以太网接口支持OUC通信连接的类型

接口类型	连接类型			
	ISO	ISO – on – TCP	TCP/IP	UDP
CPU集成的接口X1	×	√	√	√
CPU集成的接口X2	×	√	√	√
CPU集成的接口X3	×	√	√	√
CM1542 – 1	×	√	√	√
CP1543 – 1	√	√	√	√

2. S7通信

特别适用于S7–1500/1200/300/400PLC与HMI、编程器或（PC）之间的通信，也适合S7–1500/1200/300/400 PLC之间通信。早先S7通信主要是S7–400 PLC间的通信，由于通信连接资源的限制，推荐使用S5兼容通信，也就是现在的OUC通信。随着通信资源的大幅增加和PN接口的支持，S7通信在S7–1500/1200/300/400PLC之间应用越来越广泛。S7–1500 PLC所有以太网接口都支持S7通信。S7通信使用了ISO/OSI网络模型第七层通信协议，可以直接在用户程序中得到发送和接收的状态信息。

S7–1500 PLC的S7通信有3组通信函数，分别是PUT/GET、USEND/URCV和BSEND/BRCV，这些通信函数应用于不同的应用。

1）PUT/GET：可以用于单方编程，一个PLC作为服务器，另一个PLC作为客户端，客户端可以对服务器进行读写操作，在服务器侧不需要编写通信程序。

2）USEND/URCV：用于双方编程的通信方式，一方发送数据，另一方接收数据。通信方式为异步方式。

3）BSEND/BRCV：用于双方编程的通信方式，一方发送数据，另一方接收数据。通信方式为同步方式，发送方将数据发送到通信方的接收缓冲区，并且通信方调用接收函数，并将数据复制至已经组态的接收区内才认为发送成功。简单地说，相当于发送邮件，接收方必须读了该邮件才作为发送成功的条件。使用BSEND/BRCV可以进行大数据量通信，最大可以达到64KB。

3. PROFINET IO

PROFINET IO主要用于模块化、分布式的控制，通过以太网直接连接现场设备（IO De-vices）。PROFINET IO通信为全双工点到点方式。一个IO控制器（IO Controller）最多可以和512个IO设备进行点到点通信，按设定的更新时间双方对等发送数据。一个IO设备的被控对象只能被一个 IO 控制器控制。在共享 IO 设备模式下，一个 IO 站点上不同的 I/O 模块、甚至同一 I/O 模块中的通道都可以最多被 4 个 IO 控制器共享，但是输出模块只能被一个 IO 控制器控制，其他 IO 控制器可以共享信号状态信息。由于访问机制为点到点方式，S7 - 1500 PLC 集成的以太网接口既可以作为 IO 控制器连接现场 IO 设备，又可同时作为 IO 设备被上一级 IO 控制器控制（对于一个 IO 控制器而言只是多连接了一个站点），此功能称为智能设备（I - Device）功能。

PROFINET IO 与 PROFIBUS - DP 的通信方式相似，术语的比较参考表 6-4。

表 6-4　PROFINET IO 与 PROFIBUS - DP 术语的比较

数量	PROFINET	PROFIBUS	解释
1	IO system	DP master system	网络系统
2	IO 控制器	DP 主站	控制器与 DP 主站
3	IO supervisor	PG/PC 2 类主站	调试与诊断
4	工业以太网	PROFIBUS	网络结构
5	HMI	HMI	监控与操作
6	IO 设备	DP 从站	分布的现场元件分配到 IO 控制器

PROFINET IO 具有下列特点：

1）现场设备（IO - Devices）通过 GSD 文件的方式集成到 TIA 博途软件中，与 PROFI-BUS - DP 不同的是，PROFINET IO 的 GSD 文件以 XML 格式存在。

2）为了保护原有的投资，PROFINET IO 控制器可以通过 IE/PB LINK 连接 PROFIBUS - DP 从站。

PROFINET IO 提供三种执行水平：

1）非实时数据传输（NRT）：用于项目的监控和非实时要求的数据传输，例如项目的诊断，典型通信时间大约 100ms。

2）实时通信（RT）：用于要求实时通信的过程数据，通过提高实时数据的优先级和优化数据堆栈（ISO/OSI 模型第一层和第二层），使用标准网络元件可以执行高性能的数据传输，典型通信时间为 1 ~ 10ms。

3）等时实时（IRT）：等时实时确保数据在相等的时间间隔进行传输，例如多轴同步操作。普通交换机不支持等时实时通信。等时实时典型通信时间为 0.25 ~ 1ms，每次传输的时间偏差小于 1μs。

支持 IRT 的交换机数据通道分为标准通道和 IRT 通道。标准通道用于 NRT 和 RT 的数据通信，IRT 通道专用于 IRT 的数据通信，网络上其他的通信不会影响 IRT 过程数据的通信。PROFINET IO 实时通信的 OSI/ISO 模型参考图 6-3。

6. 1. 4　S7 - 1500 PLC PROFINET 设备名称

IO 控制器对 IO 设备进行寻址前，IO 设备必须具有一个设备名称。对于 PROFINET 设备，名称比复杂的 IP 地址更加容易管理。

IT服务	PROFINET应用	
HTTP SNMP DHCP	组态、诊断及HMI访问	过程数据
TCP/UDP	实时	
IP		
以太网	RT	IRT
	实时性	

图6-3　PROFINET IO 数据访问模型

IO 控制器和 IO 设备都具有设备名称。如图 6-4 所示激活"自动生成 PROFINET 设备名称"选项时，将自动从设备（CPU、CP 或 IM）组态的名称中获取设备名称。

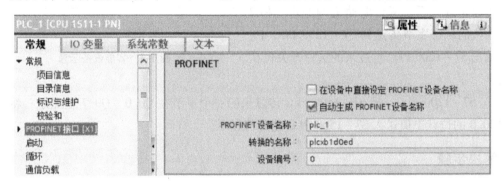

图6-4　激活"自动生成 PROFINET 设备名称"选项

PROFINET 设备名称包含设备名称（例如 CPU）、接口名称（仅带有多个 PROFINET 接口时），可能还有 IO 系统的名称。

可以通过在模块的常规属性中修改相应的 CPU、CP 或 IM 名称，间接修改 PROFINET 设备的名称。例如，PROFINET 设备名称也显示在可访问设备的列表中。如果要单独设置 PROFINET 设备名称而不使用模块名称，则需禁用"自动生成 PROFINET 设备名称"选项。

从 PROFINET 设备名称中会产生一个"转换名称"。该名称是实际装载到设备上的设备名称。

只有当 PROFINET 设备名称不符合 IEC 61158 – 6 – 10 规则时，才会对它进行转换。同样地，该名称也不能直接修改。

6.2 I – Device 智能设备

6.2.1 在相同项目中配置 I – Device

I – Device 就是带有 CPU 的 IO 设备。S7 – 1500 PLC、S7 – 1200 PLC 所有的 CPU 都可以

作为 I – Device，并可同时作为 IO 控制器和 IO 设备。

【实例 6-1】 通过 I – Device 功能实现电机控制

ex6-1

📋 **任务说明**

S7 – 1500 CPU1511 – 1 PN 与 CPU1214C AC/DC/RLY 通过 PROFINET 相互通信，如图 6-5 所示，其中 CPU1214C 作为 I – Device 与 S7 – 1500 PLC 进行通信。具体如下：

1）S7 – 1500 PLC：共有 2 台电动机，2 个按钮，其中 SB1 为启动按钮，SB2 为停止按钮，均为常开触点接线。当按下启动按钮后，电动机 1 立即起动；电动机 2 延时 5s 后起动。当按下停止按钮后，两台电动机均停止。将 2 台电动机的状态字节传送到 S7 – 1200 PLC 中，同时输出 S7 – 1200 PLC 传过来的选择开关位状态值。

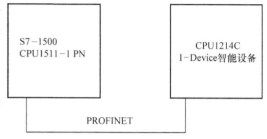

图 6-5 智能设备示意

2）S7 – 1200 PLC：把 S7 – 1500 PLC 传过来的一个字节在 Q0.0 – Q0.7 上显示；将选择开关 I0.0 的位状态值送入 S7 – 1500 PLC 端进行显示。

🔧 **解决步骤**

STEP1：设备与网络组态

创建一个新项目，插入一个 S7 – 1500 CPU 作为 IO 控制器，一个 CPU1214 作为 I – Device，其设备与网络视图如图 6-6 所示。

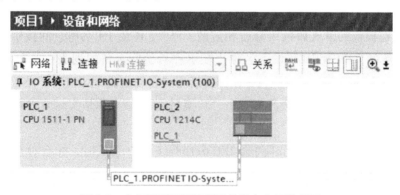

图 6-6 在相同项目下配置后的设备与网络视图

确保 2 个 CPU 的以太网接口在同一个频段中，单击 PLC _ 2 的属性，在"操作模式"标签中使能"IO 设备"选项，并将它分配给 IO 控制器，如图 6-6 所示。在传输区域中，可以更改地址和传输方向箭头（见图 6-7）。

指定 IO 控制器后，在"操作模式"标签下出现"智能设备通信"栏，单击该栏配置通信传输区。鼠标双击"新增"，增加一个传输区，并在其中定义通信双方的通信地址区：使

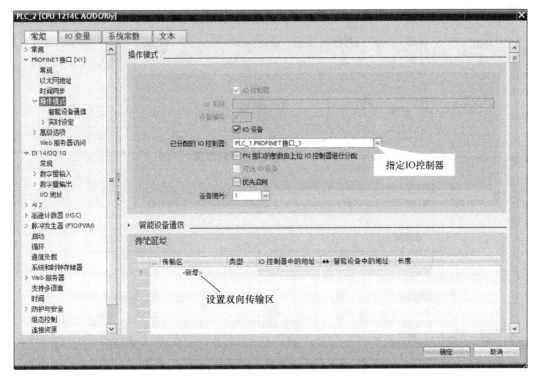

图6-7   设置操作模式

用Q区作为数据发送区；使用I区作为数据接收区，单击箭头可以更改数据传输的方向。在图6-8的示例中创建了两个传输区，通信长度都是1个字节。

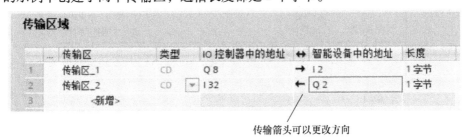

图6-8   传输区域

图6-9所示为IO控制器的地址总览。将配置数据分别下载到两个CPU中，它们之间的PROFINET IO通信将自动建立。其中IO控制器（CPU1511 – 1 PN）使用QB8发送数据到I – Device（CPU1214C）的IB2中；I – Device使用QB2发送数据到IO控制器的IB32中。本实例中，智能设备CPU1214C既作为上一级IO控制器的IO设备，同时又作为下一级IO设备的控制器，使用非常灵活和方便。

STEP2：PLC编程

在同一项目中创建两个PLC的程序，对于通信部分不用编写，这也是I – Device的优点。

图6-10所示是CPU1511 – 1 PN的主程序。

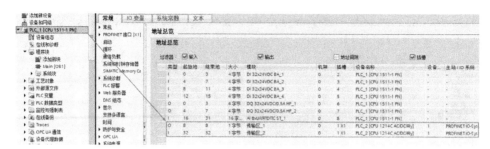

图 6-9   IO 控制器的地址总览

程序段 1：

注释

```
   %I0.0                                                    %Q0.0
 "启动按钮"                                               "电机1接触器"
    ─┤ ├─                                                   ─( S )─
```

程序段 2：

注释

```
   %I0.1                                                    %Q0.0
 "停止按钮"                                               "电机1接触器"
    ─┤ ├─                                                   ─( R )─
```

程序段 3：

注释

```
                        %DB1
                   "IEC_Timer_0_DB"
   %Q0.0               TON                                  %Q0.1
 "电机1接触器"          Time                              "电机2接触器"
    ─┤ ├───────────── IN      Q ─────────────────────────── ( )─
              T#5S ── PT     ET ─── ...
```

程序段 4：

注释

```
                        MOVE
                    EN ──── ENO
   %QB0                          %QB8
 "输出QB0" ───────── IN            "I-
                  ⚓ OUT1 ──── Device输出QB8"
```

程序段 5：

注释

```
   %I32.0                                                   %Q1.0
  "接收I-                                                  "指示灯"
 Device位信号"                                              ─( )─
    ─┤ ├─
```

图 6-10   CPU1511 - 1 PN 的主程序

程序段 1 和 2：是电动机 1 的起动和停止。

程序段 3：电动机 1 起动后延时定时器 TON 5s 后动作。

程序段 4：输出 QB0 字节值到 I – Device。

程序段 5：从 I – Device 接收位信号。

图 6-11 所示是 CPU1214C 的主程序。

程序段 1：接收 IO 控制器的字节信号并输出到 QB0。

程序段 2：将选择开关 I0.0 送到 IO 控制器的 Q2.0 中。

▼ 程序段 1：

注释

```
%M1.2                    MOVE
"AlwaysTRUE"      ┌──────────┐
   ┤├           ─┤EN    ENO├─
                 │          │
%IB2         ⁎  │     OUT1├⁎  %QB0
"输入I-          │          │   "输出QB0"
Device字节"  ──┤IN        │
                 └──────────┘
```

▼ 程序段 2：

注释

```
%I0.0                                              %Q2.0
"选择开关"                                       "输出I-Device位"
  ┤├─────────────────────────────────────────────( )
```

图 6-11 CPU1214C 的主程序

6.2.2 在不同项目中配置 I – Device

【实例 6-2】 在不同的 PLC 项目中通过 I – Device 功能实现电动机控制

任务说明

ex6-2

在【实例 6-1】基础上，增加一个要求，即两个 PLC 的文件必须配置在不同项目中。

解决步骤

STEP1：CPU1214C 作为 I – Device 进行配置

创建一个新项目，在项目中插入一个 CPU1214C 作为 I – Device，单击其以太网接口，在属性界面中的"操作模式"标签中使能"IO 设备"，在"已分配的 IO 控制器"选项中选择"未分配"，然后在传输区中定义通信双方的通信地址区（见图 6-12）。

跟【实例 6-1】一样创建了两个传输区后，在"智能设备通信"标签的最后部分可以

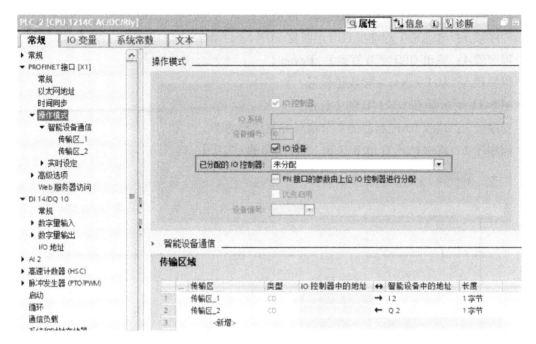

图 6-12　操作模式设置已分配的 IO 控制器为"未分配"

查看到"导出站描述文件（GSD）"栏。编译 PLC 项目后，如图 6-13 所示，单击"导出"
按钮，生成一个 GSD 文件，文件中包含用于 IO 通信的配置信息（见图 6-14）。

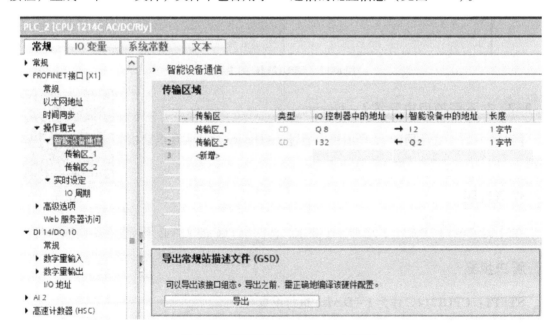

图 6-13　导出常规站描述文件（GSD）

　　类似"GSDML – V2. 32 – #Siemens – PreConf _ PLC _ 2 – 20200303 – 060918. xml" GSD 文
件（该文件名称随时会发生变化）需要复制到配置 IO 控制器的 PC 上，并导入到该项目中。

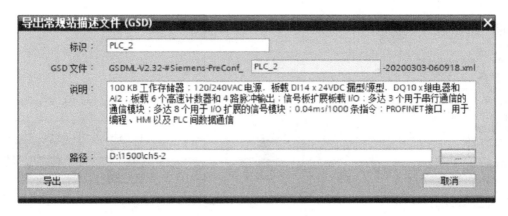

图6-14　GSD文件描述

STEP2：CPU1511－1 PN作为IO控制器进行配置

另外新建一个项目，用于IO控制器，即，设置它的以太网接口的IP地址，使之与IO设备处在相同的网段。如图6-15所示，导入GSD文件，安装GSD文件的相关内容。

图6-15　安装I－Device的GSD文件

打开图6-16所示的硬件目录，选择"其他现场设备"→"PROFINET IO"子目录，将安装的I－Device站点PLC＿2拖放到网络视图中，如图6-17所示，该站点是GSD device＿1，而不是真实的PLC名称了。

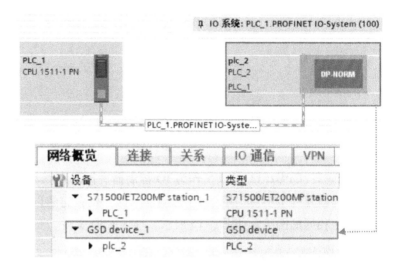

图 6-16 新的硬件目录　　　　　　　　　　　　图 6-17 设备与网络

当 IO 控制器与 IO 设备端口相连后，在设备视图中可以看到 I – Device 的数据传输区，如图 6-18 所示。由于 I – Device 的设备名称不能自动分配，所以配置的 IO 设备名称必须与 CPU1214C 项目中定义的设备名称相同。

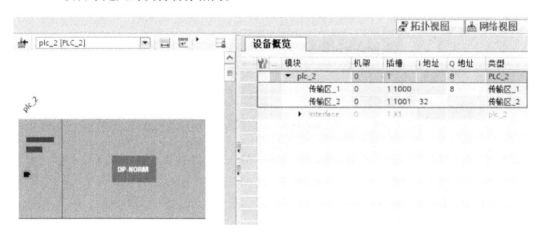

图 6-18 设备概览

STEP3：调试

将配置数据分别下载到对应的 CPU 中，它们之间的 PROFINET IO 通信将自动建立。一旦有一个设备出问题，则故障红色标注就会出现（见图 6-19），并在诊断缓冲区中出现"硬件组件的用户数据错误"（见图 6-20）。

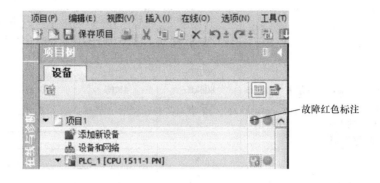

图6-19 故障红色标注

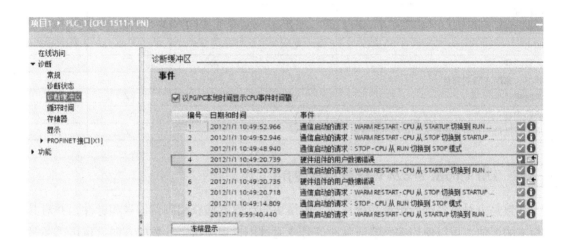

图6-20 诊断缓冲区

6.3 计数和测量模块功能与编程

6.3.1 计数和测量模块概述

S7-1500 PLC 的计数模块称之为 TM Count 模块，按照产品家族分为两个型号：TM Count 2×24V 模块，可安装在 S7-1500 PLC 主机架上或 ET 200MP 的分布式 IO 站上；TM Count 1×24V 模块，可安装在 ET 200SP CPU 主机架上或 ET 200SP 的分布式 IO 站上。

S7-1500 PLC 的位置检测模块称之为 TM PosInput 模块，按照产品家族也可分为两个型号：TM PosInput 2 模块，可安装在 S7-1500 PLC 主机架上或 ET 200MP 的分布式 IO 站上；而 TM PosInput 1 模块，可安装在 ET 200SP CPU 主机架上或 ET 200SP 的分布式 IO 站上。

S7-1500 PLC 或 ET 200MP、ET200SP 所配置的 TM 模块类型与属性见表6-5。

表6-5　S7-1500 PLC 或 ET 200MP、ET200SP 所配置的 TM 模块类型与属性

属　性	S7-1500PLC 或 ET 200MP		ET 200SP	
	TM Count2×24V	TM PosInput2	TM Count1×24V	TM PosInput1
通道数量	2	2	1	1
最大信号频率	200kHz	1MHz	200kHz	1MHz
带四倍频评估的增量型编码器的最大计数频率	800kHz	4MHz	800kHz	4MHz
最大计数值/范围	32bit	32bit/31bit	32bit	32bit/31bit
到增量和脉冲编码器的 RS422/TTL 连接	×	√	×	√
到增量和脉冲编码器的 24V 连接	√	×	√	×
SSI 绝对值编码器连接	×	√	×	√
5V 编码器电源	×	√	×	×
24V 编码器电源	√	√	√	√
每个通道的 DI 数	3	2	3	2
每个通道的 DQ 数	2	2	2	2
门控制	√	√	√	√
捕获功能	√	√	√	√
同步	√	√	√	√
比较功能	√	√	√	√
频率、速度和周期测量	√	√	√	√
等时模式	√	√	√	√
诊断中断	√	√	√	√
用于计数信号和数字量输入的可组态滤波器	√	√	√	√

6.3.2 TM Count 2×24V 计数功能使用

计数是指对事件进行记录和统计，工艺模块的计数器捕获编码器信号和脉冲，并对其进行相应的评估。可以使用编码器或脉冲信号或通过用户程序指定计数的方向。也可以通过数字量输入控制计数过程。模块内置的比较值功能可在定义的计数值处准确切换数字量输出（不受用户程序及 CPU 扫描周期的影响）。

订货号 6ES7550-1AA00-0AB0 的 TM Count 2×24V 是一个能够提供双通道计数、测量以及位置反馈功能的工艺模块，支持 24V 增量编码器，通过高速计数支持频率、速度、脉冲周期测量，常用作运动控制的位置反馈。

TM Count 2×24V 模块可以接两路 24V 脉冲信号编码器，每个通道同时提供了 3 个数字量输入和两个数字量输出信号。表6-6 所示为 TM Count 2×24V 模块的接线端子定义具体接线方式，图6-21 所示为 TM Count 2×24V 模块的接线图。

表6-6　TM Count 2×24V 模块的接线端子定义

端子号		24V 增量编码器		24V 脉冲编码器		
		有信号 N	无信号 N	有方向信号	无方向信号	向上/向下
计数器通道0						
1	CH0.A	编码器信号 A		计数信号		向上计数信号
2	CH0.B	编码器信号 B		方向信号	—	向下计数信号
3	CH0.N	编码器信号 N		—		

(续)

端子号		24V 增量编码器		24V 脉冲编码器		
		有信号 N	无信号 N	有方向信号	无方向信号	向上/向下
计数器通道 0						
4	DI0. 0	数字量输入 DI0				
5	DI0. 1	数字量输入 DI1				
6	DI0. 2	数字量输入 DI2				
7	DQ0. 0	数字量输出 DQ0				
8	DQ0. 1	数字量输出 DQ1				
9	24VDC	24V 编码器电源				
10	M	编码器电源、数字输入和数字输出的接地				
计数器通道 1						
11	CH1. A	编码器信号 A		计数信号		向上计数信号
12	CH1. B	编码器信号 B		方向信号	—	向下计数信号
13	CH1. N	编码器信号 N		—		
14	DI1. 0	数字量输入 DI0				
15	DI1. 1	数字量输入 DI1				
16	DI1. 2	数字量输入 DI2				
17	DQ1. 0	数字量输出 DQ0				
18	DQ1. 1	数字量输出 DQ1				
19 – 40	—	—				

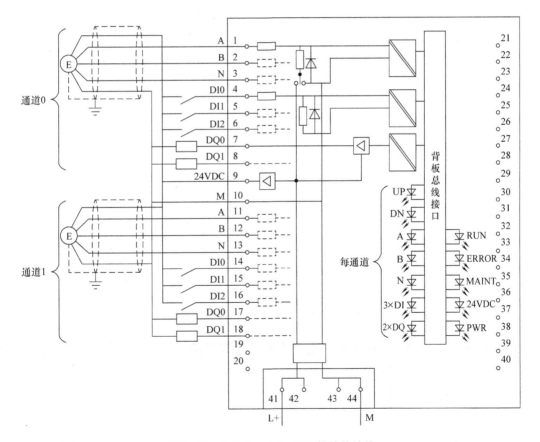

图 6-21　TM Count 2 × 24V 模块的接线

【实例6-3】 TM Count 2×24V 模块的计数功能使用

ex6-3

任务说明

将 TM Count 2×24V 模块与使用带有方向信号的 24V 脉冲编码器相连，由 CPU1511-1 PN 作为控制器，请进行硬件配置来完成计数功能。

解决步骤

STEP1：电气接线

TM Count 2×24V 模块与带有方向信号的 24V 脉冲编码器相连，因此将脉冲信号接到模块的 1 号端子，将方向信号接到模块的 2 号端子（接线如图6-21所示）。

STEP2：硬件配置

在 PLC 项目视图中，从左侧的硬件目录中找到"工艺模块→计数→TM Count 2×24V"，并将计数模块拖拽到设备机架上（见图6-22）。

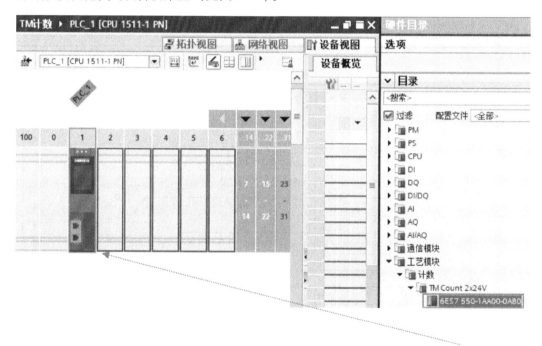

图6-22 TM Count 2×24V 硬件配置一

在模板下方单击属性，进入模板的基本参数设置界面，将通道 0 的工作模式选择为"使用工艺对象计数和测量操作"（见图6-23）。I/O 地址如图6-24所示。

STEP3：组态工艺对象

硬件配置完成后需要组态计数器的工艺对象。从左侧的项目树中，选择工艺对象下面的"新增对象"。新增对象时选择"计数和测量"中的 High_Speed_Counter（高速计数器），并填入对象名称（见图6-25）。

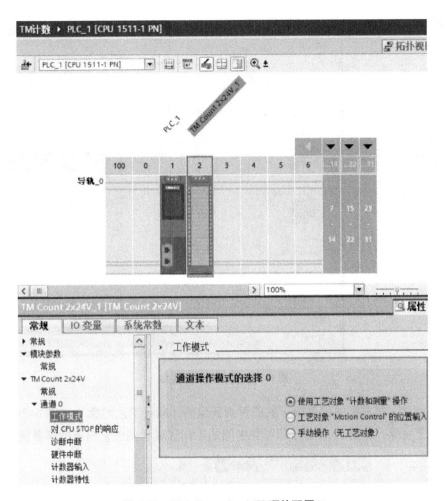

图 6-23　TM Count 2×24V 硬件配置二

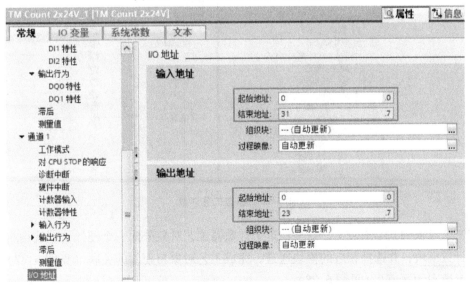

图 6-24　I/O 地址

图 6-25　选择新对象类型

插入对象后，在左侧的项目树下就能看到新建的计数器工艺对象（见图 6-26），选择这个计数器工艺对象，单击"组态"即可在中间的工作区域看到工艺对象的参数配置界面。

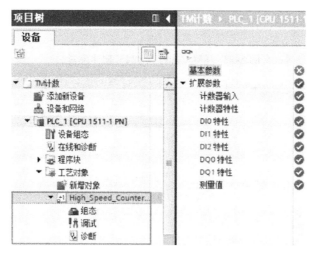

图 6-26　组态工艺对象

在工艺对象的基本参数中，需要给这个计数器工艺对象分配一个硬件，也就是前面组态的高速计数模块，并选择相应的模块通道，完成工艺对象与硬件的关联（见图 6-27），并选择基本参数中的通道 0（见图 6-28）。

在计数器输入参数中选择输入信号的类型，可选择的类型参见表 6-7，在附加参数里面

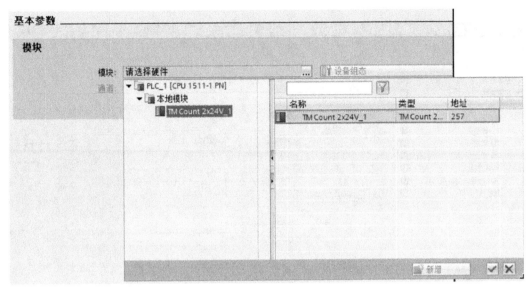

图6-27　为工艺对象分配硬件

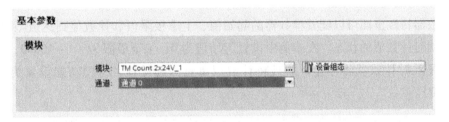

图6-28　基本参数

还可以选择滤波器频率和传感器类型（见图6-29）。

表6-7　计数器工艺对象支持的脉冲信号名称及信号类型

图例	名称	信号类型
	增量编码器（A、B相差）	带有 A 和 B 相位差信号的增量编码器
	增量编码器（A、B、N）	带有 A 和 B 相位差信号以及零信号 N 的增量编码器
	脉冲（A）和方向（Dir）	带有方向信号（信号 Dir）的脉冲编码器（信号 A）
	单相脉冲（A）	不带方向信号的脉冲编码器（信号 A）。可以通过控制接口指定计数方向
	向上计数（A），向下计数（B）	向上计数（信号 A）和向下计数（信号 B）的信号

291

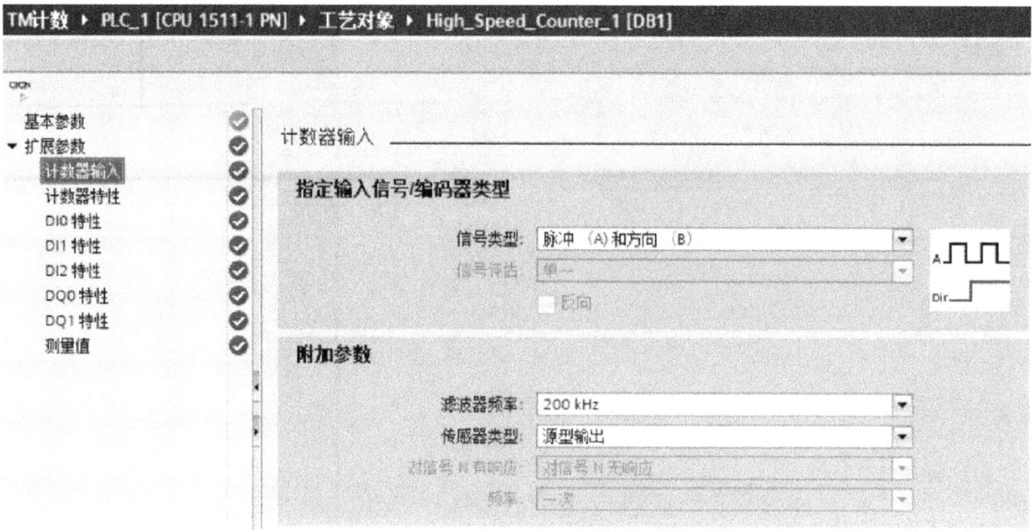

图 6-29   选择计数器工艺对象的信号类型

在计数器特性里面可以配置计数器的起始值、上下极限值和计数值到达极限时的状态，以及门启动时计数值的状态。在本例中设置起始值为 0，上下极限为 +／-10000，设置当计数值到达极限时计数器将停止，并且将计数值重置为起始值，将门功能设置为继续计数（见图 6-30）。

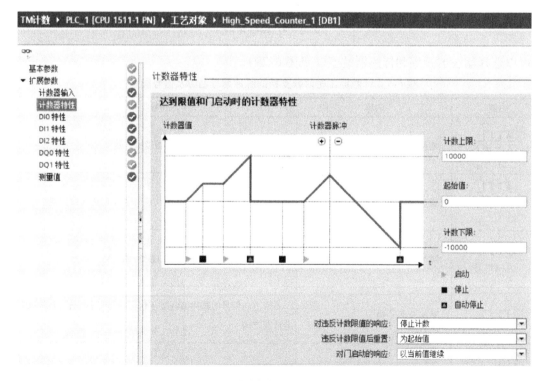

图 6-30   设置计数器的上下限及门功能

该计数模块内置了两个比较器,可以将计数值与预设的比较值之间进行比较。在本例中,将 DQ0 设置为当计数值大于比较值且小于上限值时输出,也就是当计数值大于 1000 且小于 10000 的时候,第一个数字量 DQ 会输出为 1 。同时,比较器的状态还可以在图 6-31 程序块输出引脚的"CompResult0"和"CompResult1"中显示。

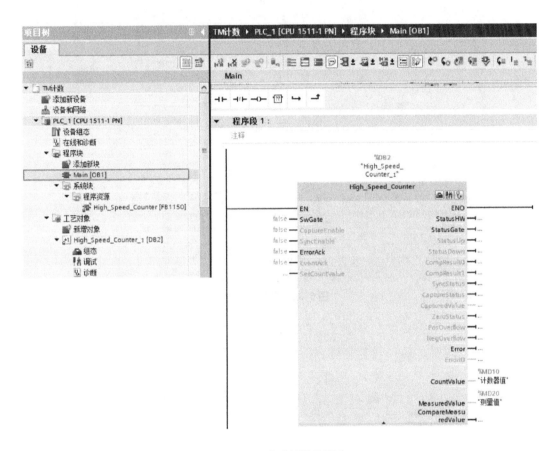

图 6-31   高速计数块程序

STEP4:调试

图 6-32 是高速计数器的调试窗口,可以获取每个状态位和实际的测量值。

图 6-33 是高速计数器的诊断窗口。当模块发生错误时,来自模块反馈接口的状态位和 TIMCount2×24V _1 通道 0 值都可以进行错误提示,如计数事件、电源电压错误、方向、编码器错误、命令错误、测量间隔、DI0 状态、DI1 状态、DI2 状态、DQ0 状态、DQ1 状态、比较事件 0 [CompResult0]、比较事件 1 [CompResut]、门状态 [StatusGate]、同步 [Sync-Status]、Capture [CaptureStatus]、过零 [ZeroStatus] 、上溢(PosOverFlow)、下溢 [Ne-gOverFlow],同时也有计数器值、Capture 值、测量值的具体数值显示。

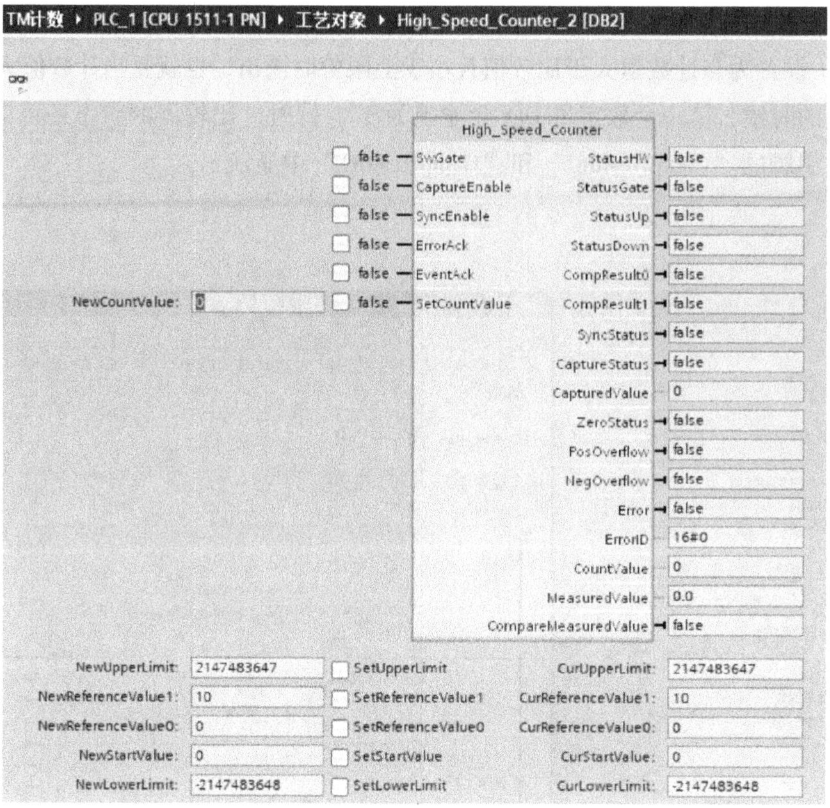

TM计数 ▸ PLC_1 [CPU 1511-1 PN] ▸ 工艺对象 ▸ High_Speed_Counter_2 [DB2]

High_Speed_Counter

输入	值	输出	值
SwGate	false	StatusHW	false
CaptureEnable	false	StatusGate	false
SyncEnable	false	StatusUp	false
ErrorAck	false	StatusDown	false
EventAck	false	CompResult0	false
SetCountValue	false	CompResult1	false
		SyncStatus	false
		CaptureStatus	false
		CapturedValue	0
		ZeroStatus	false
		PosOverflow	false
		NegOverflow	false
		Error	false
		ErrorID	16#0
		CountValue	0
		MeasuredValue	0.0
		CompareMeasuredValue	false

NewCountValue: 0

NewUpperLimit: 2147483647	SetUpperLimit	CurUpperLimit: 2147483647
NewReferenceValue1: 10	SetReferenceValue1	CurReferenceValue1: 10
NewReferenceValue0: 0	SetReferenceValue0	CurReferenceValue0: 0
NewStartValue: 0	SetStartValue	CurStartValue: 0
NewLowerLimit: -2147483648	SetLowerLimit	CurLowerLimit: -2147483648

图 6-32　调试窗口

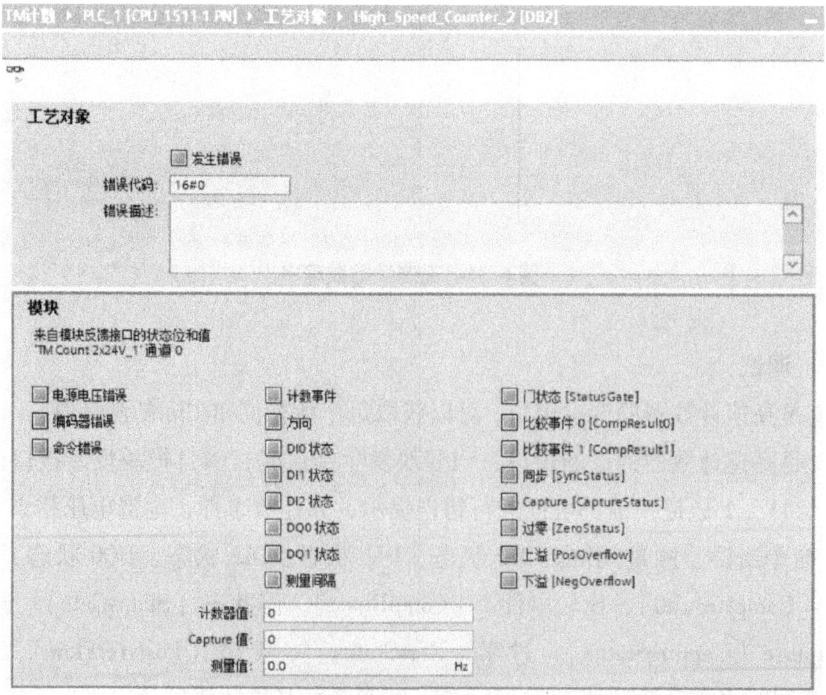

TM计数 ▸ PLC_1 [CPU 1511-1 PN] ▸ 工艺对象 ▸ High_Speed_Counter_2 [DB2]

工艺对象

发生错误
错误代码: 16#0
错误描述:

模块
来自模块反馈接口的状态位和值
'TM Count 2x24V_1' 通道 0

电源电压错误	计数事件	门状态 [StatusGate]
编码器错误	方向	比较事件 0 [CompResult0]
命令错误	DI0 状态	比较事件 1 [CompResult1]
	DI1 状态	同步 [SyncStatus]
	DI2 状态	Capture [CaptureStatus]
	DQ0 状态	过零 [ZeroStatus]
	DQ1 状态	上溢 [PosOverflow]
	测量间隔	下溢 [NegOverflow]

计数器值: 0
Capture 值: 0
测量值: 0.0　Hz

图 6-33　诊断窗口

6.4 运动控制模块功能与编程

6.4.1 运动控制功能概述

S7-1500 PLC 的运动控制功能支持旋转轴、定位轴、同步轴和外部编码器等工艺对象,只要有 PROFIdrive 功能的驱动装置或带模拟量设定值接口的驱动装置就可以通过标准运动控制实现完美的动作。它的轴控制面板以及全面的在线和诊断功能有助于轻松完成驱动装置的调试和优化工作。图 6-34 所示为 CPU 集成运动控制对象的用户界面和示意图。

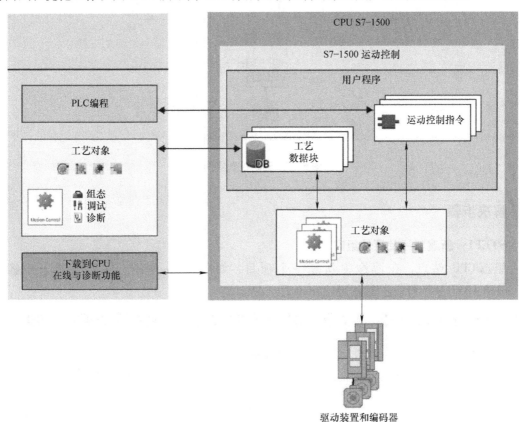

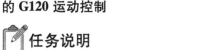
驱动装置和编码器

图 6-34　CPU 集成运动控制对象的用户界面和示意图

6.4.2 G120 变频器的运动控制

【实例 6-4】　基于 CPU1516-3PN/DP 和 TM Count 2×24V 模块的 G120 运动控制

任务说明

ex6-4

如图 6-35 所示,使用 CPU1516-3PN/DP 通过 PN 通信控制 G120 变频器,通过安装在电机后面的编码器连接到工艺模块 TM Count 2 × 24V 作为位置反馈。请进行硬件配置和编程。

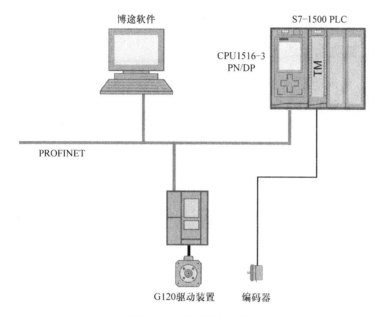

图 6-35　运动控制实例

🔧 解决步骤

STEP1：新建项目及硬件组态

组态 CPU 站点，在博途中新建一个项目，如图 6-36 所示，在设备组态中插入 CPU1516 – 3PN/DP 和工艺模块 TM Count 2 × 24V。

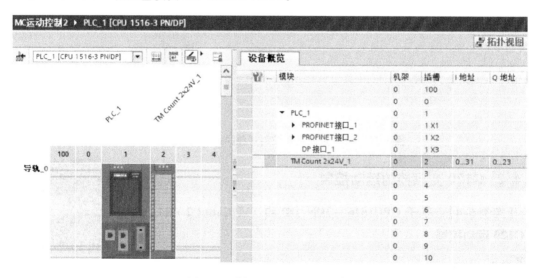

图 6-36　插入 CPU 及工艺模块

选择 CPU 旁边的 TMCount 模块,在其参数配置中,将通道 0 的工作模式选为"工艺对象"Motion Control"的位置输入",如图 6-37 所示,这样接入到通道 0 的编码器就可以在后面的运动控制工艺对象里面进行配置。

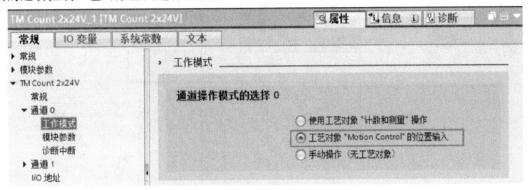

图 6-37　选择工艺模块的工作模式一

同时,还需要根据所连接编码器实际数据配置通道 0 的模块参数,例如"信号类型"在本例中选择的是增量编码器(A、B、N),"单转步数"中填入编码器每圈的脉冲数,"基准速度"中填入所使用电机的额定转速(见图 6-38)。

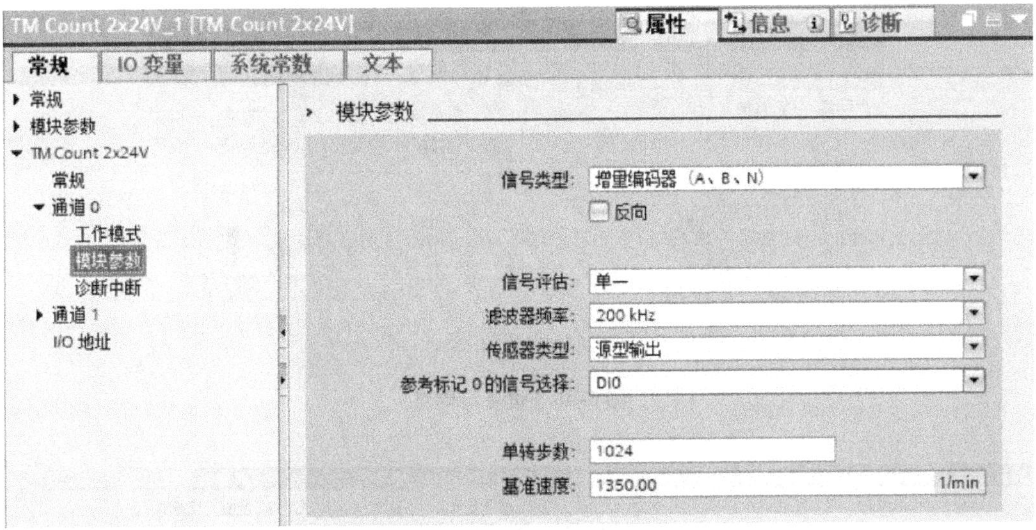

图 6-38　选择工艺模块的工作模式二

STEP2:配置驱动器

在 CPU 的站点硬件组态完毕之后,接下来需要在项目中插入一个驱动器,在本例中使用 G120 的 CU250S-2PN,将驱动器拖拽到项目中后,将其 PN 口与之前组态的 CPU 的 PN 网络相连接(见图 6-39)。设备与网络如图 6-40 所示。

进入驱动器的设备视图,插入所使用的功率单元,为驱动器设置 IP 地址和设备名称,并在循环数据交换中选择"标准报文 3,PZD-5/9"(见图 6-41)。表 6-8 所示为标准报文 3 的字结构示意。

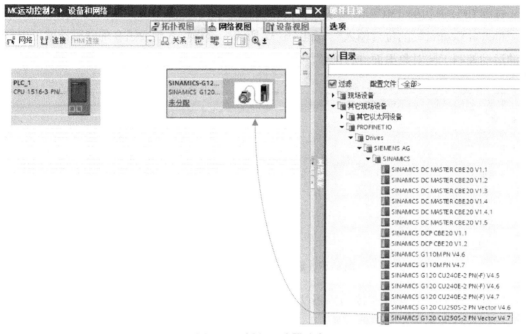

图6-39　插入驱动器站点

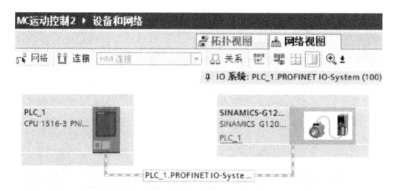

图6-40　设备与网络

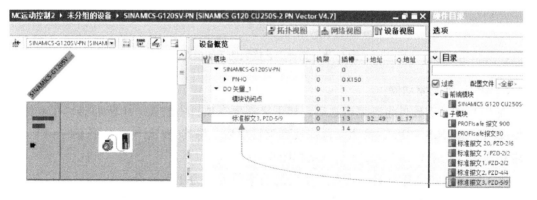

图6-41　选择驱动器报文类型

表 6-8   标准报文 3 的字结构示意

报文编号	标准报文 3	
过程值 1	控制字 1	状态字 1
过程值 2	转速设定值 32 位	转速实际值 32 位
过程值 3		
过程值 4	控制字 2	状态字 2
过程值 5	编码器 1 控制字	编码器 1 状态字
过程值 6	—	编码器 1 位置实际值 1 32 位
过程值 7		
过程值 8		编码器 1 位置实际值 2 32 位
过程值 9		

STEP3：配置工艺对象

在 S7 – 1500 PLC 的运动控制功能中，被控电机都是以工艺对象的形式存在的，所以需要先在项目中插入一个新的工艺对象，在运动控制里面看到对象类型可以是速度轴、位置轴、外部编码器以及同步轴。在本例中选用位置轴，并定义一个工艺对象的名称（见图 6-42）。

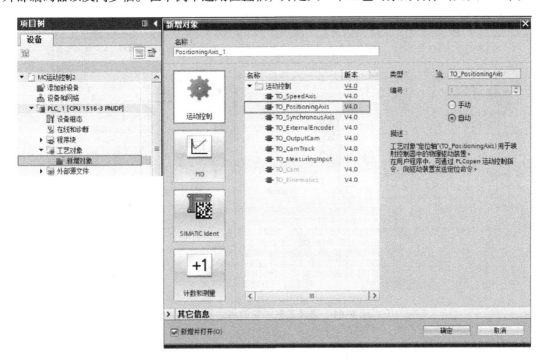

图 6-42   插入定位轴工艺对象

插入工艺对象之后，在项目树下可以看到该对象及其下面的组态、调试、诊断等项目。在工艺对象组态中分为基本参数、硬件接口和扩展参数，如图 6-43 所示。

首先需要在基本参数里面根据项目实际情况选择轴的类型，线性或是旋转轴，同时还要选择单位等参数，在本例中都选用默认值。接下来在驱动装置中选择驱动装置类型为 PROFldrive，驱动装置从下拉列表中选择前面已经组态好的"驱动_1"（见图 6-44）。

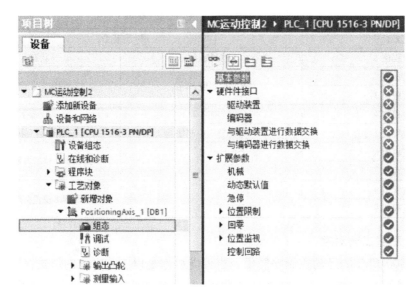

图 6-43　工艺对象的组态参数

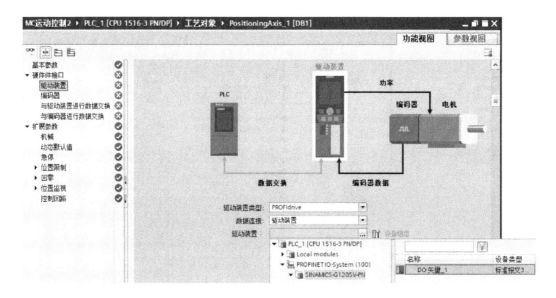

图 6-44　选择工艺对象的驱动器接口

图 6-45 所示为完成后的驱动装置选项。

　　接下来在后面的编码器参数中（见图 6-46），选择前面组态好的 TMCount 2×24V 的通道 0。图 6-47 所示为完成后的编码器选项。

　　如图 6-48 所示中，在数据交页面中，需要将驱动器报文选择为跟前面驱动器组态一致的"报文 3"，转速参数根据实际电机填写。如图 6-49 所示中，编码器报文可以选择标准报文 81 或者 83，根据实际编码器选择编码器类型和每圈的脉冲数，本例中使用 1024 脉冲的增量式旋转编码器，最后将高准确度预留位改为 0。

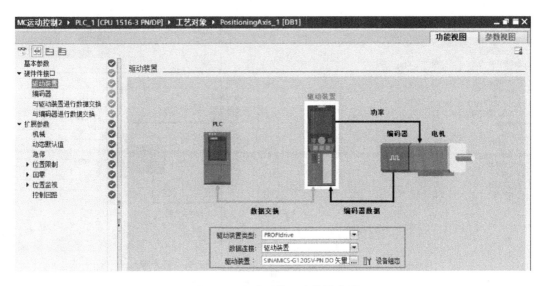

图 6-45 完成后的驱动装置选项

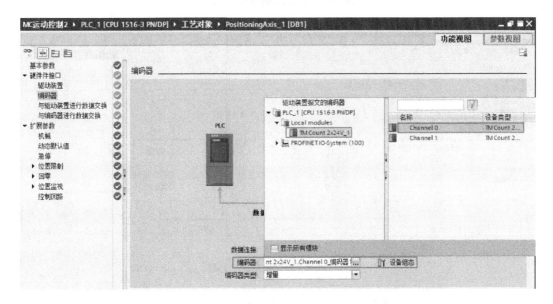

图 6-46 选择工艺对象的编码器接口

工艺对象所必需的硬件接口基本已经配置完毕，后面需要配置扩展参数。扩展参数是用户根据自己项目的实际情况进行调整的一些参数，例如需要在"机械"配置页面选择编码器所在位置，以及传动比参数和丝杠螺距参数等。如图 6-50 中，在本例中，传动比为1∶1，丝杠螺距为 10mm，这意味着之后在控制指令里面让轴移动 10mm，实际电动机转一圈。

接下来的扩展参数中，"位置限制""动态限制""急停"等参数分别针对轴的位置限幅和速度、加速度、加加速度限幅等参数进行设置，用户可根据实际情况设置，在此不再赘述。

下面的"归位"参数指的是让轴寻找参考点，这里面分为主动回参考点和被动回参考

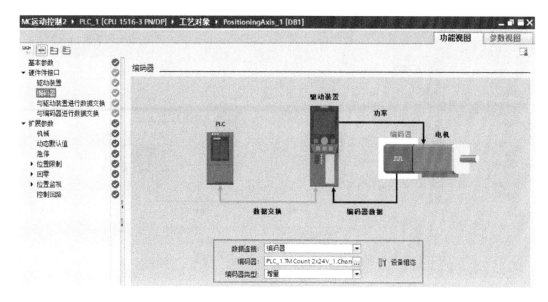

图 6-47 完成后的编码器选项

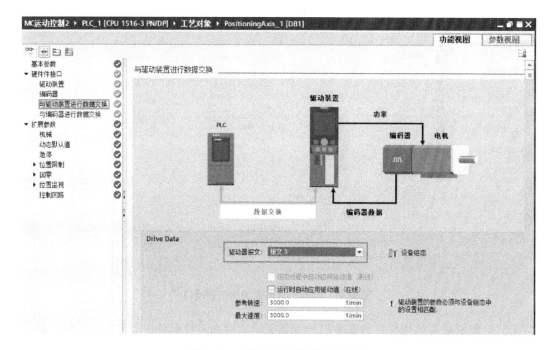

图 6-48 与驱动装置进行数据交换

点,以及回参考点的方式和速度参数等,由于每个用户的需求不尽相同,这里不再详细描述。

"位置监视"里面是关于工艺对象运行状态的监视参数,当轴的运行状态超过监视允许的参数值时,工艺对象会报出相应的错误。在驱动器和设备没有优化之前,经常会由于这里面默认的监视值过小而报错,所以建议在系统优化之前先将"位置监视"和"跟随误差"

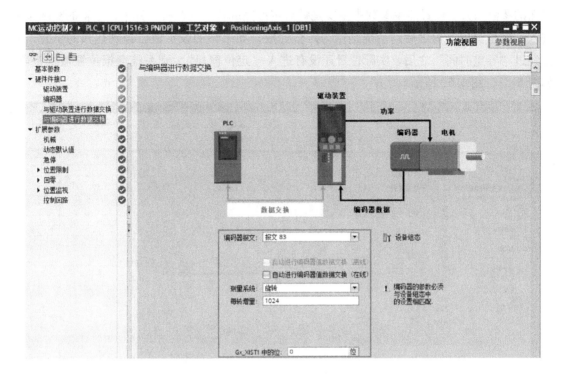

图 6-49　与编码器进行数据交换

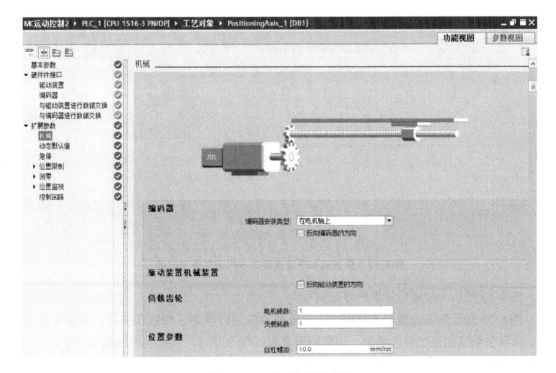

图 6-50　工艺对象机械参数

里面的参数加大。位置监视参数中主要是针对定位完成状态的监视，其中，当轴的实际位置进入"定位窗口"内之后，系统则认为定位完成；如果轴的设定值已经到达目的位置，但是经过"容差时间"之后，实际位置还没有进入"定位窗口"，则系统会报位置监视错误，如图 6-51、图 6-52 所示。

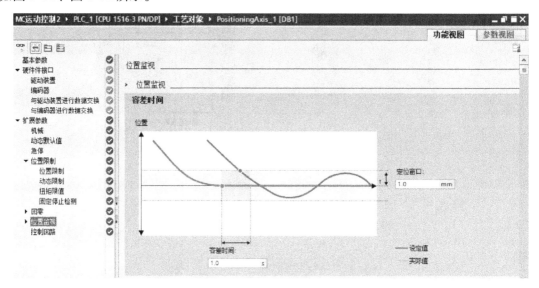

图 6-51　位置监视下的容差时间

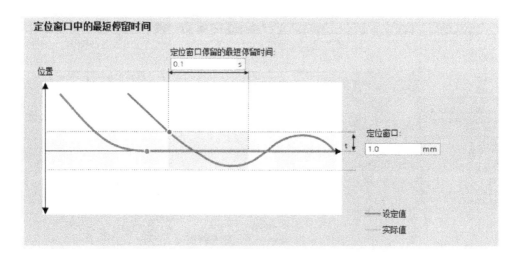

图 6-52　位置监视下定位窗口中的最短停留时间

图 6-53 所示为位置监视下的停止信号。

图 6-54 所示的跟随误差参数中，主要监视轴的运行状态，跟随误差指的是轴在运行当中，实际值和给定值之间的差值，当跟随误差超过允许范围，系统会报出跟随误差错误。因为跟随误差会随着速的增大而增大，所以跟随误差监视值也是个动态的值。

在图 6-55 的"控制回路"参数中可以调节控制器的增益以及预控系数来优化工艺对象的控制效果。

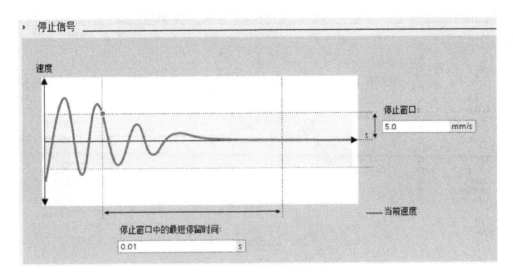

图 6-53   位置监视下的停止信号

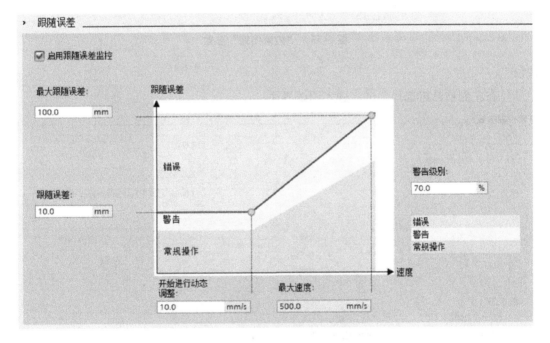

图 6-54   位置监视下的跟随误差

至此，S7 - 1500 PLC 运动控制工艺对象的参数组态基本完毕，将当前项目存盘编译，并下载到 CPU 中，如果 CPU 和驱动器没有错误，下一步可以使用工艺对象自带的调试功能来测试一下轴的运行，同时起到检测之前参数的目的。

STEP4：在线调试

S7 - 1500 PLC 运动控制工艺对象提供了在线调试工具，使用图 6-56 所示的调试界面可以简单直观地控制电动机进行测试，以检验之前工艺对象的参数分配以及查看电动机基本运

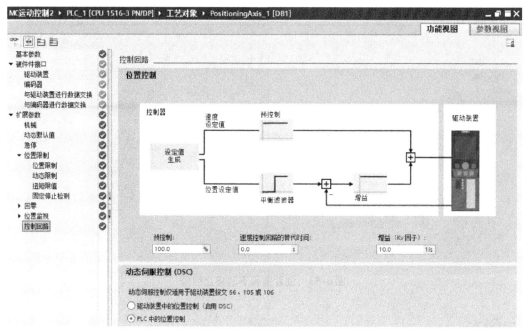

图 6-55 "控制回路"参数

行状态。

1）在左侧项目树选择调试，进入调试界面；

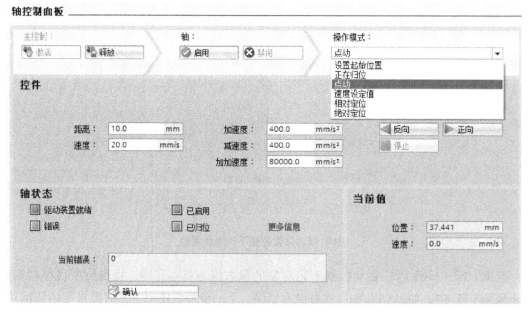

图 6-56 工艺对象的调试界面

2）在主控制区域选择"激活"来使控制面板获得控制权，随后会有一个安全提示，确认即可；

3）"启动"和"禁用"可以将驱动器使能或者去使能；

4）在操作模式中可以选择点动、回原点或者相对、绝对定位等操作；

5）"控件区域"可以设置工艺对象的位置、速度、加速度等参数，后面的"正向""反向"和"停止"用来启动和停止轴的运行；

6）"轴状态"可以显示工艺对象的基本状态及故障代码和描述，轴的更多状态可单击"更多信息"切换到诊断页面中找到；

7）"当前值"可以显示当前轴的位置和速度等基本运行状态。

当工艺对象出现错误时，可以到如图6-57所示的"诊断"页面查看具体信息，相应的状态位会变成红色，例如，跟随误差超限，这时单击后面的绿色箭头可以直接切换到跟此错误相关的参数组态页面。

图6-57　工艺对象的诊断

STEP5：编写用户程序

经过前面的调试后，运行没有问题就可以编写用户程序了。在指令库中"工艺"分类里面可以找到S7－1500 PLC运动控制的功能块（见图6-58），以"MC_POWER""MC_MOVEVELOCITY"为例，直接拖拽功能块到程序段中，分配背景数据块，之后将前面配置好的工艺对象从项目树中拖拽到功能块的"Axis"引脚（见图6-59

▼ 工艺		
名称	描述	版本
▶ 📁 计数和测量		V3.2
▶ 📁 PID 控制		
▼ 📁 运动控制		V4.0
📇 MC_Power	启用/禁用工艺对象	V4.0
📇 MC_Reset	确认报警，重新启动工艺对象	V4.0
📇 MC_Home	归位工艺对象，设定归位位置	V4.0
📇 MC_Halt	暂停轴	V4.0
📇 MC_MoveAbsolute	绝对定位轴	V4.0
📇 MC_MoveRelative	相对定位轴	V4.0
📇 MC_MoveVelocity	以速度设定值移动轴	V4.0
📇 MC_MoveJog	以点动模式移动轴	V4.0
📇 MC_MoveSuperimpo...	轴叠加定位	V4.0
📇 MC_SetSensor	将备用编码器切换为有效编码器	

图6-58　运动控制指令

和图 6-60）。

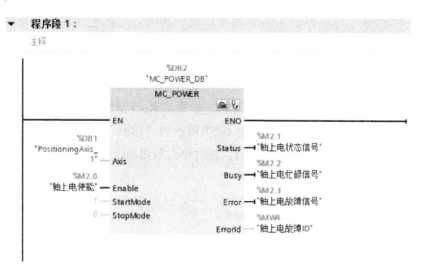

图 6-59　MC＿POWER 指令

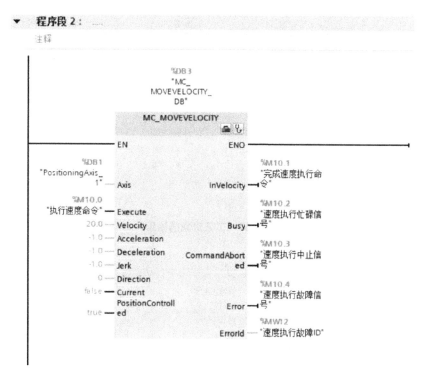

图 6-60　MC＿MOVEVELOCITY 指令

参 考 文 献

［1］李方园. 智能工厂设备配置研究 ［M］. 北京：电子工业出版社，2018.

［2］崔坚，等. SIMATIC S7 – 1500 与 TIA 博途软件使用指南 ［M］. 北京：机械工业出版社，2018.

［3］李方园. PLC 工程应用案例 ［M］. 北京：中国电力出版社，2013.